光盘界面

案例欣赏

案例欣赏

素材下载

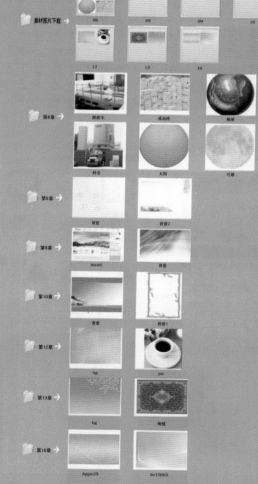

视频文件

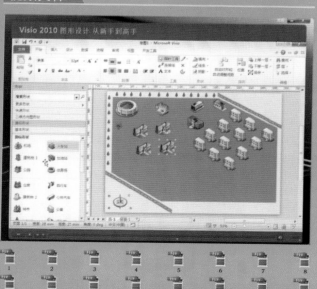

案例欣赏

超市平面布局图

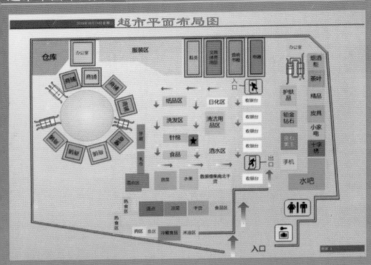

创意公司平面图

道路地图

风的形成

光的传播

网络设备布置图

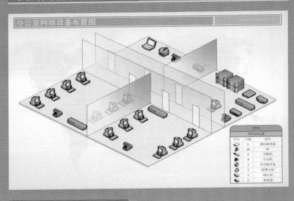

小区建筑规划图

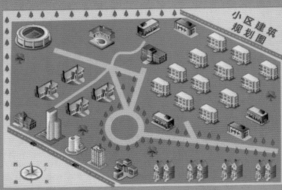

即时通讯软件界面

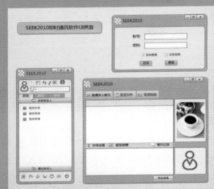

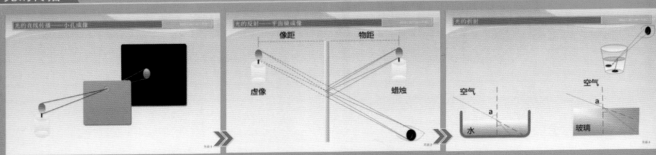

从新手到高手

Visio
2010 图形设计
从新手到高手

■ 杨继萍 吴军希 孙岩 等编著

清华大学出版社

北 京

内 容 简 介

本书由浅入深地介绍使用 Microsoft Visio 2010 制作商业图形、图表和流程图的方法,详细介绍使用 Visio 设计不同类型流程图的经验与过程。全书内容共分 21 章,包括了解 Visio 2010、管理绘图文档、添加形状、编辑文本、应用主题、使用图像、使用图表、编辑层和公式、使用墨迹和容器、教学课件图、工程设计图、软件开发图、室内布局图、城市规划图、商务流程图、财务报表图、网络工程图、日程日志图、Visio 数据应用、Visio 协同办公和自定义 Visio 应用。

本书不仅适合商业图形设计与制作初学者、企事业单位办公人员,还可以作为大中专院校相关专业师生的教材,也可以作为商业图形制作培训班学员的教材。

图书在版编目(CIP)数据

Visio 2010 图形设计从新手到高手/杨继萍,吴军希,孙岩等编著. —北京:清华大学出版社,2011.4(2022.12重印)

(从新手到高手)

ISBN 978-7-302-24958-0

Ⅰ. ①V⋯ Ⅱ. ①杨⋯ ②吴⋯ ③孙⋯ Ⅲ. ①图形软件,Visio 2010 Ⅳ. ①TP391.41

中国版本图书馆 CIP 数据核字(2011)第 041179 号

责任编辑:冯志强
责任校对:徐俊伟
责任印制:沈　露

出版发行:清华大学出版社
　　　　网　　　址:http://www.tup.com.cn,http://www.wqbook.com
　　　　地　　　址:北京清华大学学研大厦 A 座　　　　邮　　编:100084
　　　　社　总　机:010-83470000　　　　邮　　购:010-62786544
　　　　投稿与读者服务:010-62776969,c-service@tup.tsinghua.edu.cn
　　　　质量反馈:010-62772015,zhiliang@tup.tsinghua.edu.cn
印　装　者:三河市铭诚印务有限公司
经　　　销:全国新华书店
开　　　本:190mm×260mm　　印　张:21　　插　页:1　　字　　数:668 千字
　　　　　　附光盘 1 张
版　　　次:2011 年 4 月第 1 版　　　　　　　　印　　次:2022 年 12 月第 13 次印刷
定　　　价:59.00 元

产品编号:039252-02

前　　言

　　Visio 2010 是 Microsoft 公司推出的新一代商业图表绘制软件，其界面友好、操作简单、功能强大，便于用户以可视化的方式处理、分析和交流复杂信息或系统，以便做出更好的业务决策。Visio 2010 增加了多种功能以提高用户绘制图形的效率，改进了操作界面，使用户在绘图时更加快捷；另外，提供了通过数据控制矢量图形的功能，用户可以直接为矢量图形添加数据表和制作数据图形，增强图形与数据库之间的关联。

　　本书是一种典型的案例实例教程，由多位经验丰富的 Visio 图形设计师编著而成，并且立足于企事业办公自动化和数字化，详细介绍各种商业图形的设计方法。

本书内容

　　本书共分为 21 章，通过大量的实例全面介绍商业图形图表设计与制作过程中使用的各种专业技术，以及用户可能遇到的各种问题。各章的主要内容如下。

　　第 1 章介绍 Visio 的基本概念、应用领域，以及 Visio 2010 的新增功能、界面简介；同时还讲解启动和退出 Visio、操作 Visio 窗口的方式；除此之外，还介绍获取和使用 Visio 帮助的方法，为用户开启自学 Visio 的渠道。

　　第 2 章介绍使用 Visio 创建绘图文档、设置文档页面、预览和打印绘图页、保护文档、插入和编辑绘图页、更改绘图页缩放比例、添加背景、更改背景色调、应用边框和标题等基本知识。

　　第 3 章介绍使用 Visio 绘制形状、选择形状、使用模具、使用形状手柄、设置形状属性，以及组合和连接形状、设置形状样式的方法。

　　第 4 章介绍编辑文本的方法，包括插入文本内容、插入符号文本、设置字体和段落格式、复制与粘贴格式等内容。

　　第 5 章介绍在 Visio 中使用主题、创建自定义主题的方法，以及如何操作主题颜色与效果等知识。

　　第 6 章介绍使用剪贴画、插入图片、调整图片格式、设置图片样式的方法，以及在 Visio 中如何排列图片。

　　第 7 章介绍在 Visio 中插入、编辑和设计图表的方法，以及如何设置图表的组件格式和布局内容。

　　第 8 章介绍在 Visio 中操作层、编辑层属性、为层分配对象和插入公式对象的方法。

　　第 9 章介绍在 Visio 中插入和编辑容器对象、使用和应用标注、使用墨迹、生成形状报表的方法。

　　第 10～18 章通过大量的实例介绍 Visio 在各个领域中的应用方法，包括教学课件、工程设计、软件开发、室内布局、城市规划、商务流程、财务报表、网络工程和日程日志。

　　第 19～21 章介绍 Visio 的高级应用方法，包括数据应用、协同办公和自定义应用等内容。

本书特色

　　本书是一种专门介绍 Visio 绘制商业图形图表的基础教程，在编写过程中精心设计了丰富的体例，以帮助读者顺利学习本书的内容。

　　❑　**系统全面，超值实用**　本书针对各个章节不同的知识内容，提供了多个不同内容的实例，除了详细介绍实例应用知识之外，还在侧栏中同步介绍相关知识要点。每章穿插大量的提示、注意和技巧，构筑了面向实际的知识体系。另外，本书采用了紧凑的体例和版式，相同内容下，篇幅缩减了 30%以上，实例数量增加了 50%。

- ❑ **串珠逻辑，收放自如** 统一采用了二级标题灵活安排全书内容，摆脱了普通培训教程按部就班讲解的窠臼。同时，每章最后都对本章重点、难点知识进行分析总结，从而达到内容安排收放自如，方便读者学习本书内容的目的。

- ❑ **全程图解，快速上手** 各章内容分为基础知识、实例演示和高手答疑 3 个部分，全部采用图解方式，图像均做了大量的裁切、拼合、加工，信息丰富、效果精美，使读者在翻开图书的第一时刻就获得强烈的视觉冲击。

- ❑ **书盘结合，相得益彰** 多媒体光盘中提供了本书实例完整的素材文件和全程配音教学视频文件，便于读者自学和跟踪联系本书内容。

读者对象

本书内容详尽、讲解清晰，全书包含众多知识点，采用与实际范例相结合的方式进行讲解，并配以清晰、简洁的图文排版方式，使学习过程变得更加轻松和易于上手，因此，能够有效吸引读者进行学习。

本书不仅适合商业图形图表设计与制作初学者、企事业单位办公人员，还可以作为大中专院校相关专业师生的教材，也可以作为商业图形设计培训班学员的教材。

参与本书编写的除了封面署名人员之外，还有王敏、祁凯、马海军、徐恺、王泽波、牛仲强、温玲娟、王磊、朱俊成、张仕禹、夏小军、赵振江、李振山、李文采、吴越胜、李海庆、王树兴、何永国、李海峰、倪宝童、安征、张巍屹、辛爱军、王蕾、王曙光、牛小平、贾栓稳、王立新、苏静、赵元庆、郭磊、何方、徐铭、李大庆等。由于时间仓促，加之水平有限，疏漏之处在所难免，敬请读者朋友批评指正。

编 者

2010 年 12 月

Visio 2010

目　　录

第 1 篇

Visio 2010 基础篇

01 了解 Visio 2010

随着计算机技术的发展,越来越多的企事业单位启动了办公自动化、数字化的过程,运用计算机、投影仪来提高工作效率。在日常办公过程中,使用 Microsoft Visio 2010 可以替代传统的尺规作图工作,绘制各种流程图或结构图,以逻辑清晰、样式丰富的图形辅助解决实际问题。

1.1 什么是 Visio

Visio 是一款专业的商用矢量绘图软件,其提供了大量的矢量图形素材,可以辅助用户绘制各种流程图或结构图。

1. 专业图表制作软件

在 1991 年,美国 Visio 公司推出了 Visio 的前身 Shapeware 软件,用于各种商业图表的制作。Shapeware 创造性地提供了一种积木堆积的方式,允许用户将各种矢量图形堆积到一起,构成矢量流程图或结构图。

1992 年,Visio 公司正式将 Shapeware 更名为 Visio,对软件进行大幅优化,并引入了图形对象的概念,允许用户更方便地控制各种矢量图形,以数据的方式定义图形的属性。截至 1999 年,Visio 已经发展成为办公领域最著名的图标制作软件,先后推出了 Visio 2.0~5.0、Visio 2000 等多个版本。

2. Microsoft Visio

1999 年,微软公司收购了 Visio 公司,同时获得了 Visio 的全部代码和版权。从此 Visio 成为微软 Office 办公软件套装中的重要组件,随 Office 软件版本升级一并更新,发布了 Visio XP、Visio 2003、Visio 2007 等一系列版本。

Visio 2010 是 Visio 软件的最新版本。在该版本中,提供了与 Office 2010 统一的界面风格,并同时发布 32 位和 64 位双版本,增强了与 Windows 操作系统的兼容性,提高了软件运行的效率。

1.2 Visio 应用领域

Visio 是最流行的图表、流程图与结构图绘制软件之一,它将强大的功能与简单的操作完美结合,可广泛应用于众多领域。

1. 软件开发

软件开发通常包括程序算法研究和代码编写两个阶段,其中,算法是软件运行的灵魂,代码则用于实现算法。使用 Visio 可以通过形象的标记来描述软件中数据的执行过程,以及各种对象的逻辑结构关系,为代码的编写提供一个形象的参考,使程序员更容易地理解算法,提高代码编写的效率。

2. 项目策划

在实际工作中,策划一些复杂的项目往往需要分析项目的步骤，规划这些步骤的实施顺序。在传统的项目策划中，这一过程通常在纸上完成。使用 Visio 可以通过制作"时间线"、"甘特图"、PERT（项目评估与评审技术）图等替代纸上作业，提高策划效率。相比纸上作图，使用 Visio 效率更高，速度更快，也更易于修改。

整体规划，包括绘制建筑或园林的平面图、结构图，以及具体某个预制件的图形。使用 Visio 可以方便地运用已有的各种矢量图形素材，通过对素材的拼接与改绘，制作建筑规划图。除此之外，用户也可以使用 Visio 中提供的各种矢量工具，直接绘制规划图中的各种图形。

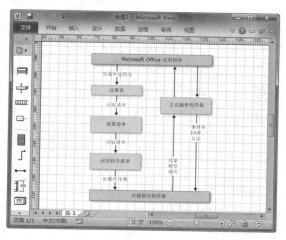

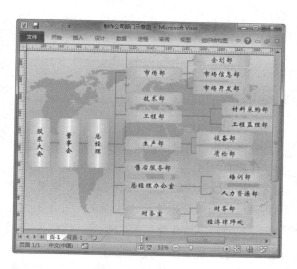

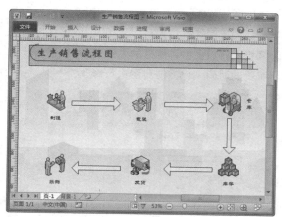

3．企业管理

　　在企业的管理中，经营者需要通过多种方式分析企业的状况，规划企业运行的各种流程，分析员工、部门之间的关系，理顺企业内部结构等。用户可以使用 Visio 便捷而有效地绘制各种结构图和流程图，快速展示企业的结构体系，发现企业运转中的各种问题。

4．建筑规划

　　在建筑或园林施工之前，通常需要对施工进行

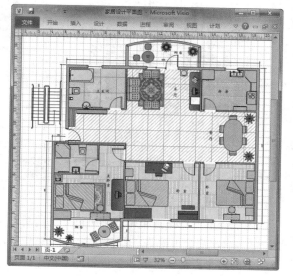

5．机械制图

　　在机械制图领域，计算机辅助制图和辅助设计已成为时下的主流。用户可以使用 Visio 借助其强大的矢量图形绘制功能，绘制出不亚于 AutoCAD 等专业软件水准的机械装配图和管路设计图。

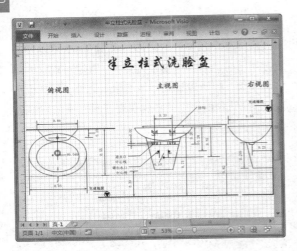

用。在进行系统集成工作之前，同样可以使用 Visio 绘制系统的平面结构图或立体结构图，向用户展示系统运作的流程，介绍系统的整体结构以及所需的设备。

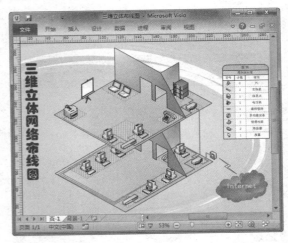

6. 电路设计

在电子产品的设计领域，计算机辅助制图也得到了广泛的应用。在设计电子产品的电路结构时，用户同样可以先使用 Visio 绘制电路结构模型，然后再进行 PCB 电路板的设计。

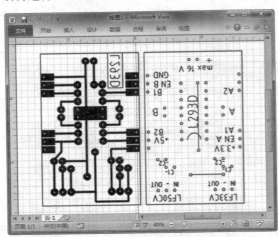

8. 生产工艺

传统的设计工业生产需要在纸上绘制大量的生产工艺流程图、生产设备装配图以及原料分配与半成品加工图等。用户可以使用 Visio 方便地通过计算机进行以上各种图形的设计，既可以节省绘图所花费的时间，也方便对图进行修改。

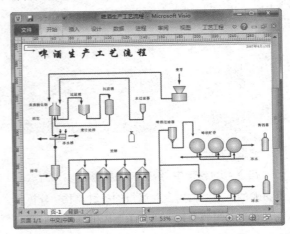

7. 系统集成

系统集成业务是近年来计算机行业一种新兴的产业，其本质是根据用户实际需求，将具有标准化接口的多个厂商生产的数字设备按照指定的安装规范连接起来，集成为一个整体系统以发挥作

1.3 Visio 2010 新增功能

Visio 2010 在易用性、实用性和协同工作方面，有了实质性的提升，使操作变得更加得心应手。

1．轻松绘制图形

在 Visio 2010 中，增加了多种功能以提高用户绘制图形的效率，包括提供自动对齐与调整间距功能、新增浮动工具栏以添加形状、允许自动扩展页面尺寸、提供格式预览功能和增强的主题库、自定义主题功能等，帮助用户设计出更加精美的图形。

表和制作数据图形，增强图形与数据库之间的关联。

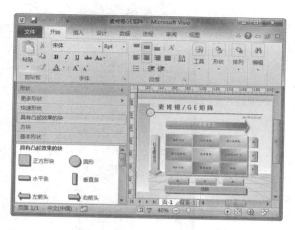

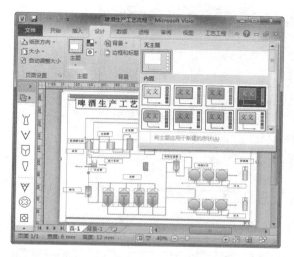

2．改良的操作界面

Visio 2010 提供了与其他 Office 程序一致的 Fluent 界面，通过改进设计的"形状"窗格、快速形状的模具以及更加灵活的状态栏等提高用户操作的效率，使用户在绘图时更加便捷。

与之前版本的"形状"窗格不同，在 Visio 2010 中，"形状"窗格中的模具是按组显示的，多个相关联的模具组便于用户在其中检索需要的模具。

3．实时数据连接

在 Visio 2007 中，已提供了通过数据控制矢量图形的功能，用户可以直接为矢量图形添加数据

4．协同工作

Visio 2010 加强了与互联网的结合，允许用户通过互联网获取最新的模具、模板，同时还支持用户将本地绘制的矢量图形文稿发送到互联网上，与其他用户共同查看、编辑和修改。

Visio 1.4　Visio 2010 界面介绍

Visio 2010 与 Office 2010 系列软件中的 Word 2010、Excel 2010 等软件的界面类似，其界面简洁，便于用户操作。Visio 2010 软件的基本界面如下。

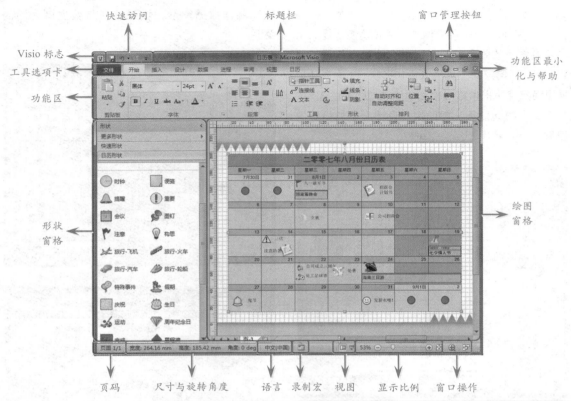

Visio 软件的界面主要由 6 个部分组成，其作用如下所示。

1. 标题栏

标题栏由 Visio 标志、快速访问工具、窗口管理按钮等 3 个部分组成。

其中，快速访问工具是 Visio 提供的一组快捷按钮，在默认情况下，其包含【保存】、【撤销】、【恢复】和【快速访问】等工具。窗口管理按钮提供了 4 种按钮供用户操作 Visio 窗口，包括【最小化】、【最大化】、【向下还原】以及【关闭】。

2. 工具选项卡

工具选项卡是一组重要的按钮栏，其提供了多种按钮，允许用户切换功能区，应用 Visio 中的各种工具。

3. 功能区

功能区中提供了 Visio 软件的各种基本工具。在默认状态下，功能区将显示【开始】工具的选项卡内容。单击工具选项卡中的按钮，即可切换功能区中的内容。

提示

功能区中的工具通常按组的方式排列，各组之间以分隔线的方式隔开。例如，【开始】的功能区就包括了【剪贴板】、【字体】、【段落】、【工具】、【形状】、【排列】和【编辑】等组。

---

4. 形状窗格

在使用 Visio 的模板功能创建 Visio 绘图之后，会自动打开【形状】窗格，并在该窗格中提供各种模具组供用户选择，并将其添加到 Visio 绘图中。

5. 绘图窗格

绘图窗格是 Visio 中最重要的窗格，在其中提供了标尺、绘图页以及网格等工具，允许用户在绘图页上绘制各种图形，并使用标尺来规范图形的尺寸。

在绘图窗格的底部，还提供了页标签的功能，允许用户为一个 Visio 绘图创建多个绘图页，并设置绘图页的名称。

6. 状态栏

状态栏的作用是显示绘图页或其上各种对象的状态，以供用户参考和编辑。

1.5 启动和退出 Visio 2010

在使用 Visio 2010 绘图之前，首先应了解如何启动和退出 Visio。

1. 启动 Visio

在 Windows 7 操作系统中，用户可以通过 3 种方式启动 Visio 2010 软件。

● 从【开始】菜单启动

在 Windows 7 操作系统中安装完成 Microsoft Visio 2010 之后，用户即可从【开始】菜单启动 Visio。

单击【开始】按钮，执行【所有程序】|Microsoft Office | Microsoft Visio 2010 命令，然后启动 Visio 2010。

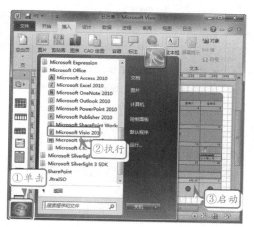

● 运行命令

用户也可以单击【开始】按钮，执行【运行】命令，然后在弹出的【运行】对话框中输入"visio"文本，单击【确定】按钮，启动 Visio 2010。

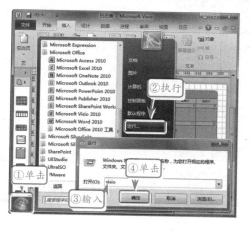

> **提示**
>
> 在 Windows 7 操作系统中，默认情况下【开始】菜单中会隐藏【运行】命令。用户可在任务栏处右击执行【属性】命令，在弹出的【任务栏和「开始」菜单属性】对话框中单击【「开始」菜单】选项卡中的【自定义】按钮，在项目列表中选中【运行命令】复选框，单击【确定】按钮关闭所有对话框，即可在【开始】菜单中显示【运行】命令。

● 从快捷方式启动

如用户已在 Windows 桌面或其他位置为 Visio 2010 创建了快捷方式，则可直接双击该快捷方式，打开 Visio。

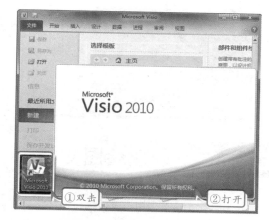

> **提示**
>
> 为 Visio 2010 创建位于 Windows 7 操作系统桌面的快捷方式，用户可直接在【开始】菜单中右击 Microsoft Visio 2010 菜单项，执行【发送到】|【桌面快捷方式】命令。

2. 退出 Visio

用户可以通过以下 6 种方式退出 Visio 应用程序。

● 执行【退出】命令

在 Visio 中单击【文件】按钮，然后即可执行【退出】命令，退出 Visio 软件。

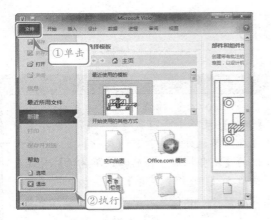

● 关闭 Visio 窗口

除了执行【退出】命令外，用户也可单击窗口右上角的【关闭】按钮 **X** ，同样可以退出 Visio 程序。

● 双击 Visio 标志

在 Visio 中，用户可以双击标题栏左侧的 Visio 图标，以关闭 Visio 窗口。

● 右击 Visio 标志执行【关闭】命令

用户也可以右击标题栏左侧的 Visio 图标，在弹出的菜单中执行【关闭】命令，关闭 Visio 窗口。

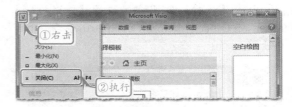

● 右击任务栏执行【关闭窗口】命令

在 Windows 任务栏中右击 Visio 窗口的图标，然后执行【关闭窗口】命令，即可关闭 Visio 窗口。

● 组合键关闭 Visio

在 Visio 中按 Alt+F4 键，可以关闭 Visio 窗口。

Visio 1.6 创建绘图文档

在 Visio 2010 中，用户可以通过以下 3 种方式创建 Visio 绘图文档。

1. 创建空白绘图文档

在启动 Visio 程序后，用户可单击【文件】按钮，在弹出的菜单中执行【新建】命令，单击【空白绘图】按钮，再单击右侧的【创建】按钮，创建一个空白 Visio 绘图文档。

除此之外，用户可直接按 Ctrl+N 键，创建空白的 Visio 绘图文档。

2. 根据模板创建绘图文档

如用户需要根据模板创建绘图文档，则可在【选择模板】选项区域中拖动上下滚动条，在【模板类别】

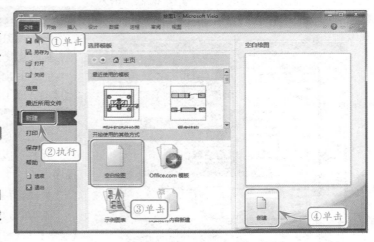

选项区域中单击相应的模板类别。

此时，Visio 将打开该模板类别，显示类别所包含的模板。选中模板后，在窗口右侧单击【创建】按钮，创建基于该模板的绘图文档。

3．创建示例图表

示例图表是 Visio 内置的特殊模板，其可以根据外部的示例数据来显示图表中的内容。

在【选择模板】选项区域中单击示例图表按钮，然后在更新的窗口中选择相应的示例图表，在右侧单击【打开示例数据】或【打开】按钮，编辑示例数据和图表。

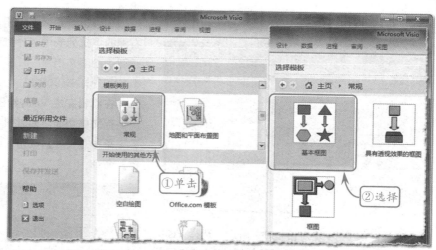

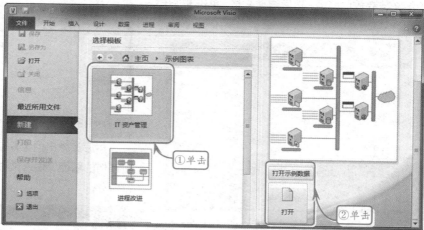

1.7 打开、保存和关闭文档

本节将介绍几种打开、保存和关闭 Visio 绘图文档的方法。

1．打开 Visio 绘图文档

用户可以通过两种方式打开 Visio 绘图文档。

● **直接打开 Visio 绘图文档**

在安装 Visio 2010 之后，用户可直接从 Windows 系统的磁盘管理器中查找 Visio 绘图文档，双击 Visio 绘图文档的图标，此时 Windows 将启动 Visio 2010，将该绘图文档打开。

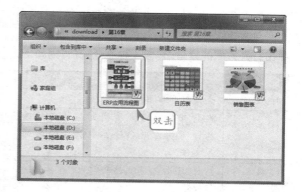

提示

用户也可右击绘图文档，执行【打开】命令将其打开。

● **从 Visio 中打开绘图文档**

除了从 Windows 的磁盘管理器中打开绘图文档以外，用户也可以在 Visio 软件中单击【文件】

按钮，执行【打开】命令。

在弹出的【打开】对话框中，用户可选择 Visio 绘图文档存放的路径，然后选择文档，单击【打开】按钮将其打开。

技巧

在 Visio 软件中按 Ctrl+O 键，也可以打开【打开】对话框。

在使用 Visio 2010 软件打开绘图文档时，用户也可单击【打开】按钮右侧的下拉箭头，此时，将弹出打开方式的菜单，包含 4 种命令，其作用如下。

命　令	作　用
打开	直接打开 Visio 绘图文档
打开原始文件	在打开的 Visio 绘图文档进行修改后，可执行此命令，打开未修改的原文件
以副本方式打开	打开 Visio 绘图文档的副本，并对其进行操作
以只读方式打开	以只读的方式打开 Visio 绘图文档，则用户只能查看 Visio 绘图文档，无法对其进行修改

在【打开】对话框中，用户还可在【文件名】右侧的下拉列表中选择打开文档的类型，打开其他类型的绘图文档。

2．保存绘图文档

在编辑完成 Visio 绘图文档之后，用户可以使用保存文档功能，对其进行保存。

单击【文件】按钮，在弹出的菜单中执行【保存】命令。

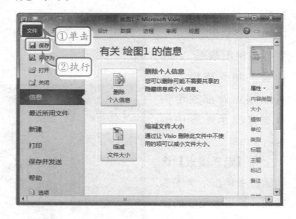

然后在弹出的【另存为】对话框中选择保存绘图文档的路径，输入文件名，单击【保存】按钮进行保存。

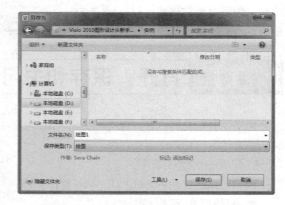

用户也可以单击【保存类型】下拉按钮，将绘制的文档保存为如下类型。

类　型	说　明
绘图	Visio 2007-2010 格式的绘图
Web 绘图	与 SharePoint 程序结合的动态文档
Visio 2000-2002 绘图	应用于旧版本 Visio 的绘图文档

续表

类 型	说 明
模板	Visio 模板文档
PNG 图像	可移植的网络图像格式
JPEG 图像	联合图像专家组格式图像
EMF 图形	增强元素文档，一种标准矢量图形
SVG 图形	基于 XML 技术的矢量图形文档
XML 绘图	存储 Visio 特定的 XML 文件
网页	存储为静态 XHTML 网页
AutoCAD 绘图	与 AutoCAD 兼容的图形格式

在保存绘图文档时，用户还可以在【保存类型】的下拉菜单下方为绘图文档设置【作者】、【标记】等多种属性。这些属性将直接写入到绘图文档的元数据中。

3．关闭绘图文档

Visio 2010 允许用户关闭绘图文档，而不关闭 Visio 软件。

在 Visio 中单击【文件】按钮，在弹出的菜单中执行【关闭】命令，即可将已打开的绘图文档关闭。

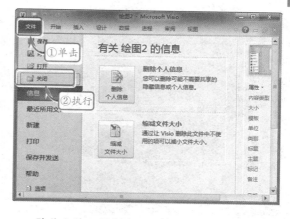

除此之外，用户也可以单击工具栏右侧的【关闭窗口】按钮，同样可以将当前打开的绘图文档关闭。

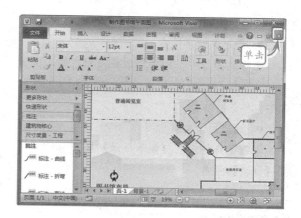

1.8 获取和使用帮助

Visio 2010 与其他 Office 软件类似，都提供了详细而功能强大的帮助工具，以辅助用户学习软件的操作，介绍软件使用的技巧。

1．开启帮助

在 Visio 窗口中，用户可单击【文件】按钮，在弹出的菜单中执行【帮助】命令，在【支持】选项区域中单击【Microsoft Office 帮助】按钮，开启 Visio 帮助程序。

> **提示**
>
> 用户也可以按 F1 快捷键 F1 打开帮助程序。

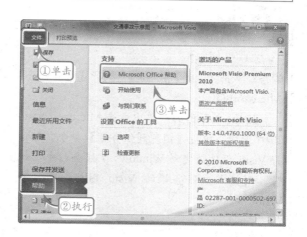

除此之外，用户也可在工具选项卡右侧单击【帮助】按钮 ，打开帮助程序。

Visio 2010 图形设计从新手到高手

2．使用帮助

在 Visio 2010 的帮助窗口中，用户可以通过两种方式检索帮助内容。

● 通过关键字检索

在帮助窗口中，用户可以在搜索栏输入关键字，并单击【搜索】按钮检索与关键字相关的帮助内容。

● 通过目录检索

单击工具栏中的【显示目录】按钮 ，将打开【目录】窗格。

在【目录】窗格中，用户可双击目录的条目，打开目录的子项目，以查找相应的帮助内容。

Visio **1.9** 高手答疑

Q&A

问题 1：如何将 Visio 锁定到 Windows 7 任务栏中？

解答：单击【开始】按钮 ，执行【所有程序】|Microsoft Office 命令。

然后，在弹出的菜单中右击 Microsoft Visio 2010 选项，执行【锁定到任务栏】命令，即可将 Visio 程序锁定到 Windows 7 任务栏中。此时，用户单击任务栏的 Visio 图标即可打开 Visio。

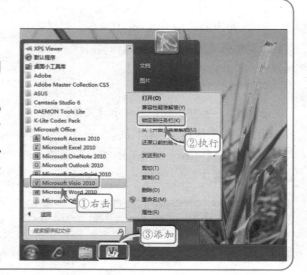

Q&A

问题 2：如何更改 Visio 主题颜色？

解答：微软公司为 Office 系列软件提供了 3 种主题颜色，包括"蓝色"、"银色"和"黑色"等，允许用户自行选择更换。

在 Visio 2010 中单击【文件】按钮，执行【选项】命令。

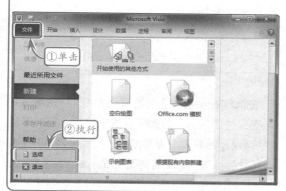

在弹出的【Visio 选项】对话框中选择【常规】选项卡，然后即可在右侧单击【配色方案】下拉按钮，选择 Visio 的主题颜色。

Q&A

问题 3：什么是屏幕提示样式？如何启用和关闭屏幕提示样式？

解答：屏幕提示是微软 Office 软件的一个特色功能，其作用是帮助用户快速了解 Office 软件中各按钮的作用。

在【Visio 选项】对话框中选择【常规】选项卡，然后即可在【屏幕提示样式】列表中设置屏幕提示样式的显示和隐藏。

管理绘图文档

在了解了 Visio 2010 软件本身之后，即可着手使用其创建和编辑各种绘图文档，并设置绘图文档的各种属性，对绘图文档进行管理。本章将介绍预览和打印绘图文档、保护文档、设置安全和隐私状态、更改元数据以及保存和发送设置等技巧，帮助用户更好地使用 Visio。

2.1 文档页面设置

【页面设置】是文档所使用的绘图纸张设置，其作用是为文档指定打印和显示时的纸张。

1. 设置纸张方向

在默认状态下，Visio 绘图页使用纵向的纸张方向，用户如需要更改这一方向，可直接选择【设计】选项卡，在【页面设置】组中单击【纸张方向】按钮，然后在弹出的菜单中执行【横向】命令，更改绘图页的纸张方向。

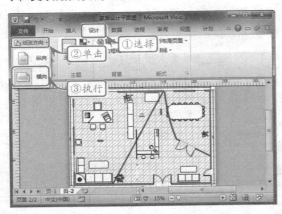

2. 设置纸张尺寸

在 Visio 中预置了多种纸张尺寸供用户选择，以满足不同类型图表或结构图的需要。

例如，在小型的企业管理档案中，可使用 A4、B5 等尺寸的纸张，以便于存放和管理。而对于建筑平面设计图等大型应用图纸，则可采用 A3 甚至 A2 尺寸的纸张，以使结构图更加清晰、易于辨认。

在 Visio 中，用户可选择【设计】选项卡，单击【页面设置】组中的【大小】按钮，在弹出的菜单中即可选择纸张的尺寸标准。

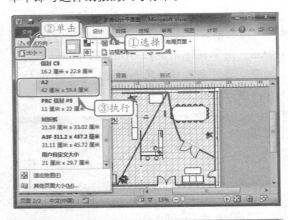

提示

如所绘制的文档仅用于计算机上显示，则用户也可执行【适应绘图】命令，根据绘制的形状大小来确定实际的绘图页纸张尺寸。

2.2 预览与打印绘图页

使用 Visio，用户在绘制完成文档后，可以预览打印文档的结果，并选择相应的打印机进行打印操作。

1. 打印设置

【打印设置】的作用除了设置打印纸张的尺寸外，还可以对绘图文档中的内容进行缩放处理。

选择【设计】选项卡，在【页面设置】组中单击【页面设置】按钮，即可打开【页面设置】对话框。

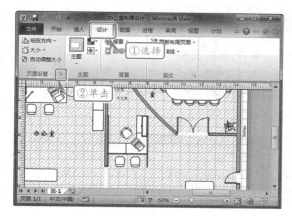

在弹出的【页面设置】对话框中，默认显示的就是【打印设置】选项卡。

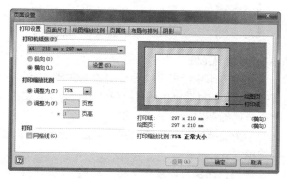

在【打印设置】选项卡中，用户可直接在【打印机纸张】下拉菜单中选择纸张的尺寸，同时选择【纵向】或【横向】的单选按钮确定纸张的方向。

在【打印缩放比例】选项区域中，用户可调整绘图文稿的缩放百分比，也可单独为水平或垂直方向调节缩放的比例。

2. 预览打印结果

预览打印结果的作用是模拟绘图文档打印后的效果供用户查看。

在 Visio 中单击【文件】按钮，执行【打印】命令，单击【打印预览】按钮。

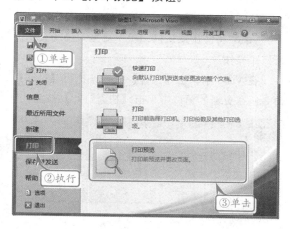

此时 Visio 将根据默认打印机的型号，显示打印后的结果。

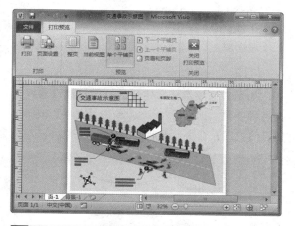

> **提示**
>
> 如默认的打印机为彩色打印机，则预览的打印结果将为彩色；如默认的打印机为黑白打印机，则预览的打印结果为灰度。

在【打印预览】选项卡中，用户可在【预览】组中选择预览的视图选项。

> **提示**
>
> 如绘图文档中包含多个页面，则还可以分别单击【上一个平铺页】和【下一个平铺页】按钮，切换这些绘图页，查看预览结果。

单击【关闭】组中的【关闭打印预览】按钮，即可退出打印预览模式。

3．快速打印

快速打印是最简单的打印模式。在这种模式下，Visio 将使用默认打印机，直接对绘图文档进行打印操作。

在 Visio 中单击【文件】按钮，执行【打印】命令，在更新的窗口中单击【快速打印】按钮。

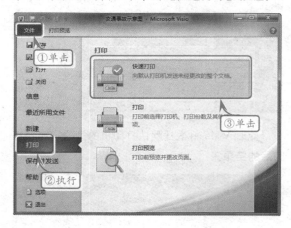

4．打印

如用户需要选择自定义的打印机或设置打印的各种参数，则可在 Visio 中单击【文件】按钮，执行【打印】命令，然后单击【打印】按钮。

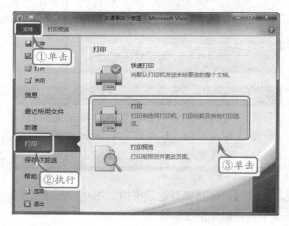

然后，在弹出的【打印】对话框中设置打印的具体参数，单击【确定】按钮开始打印。

● 打印机设置

在【打印】对话框中，用户可以在【名称】下拉列表中选择打印机，并单击【属性】按钮对打印机的参数进行设置。

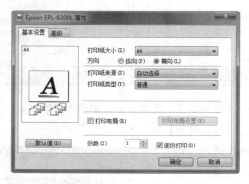

● 页码范围

如果打印包含多个绘图页的绘图文档，则用户可在【打印】对话框中的【页码范围】选项区域中选择页码的范围，包括"全部"、"当前页"、自定义的"页码范围"、"选定内容"以及"当前视图"等选项。

例如，需要打印绘图文档中的第 2 页到第 5 页，首先选择【页码范围】单选按钮，并设置【从】为 2，【到】为 5。

> **提示**
>
> 在打印单页的绘图文档时，"页码范围"选项将不可用。

Visio 2.3 保护文档

为提高文档的安全性，Visio 提供了多种文档　保护方式，防止因外部原因或人为操作导致文档的信息丢失或更改。

1．自动保存与恢复

自动保存与恢复功能的作用是防止因断电、计算机硬件故障而导致的文档丢失现象，其可以定义 Visio 2010 按照指定的时长自动保存绘图文档的副本。

在 Visio 中单击【文件】按钮，然后执行【选项】命令，打开【Visio 选项】对话框。

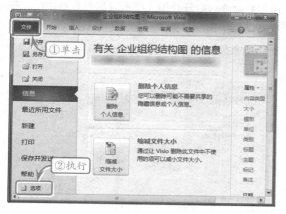

在【Visio 选项】对话框中，用户可以在左侧选择【保存】选项卡，然后选择【保存自动恢复信息时间间隔】复选框，并设置分钟数。

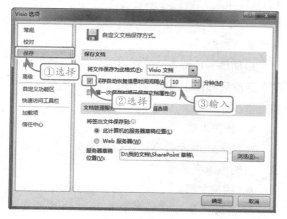

此时，Visio 2010 就会在指定的时间段内自动保存一份绘图文档的副本。如在编辑绘图文档时计算机断电，则在重新启动计算机并开启 Visio 2010 程序时，Visio 2010 会自动打开这份副本。

2．保护绘制形状

在绘制形状后，如需要防止形状因任何操作而发生更改，则用户也可以将形状保护起来，禁止任何对形状指定属性的编辑。

在 Visio 2010 中单击【文件】按钮，执行【选项】命令，然后在【Visio 选项】对话框中选择【高级】选项卡，在【常规】组中选择【以开发人员模式运行】复选框。

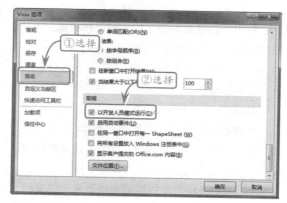

然后返回 Visio 窗口。选择形状，选择【开发工具】选项卡，在【形状设计】组中单击【保护】按钮。

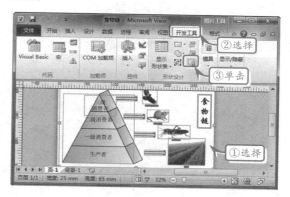

此时，将打开【保护】对话框，允许用户设置保护形状的具体属性。

例如，用户需要保护形状的宽度和旋转角度，

则可在【保护】对话框中选择【宽度】和【旋转】等复选框，单击【确定】按钮即可启用这两个项目的保护。

如用户单击【全部】按钮，则将选择所有可保护的项目，将其应用到形状上。

2.4 文档属性设置

作为一种复合型的文档，用户在创建 Visio 的绘图文档后，还可通过元数据标记自己的身份和姓名，同时，也可以通过便捷的方式删除这些个人信息，以保护隐私。

1．设置文档元数据

元数据是一种"关于数据的数据"，其本身的作用是对数据文档进行描述，展示数据文档的一些属性。

Visio 2010 所创建的绘图文档也是一种支持元数据的文档。在用户创建绘图文档后，Visio 程序就会自动把用户的信息存储到绘图文档中。

使用 Visio 打开绘图文档，然后即可单击【文件】按钮，执行【信息】命令。

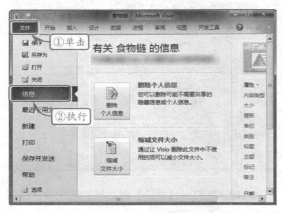

然后，在窗口的右侧设置绘图文档的元数据信息，包括【属性】、【日期】、【相关人员】和【相关文档】等 4 类属性。

● 属性

属性是 Visio 绘图文档元数据中最基本的内容，其定义了 Visio 绘图文档的基本信息。除"内容类型"、"大小"以及"模板"以外，其他的属性元数据都允许用户修改。

单击【属性】下拉按钮，用户还可执行【高级属性】命令，打开绘图文档的【属性】对话框，在该对话框中进一步修改绘图文档的元数据。

● 日期

日期是一种特殊的元数据，其可存储绘图文档的创建时间和修改时间。在默认状态下不允许用户自行修改。

● 相关人员

相关人员的元数据可存储绘图文档的作者以及项目的协调者信息。

● 相关文档

相关文档是与该绘图文档相关的其他文档数据。单击【相关文档】下拉按钮，执行【添加相关文档的链接】命令，即可打开【超链接】对话框。

在该对话框中，用户可以输入需要关联文档的 URL 地址以及说明的信息，从而将该文档与绘图文稿关联起来。

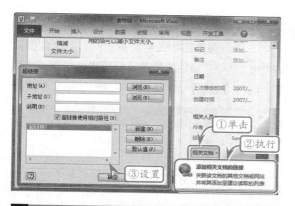

在弹出的【删除隐藏信息】对话框中,包含了3 种与隐私信息相关的选项。

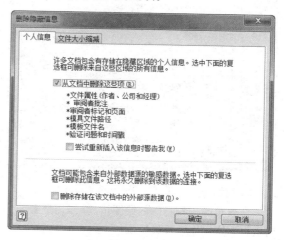

2．删除个人信息

如用户不需要绘图文档中包含个人的隐私信息,则可使用 Visio 2010 的【删除个人信息】功能,快速将绘图文档中的个人信息删除。

用 Visio 打开绘图文档,单击【文件】按钮,然后执行【信息】命令,单击【删除个人信息】按钮。

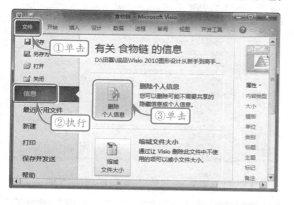

如需要删除绘图文档的元数据,可选择【删除存储在该文档中的外部源数据】复选框,并单击【确定】按钮。

Visio 2.5　插入绘图页

绘图页是构成 Visio 绘图文档的结构性内容,其主要包括两种,即前景页和背景页。

在插入绘图页时,用户可对绘图页的类型进行选择。

1．插入前景页

在 Visio 中选择【插入】选项卡,然后在【页】组中单击【空白页】按钮,直接插入一个空白前景页。

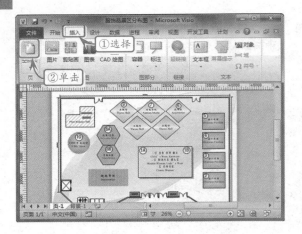

2．插入背景页

背景页是一种特殊的绘图页，其作用是叠加于前景页下方，作为背景显示。

选择【插入】选项卡，单击【空白页】下方的箭头，然后执行【背景页】命令，为当前显示的前景页插入背景页。

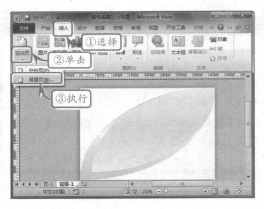

3．直接插入绘图页

除了从工具栏中插入绘图页外，用户还可在绘图窗格下方的绘图页标签栏中单击【插入页】标签，然后插入绘图页。

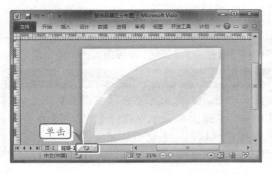

4．插入任意类型绘图页

如用户需要在插入绘图页的同时定义绘图页的属性，则可直接右击绘图页标签栏中任意一个标签，执行【插入】命令。

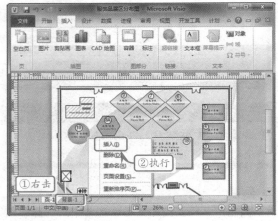

然后，打开【页面设置】对话框，并默认打开【页属性】选项卡。在该对话框中，用户可以设置绘图页的各种属性。

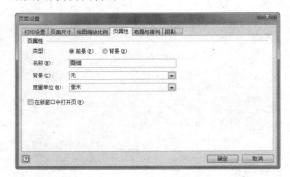

【页面设置】的属性主要包括以下 5 种。

属　性		作　用
类型	前景	创建一个前景绘图页
	背景	创建一个背景绘图页
名称		设置绘图页的标签名称
背景		为绘图页选择一个背景绘图页
度量单位		设置绘图页中标尺使用的单位
在新窗口中打开页		将绘图页放到新窗口中打开

在设置绘图页的属性之后，即可单击【确定】按钮，插入新绘图页。

在创建绘图页后，用户还可对绘图页进行编辑，以使其符合绘图文档的需要。

1．切换绘图页

如用户需要更改其他的绘图页，则可单击绘图窗格下方的绘图页标签栏中相应的标签。此时，将自动切换到拥有该标签的绘图页中。

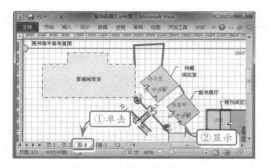

如某个绘图文档中的绘图页较多，在绘图页标签中只能同时选择其中的一部分内容，则用户可以单击绘图页标签栏左侧的 4 种按钮，以快速切换绘图页。

按 钮	作 用
◄	在绘图页标签栏中显示最前一组绘图页
◄	在绘图页标签栏中显示前一组绘图页
►	在绘图页标签栏中显示后一组绘图页
►►	在绘图页标签栏中显示最后一组绘图页

单击 Visio 窗口左下角的【页面】按钮，可打开【页】对话框。在该对话框中的【选择页】列表中，显示了目前绘图文档中所有的绘图页，包括前景页和背景页等。

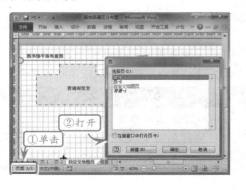

单击选择所需的任意页，然后即可单击【确定】按钮，切换到该页显示。

2．重命名绘图页

如需要对绘图页进行重命名，则可以直接右击绘图窗格下方的绘图页标签中相应的标签，执行【重命名】命令，然后即可输入绘图页的新名称。

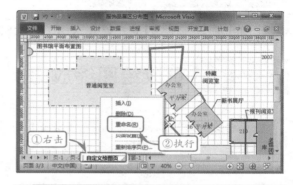

技巧

直接双击绘图窗格下方的绘图页标签栏中相应的标签，也可以对绘图页的名称进行修改。

3．删除绘图页

如需要删除绘图页以及绘图页中所有的图形，则可以右击绘图窗格下方的绘图页标签栏中相应的标签，执行【删除】命令，即可将其删除。

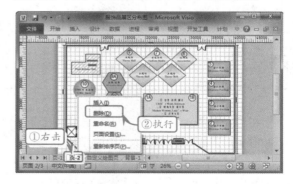

4．更改绘图页属性

如用户需要更改绘图页的更多属性，则可以右击绘图窗格下方的绘图页标签栏中相应的标签，执行【页面设置】命令。

在弹出的【页面设置】对话框中，将默认显示

【页属性】选项卡。在该选项卡中，用户即可设置绘图页的各种属性。

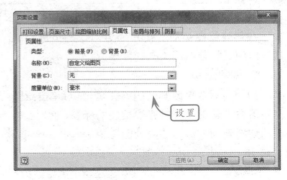

2.7 更改绘图缩放比例

在选中绘图页之后，用户即可在绘图窗格下方的绘图页标签栏中右击相应的标签，执行【页面设置】命令。

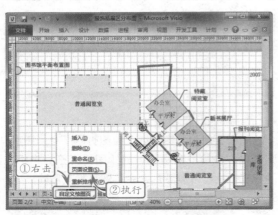

在弹出的【页面设置】对话框中选择【绘图缩放比例】选项卡。

在该选项卡中，用户可选择 3 种绘图缩放方式，包括"无缩放"、"预定义缩放比例"以及"自定义缩放比例"。

2.8 添加背景

在绘制图形时，用户还可为绘图文档添加Visio 预置的背景图形，或插入外部的背景图形图像。

1. 直接插入预置背景

选择【设计】选项卡，在【背景】组中单击【背景】按钮，在弹出的菜单中选择 Visio 预置的背景形状，应用到绘图页中。

添加预置背景后，Visio 会自动为绘图页创建一个背景页，并将预置的形状应用到背景页中。

提示
在已添加背景页和预置背景的情况下，用户可以用同样的方式更改背景为其他的预置形状，将新的预置形状添加到背景中。

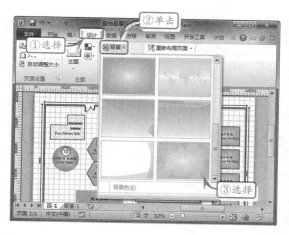

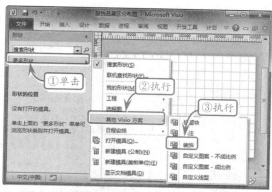

2．添加和编辑背景

Visio 除了允许用户使用预置的背景外，还允许用户选择其他元素作为背景图像，包括使用各种绘制形状、导入的图形和图像等。

在 Visio 绘图窗格下方的绘图页标签栏中选择背景页的标签，然后对该背景页进行编辑，以更改前景页的背景。

例如，在【形状】窗格中单击【更多形状】按钮，执行【其他 Visio 方案】|【装饰】命令，添加【装饰】的模具。

在下方的【装饰】选项区域中选择背景花纹形状，将其拖入背景页中。

复制形状，通过对形状的拖动和粘贴，将形状铺满整个背景页，此时，用户即可查看绘图页中背景的效果。

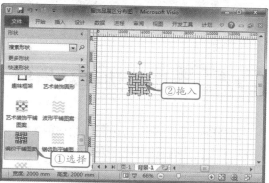

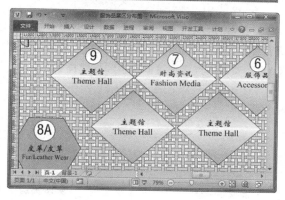

2.9 更改背景色调

在为绘图页添加预置的背景之后，用户还可以为背景应用各种颜色，使之更加丰富多彩。

在 Visio 中选择应用了背景的绘图页，然后即可选择【设计】选项卡，单击【背景】按钮，执行【背景色】命令。

此时，用户可在弹出的菜单中选择【默认颜色】、【主题颜色】、【标准色】、【无填充】中包含的各种颜色。

> **提示**
>
> Visio 只允许用户对预置的背景设置颜色，如使用的背景为自定义背景形状，则无法直接通过【背景色】命令设置颜色。

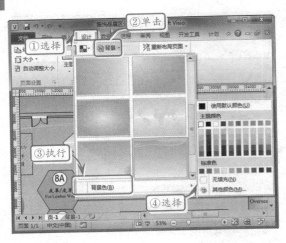

2.10 应用边框和标题

　　边框和标题是 Visio 2010 新增的一种功能，其作用是为绘图文稿添加可显示的边框，并允许用户输入标题内容。

1．插入边框和标题

　　在 Visio 中，用户可在【设计】选项卡中单击【背景】组中的【边框和标题】按钮，然后即可在弹出的菜单中选择预置的边框和标题样式。

　　此时，用户即可在绘图页中查看带有黑色背景的标题块和创建标题的时间。

2．修改标题

　　在插入边框和标题后，用户还需要对其进行修改。在绘图窗格底部单击绘图页标签栏中的背景页标签，即可切换到绘图页的背景中。

　　选择标题的文本框，然后用户即可为其输入新的标题名称。

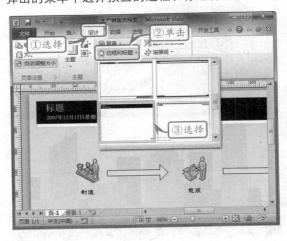

2.11 缩减文件大小

　　打开绘图文档，单击【文件】按钮，执行【信息】　　命令，在更新的窗口中，单击【缩减文件大小】

按钮。

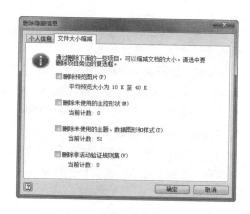

然后，将打开【删除隐藏信息】对话框的【文件大小缩减】选项卡。

选择这些复选框后，即可单击【确定】按钮，将其删除。

2.12 创建 PDF/XPS 文档

如果用户希望这种绘图文档能被更多的用户浏览，则可以将其转换为通用的可移植性文档，即 PDF/XPS 文档。

在 Visio 中单击【文件】按钮，执行【保存并发送】命令，然后在更新的窗口中单击【创建 PDF/XPS 文档】按钮，在右侧单击【创建 PDF/XPS】按钮。

此时，将打开【发布为 PDF 或 XPS】对话框。在该对话框中，用户可选择保存文档的路径，并设置【文件名】和【保存类型】等属性。

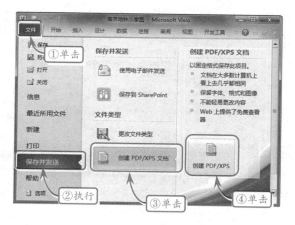

然后，即可单击【发布】按钮，开始发布操作。

2.13 保存并发送设置

保存并发送是 Visio 2010 中新增的一组功能，　其允许用户在保存绘图文档的同时，将绘图文档发送到其他位置，与他人分享。

1．保存到 SharePoint

SharePoint 是微软公司提供的一项网络存储服务，其将微软的 MSN 账户、SkyDrive 服务与 Office 系列软件整合起来，允许用户直接通过 Office 2010 系列软件将文档上传至 SkyDrive 服务器中。

在 Visio 中打开绘图文档，单击【文件】按钮，执行【保存并发送】命令，然后单击右侧的【保存到 SharePoint】按钮。

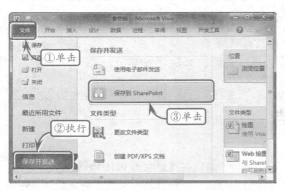

在更新的窗口右侧选择存储的【文件类型】，并单击【浏览位置】按钮。

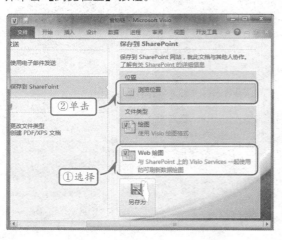

然后，即可将绘图文档存储到微软的

SharePoint 服务器中。

2．使用电子邮件发送

在完成绘图文档后，用户也可以将绘图文档通过电子邮件发送到他人的邮箱中。

单击【文件】按钮，执行【保存并发送】命令，然后即可单击【使用电子邮件发送】按钮。

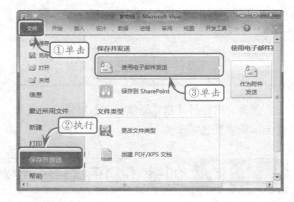

在更新的窗口右侧，用户可选择发送电子邮件的选项，包括直接以附件方式发送、发送 SharePoint 服务器链接、以 PDF 或 XPS 格式发送。

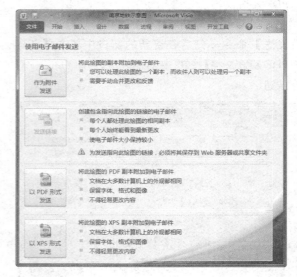

Visio 2.14 高手答疑

Q&A

问题 1：如何设置打印时的页面边距？　　　　解答：选择【设计】选项卡，在【页面设置】

组中单击【页面设置】按钮 📇。

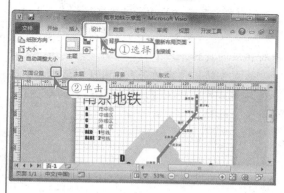

然后，即可打开【页面设置】对话框，在默认显示的【打印设置】选项卡中单击【设置】按钮。

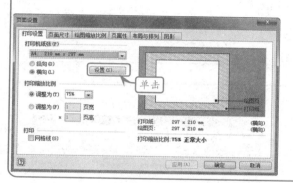

在弹出的【打印设置】对话框中，用户即可设置【页边距（毫米）】中的"左"、"右"、"上"和"下"等4种属性，输入页边距的值，其值的单位为毫米（mm）。

Q&A

问题2：如何对创建的 PDF 文档进行优化，以使其体积更小、更适合于网页传输？

解答：单击【文件】按钮，执行【保存并发送】命令，然后双击【创建 PDF/XPS 文档】按钮。

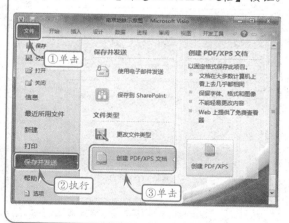

在弹出的【发布为 PDF 或 XPS】对话框中，用户即可选择【优化】类型的单选按钮，根据实际的需要对 PDF 文档进行优化设置，然后再单击【发布】按钮进行发布。

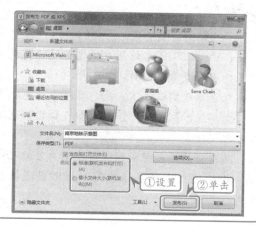

Q&A

问题 3：如何在创建 PDF 文档时选择页的范围？

解答：在【发布为 PDF 或 XPS】对话框中，用户可单击【选项】按钮，在弹出的【选项】对话框中设置发布属性。

在【选项】对话框中，用户可选择"全部"、"当前页"、"当前视图"和"选择"等选项，以将相应的页转换为 PDF 文档。

如需要转换指定的序列，则可以选择"页"单选按钮，然后输入【从】和【到】的数值，即可决定转换的绘图页序列。

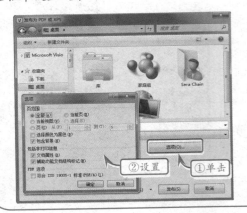

Q&A

问题 4：如何更改 Visio 默认保存的文档格式，以兼容之前旧版本的 Visio？

解答：在 Visio 中单击【文件】按钮，执行【选项】命令，在弹出的【Visio 选项】对话框中单击【保存】按钮，然后即可在更新的对话框中选择【将文件保存为此格式】下拉列表中的"Visio 2002 文档"选项。

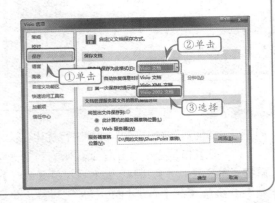

Q&A

问题 5：如何切换查看绘图页的视图？

解答：Visio 2010 允许用户通过普通视图或全屏显示视图查看绘图页。

在普通视图模式下，用户可单击状态栏中的【全屏显示】按钮，然后即可切换到全屏查看视图。

而在全屏显示视图模式下，用户可按 Esc 键，快速退出全屏显示视图，返回普通视图模式。

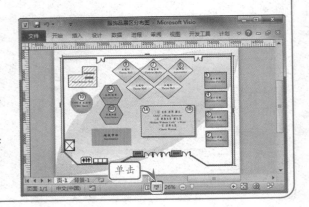

Q&A

问题 6：如何放大或缩小视图？

解答： 在使用 Visio 2010 绘制形状时，往往会需要对视图进行放大以绘制形状的细节，或对视图进行缩小以快速查看整个绘图页。

在状态栏中，用户可直接单击缩放级别的值，打开【缩放】对话框，在其中选择预置的缩放比率，或选择【百分比】单选按钮，再输入缩放的具体百分比值。

除此之外，用户也可以单击状态栏中的【缩小】按钮━和【放大】按钮✚，同样可以对视图进行缩小或放大操作。

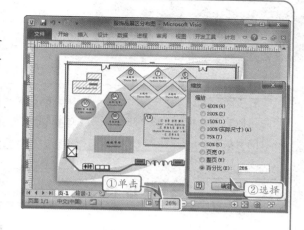

Q&A

问题 7：如何查看最近使用过的 Visio 文档？

解答： 在 Visio 2010 中，用户可单击【文件】按钮，执行【最近所用文件】命令，在右侧的【最近使用的文档】列表中查看已打开文档的历史记录。

用鼠标单击列表中任意项目，即可打开相关的 Visio 文档，进行查看或编辑等操作。

【最近使用的文档】列表中的项目会根据用户打开文件的顺序随时更新。如用户希望锁定列表中某个项目，则可单击右侧【将此项目固定到列表】按钮，实现列表项目的锁定。

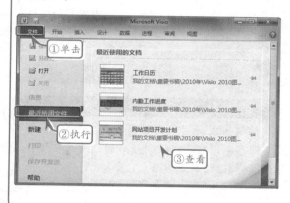

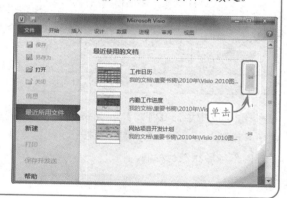

03 添加形状

在 Visio 绘图文档中，形状是构成结构图和流程图的基本元素。使用 Visio 2010 内置的各种工具，用户可以方便地绘制出各种图形，并对图形进行排列、组合和连接等操作。本章将介绍 Visio 2010 中形状的有关知识。

Visio 3.1 绘制形状

在 Visio 中，任何图标都是由各种形状组成的，使用 Visio 用户可以方便地绘制各种几何形状，并将形状组成图形。

1. 绘制基本形状

Visio 2010 提供了以下 6 种基本形状供用户使用，以绘制各种基本的形状。

形状图标	形状工具名称	功 能
▭	矩形工具	绘制矩形或正方形
◯	椭圆工具	绘制椭圆形或圆形
╲	折线图工具	绘制直线
╰	任意多边形工具	绘制任意曲线
╲	弧形工具	绘制弧线
✎	铅笔工具	绘制鼠标轨迹线

在 Visio 中选择【开始】选项卡，在【工具】组中单击默认显示的【矩形】下拉按钮，即可选择相应的基本形状进行绘制。

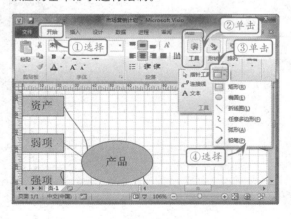

例如，绘制一个笑脸的图标，可直接在菜单中选择【椭圆】工具，并在绘图页中拖动鼠标，进行脸型绘制，然后再绘制两个同样大小的圆形作为眼睛。

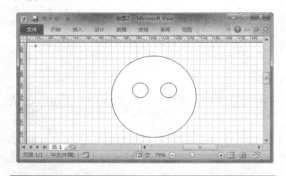

提示

在绘制椭圆形时，用户可按住 Shift 键绘制正圆形。同理，在绘制矩形时，用户也可按住 Shift 键绘制正方形。

然后，选择【弧形】工具，在眼睛的圆形下方绘制弧形作为嘴部，完成绘制。

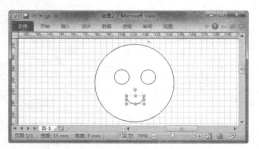

2．绘制三维形状

使用 Visio，用户可以根据三维透视原则，绘制三维的形状。

例如，绘制一个正方体，可在【开始】选项卡中【工具】组内选择【折线图】工具，然后绘制一个简单的平行四边形。

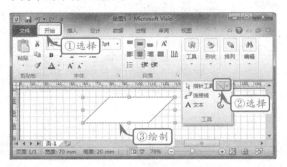

然后，再选择【矩形】工具，绘制正面的正方形。

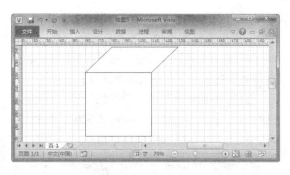

最后，选择【折线图】工具，将平行四边形右侧的端点和正方形右下角的端点用两条直线段连接起来，完成正方体绘制。

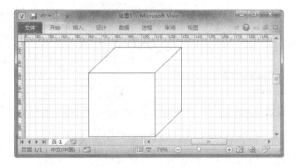

3.2 选择形状

在 Visio 中，用户既可以选择单独的形状，也可以同时选择多个形状。

1．选择单独形状

选择单独的形状时，可直接将鼠标光标移动到该形状上，再单击将其选中。

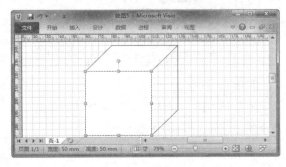

2．选择多个形状

如需要同时选择多个形状，则用户可在【开始】选项卡中的【编辑】组中单击【选择】下拉按钮，选择【选择区域】选项。

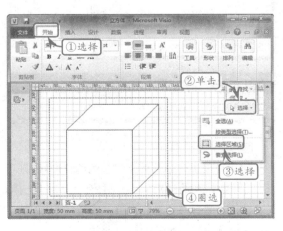

然后，将鼠标置于这些形状的外部，按住鼠标

左键拖动，将这些图形圈选在一起。

如用户需要选择位于不规则形状区域内的形状，则可在【开始】选项卡中的【编辑】组中单击【选择】下拉按钮，选择【套索选择】选项。

然后，将鼠标置于这些形状的外部，按住鼠标左键拖动，通过不规则形状的圈选区域，将这些图形选中。

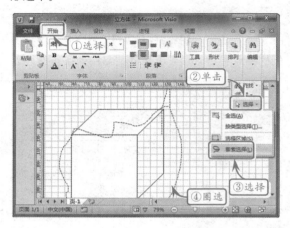

用户也可以按住 Ctrl 键，然后将鼠标光标移动到图形上方，当鼠标光标转换为带十字的箭头时，依次进行点选，将其逐个选中。

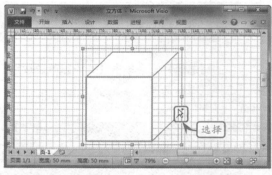

3．选择所有形状

如用户需要选中绘图文档中的所有形状，则可以在【开始】选项卡中的【编辑】组中单击【选择】下拉按钮，选择【全选】选项，或按住 Ctrl+A 键，均可直接选中绘图页中的所有形状。

4．按类型选择形状

在【开始】选项卡中的【编辑】组中单击【选择】下拉按钮，选择【按类型选择】选项，然后打开【按类型选择】对话框。

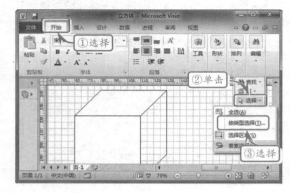

在【按类型选择】对话框中，用户可以按类型选择相应的复选框，然后单击【确定】按钮。此时Visio 将自动按照用户选择的项目进行筛选。

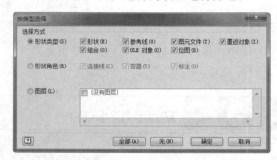

【按类型选择】对话框中包含有 3 种选择方式，其作用如下。

选择方式	作　用
形状类型	根据形状的性质来确定选择的形状
形状角色	选择连接线、容器和标注等特殊形状
图层	根据用户分划的图层，显示形状的列表并供用户选择

5．取消所选形状

要取消对所有形状的选择，可以单击绘图页中任意的空白处，或按 Esc 键。

如需要取消已经选择的多个形状中任意某些形状，则可按住 Ctrl 键或 Shift 键，再分别单击已选择的形状。

Visio **3.3** 使用模具

模具是 Visio 中提供的一种图形素材格式，其中可以包含各种图形元素或图像，Visio 2010 提供了丰富的模具供用户选择和调用。

1. 使用模板中的模具

在使用 Visio 2010 创建基于模板的绘图文档后，Visio 将自动打开与该模板适配的模具，将其显示到【形状】窗格中。例如，在 Visio 中单击【文件】按钮，执行【新建】命令，然后在更新的窗口中单击【流程图】按钮。

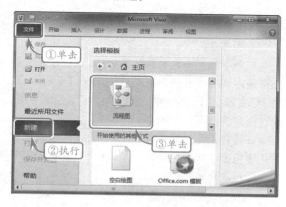

在更新的窗口中单击【工作流程图】按钮，然后即可在右侧单击【创建】按钮，创建基于工作流程图模具的绘图文档。

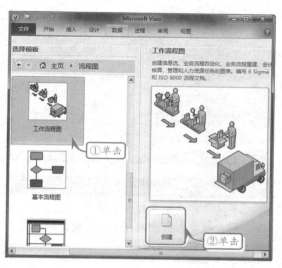

此时，在 Visio 2010 的【形状】窗格中，将显示【快速形状】、【箭头形状】、【部门】、【工作流对象】和【工作流步骤】等选项卡，选择相应的选项卡，再选择模具中的主控形状，将其拖到绘图页中即可。

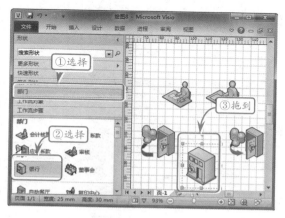

2. 添加其他分类的模具

在依据模板创建绘图文档后，用户还可以将其他模板所应用的模具分类添加到【形状】窗格中。

在【形状】窗格中单击【更多形状】按钮，在弹出的菜单中选择相应的模具分类，将其添加到下方的选项卡列表中。

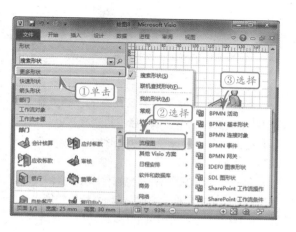

Visio 3.4 使用形状手柄

在选择形状后，Visio 将提供一组手柄，供用户对形状进行控制，这一组手柄即被称为形状手柄。

1. 选择手柄

选择手柄是 Visio 中最基本的手柄。在【开始】选项卡中单击【工具】组中的【指针工具】按钮 指针工具，然后选择形状。此时，在形状四周将显示 8 个蓝色正方形的手柄 ，这些手柄被称为选择手柄。

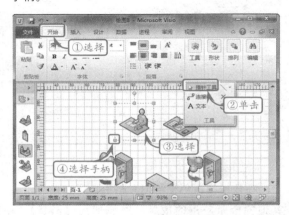

选择手柄的作用主要包括两项，即标识形状被选中的状态，同时允许用户调整形状的尺寸。

技巧

将鼠标置于选择手柄上，然后即可按住鼠标拖动，从而更改形状的尺寸。按住 Ctrl 键 Ctrl 后再进行该操作，可对形状进行等比例缩放。

2. 旋转手柄

旋转手柄也是所有形状共有的手柄。在单击【指针工具】按钮 指针工具 后，再选择形状，此时，形状的上方将显示一个蓝色圆形的手柄 ，该手柄即旋转手柄。

每一个形状只拥有一个旋转手柄，当用户将鼠标光标置于旋转手柄上方时，鼠标光标将转换为旋转箭头形状 ，此时，用户即可拖动鼠标，旋转形状。

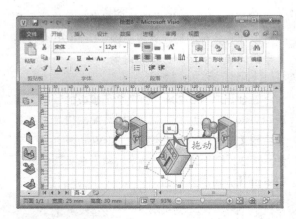

3. 控制手柄

控制手柄是一种特殊的手柄，其只存在于一些允许用户调节外形的形状中。例如，在【箭头形状】的"可变箭头 1"形状中，就提供了多个控制手柄，允许用户调节形状的外形。

在选择"可变箭头 1"的形状后，即可发现该箭头中包含 3 个黄色菱形调节柄 ，拖动这些调节柄，即可改变箭头的外形。

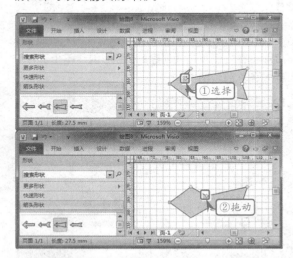

提示

控制手柄只存在于少部分形状中，且这些控制手柄在改变各形状的外形时，发挥的作用各不相同。

4．控制点

控制点是存在于一些特殊曲线中的手柄，其作用是控制曲线的曲率。

在使用【任意多边形】工具～绘制曲线之后，再单击选择曲线，此时，就会显示曲线中的所有圆形控制点❀。

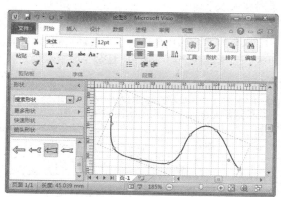

将鼠标光标置于控制点上方，当鼠标转换为十字箭头形状✛后，即可拖动鼠标，更改曲线的曲率。

> **提示**
>
> 在曲线的两端还有两个蓝色的空心矩形手柄□，该手柄被称为"离心率手柄"，其功能与普通控制点相同。

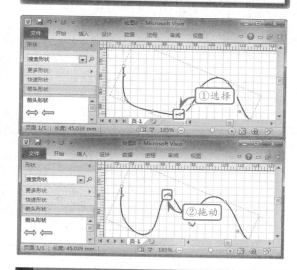

> **提示**
>
> 选择【铅笔】工具后✎再选择线条，也可以使线条的控制点显示出来。

3.5　设置形状属性

除了使用手柄设置形状的属性外，Visio 还允许用户通过具体的设置项目，更改形状的属性。

1．更改尺寸和位置

除了通过拖动形状手柄调整形状的属性外，用户还可以通过精确的数值定义形状的尺寸和其他多种属性。选择形状后，用户即可在状态栏中查看形状的精确尺寸，包括宽度和高度等。

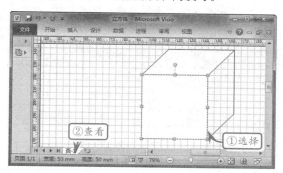

单击【宽度】或【高度】的值，弹出【大小和位置】菜单，可在该菜单中设置形状的 6 种属性。

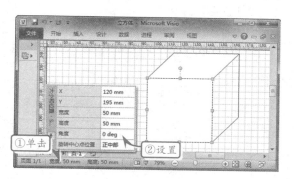

其中，X 为形状在绘图页中的水平坐标位置；Y 为形状在绘图页中的垂直坐标位置；角度为形状的旋转角度。

2．翻转形状

选择需要翻转的一个或多个形状，然后在【开始】选项卡中的【排列】组中单击【位置】按钮，执行【旋转形状】|【垂直翻转】命令或【旋转形状】|【水平翻转】命令，即可翻转形状。

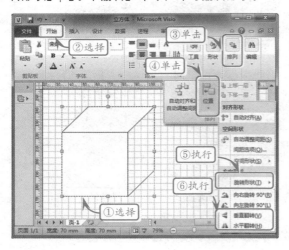

3．调整形状层次

层次也是形状的一种属性，在默认状态下，所有形状的层次按照绘制的顺序从下到上排列。

用户如需要调整形状层次，将其上移，则可以选择形状，在【开始】选项卡的【排列】组中单击【上移一层】按钮，执行【上移一层】或【置于顶层】命令。

同理，需要将形状下移时，则可在【排列】组中单击【下移一层】按钮的菜单，执行【下移一层】或【置于底层】命令。

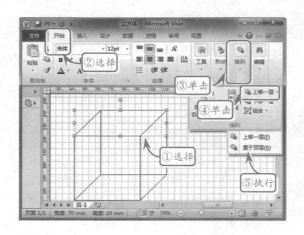

技巧

选择形状后右击鼠标，也可以执行【置于顶层】或【置于底层】命令，调整形状的层次。

4．对齐形状

Visio 允许用户通过两种方式对齐形状，即垂直对齐和水平对齐。

● 水平对齐

水平对齐的作用是通过水平移动形状，沿垂直坐标轴对齐所选的多个形状，其包含以下 3 种对齐方式。

图标	对齐方式	对齐基准
	左对齐	先选择的形状的左侧边线
	水平对齐	先选择的形状的垂直中心线
	右对齐	先选择的形状的右侧边线

选择多个形状，再选择【开始】选项卡，在【排列】组中单击【位置】按钮，然后在弹出的菜单中执行水平对齐方式对应的命令。

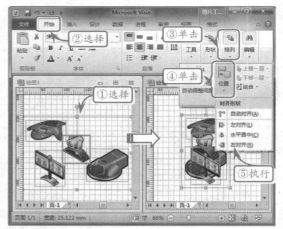

● 垂直对齐

垂直对齐的作用是通过垂直移动形状，沿水平坐标轴对齐所选的形状，其也包括以下 3 种方式。

图标	对齐方式	对齐基准
	顶端对齐	先选择的形状的顶端边线
	垂直居中	先选择的形状的水平中线
	底端对齐	先选择的形状的低端边线

设置垂直对齐的方法与设置水平对齐类似，在

此不再赘述。

5. 分布形状

分布形状的作用是控制形状按指定的方式和间隔排列。Visio 2010 允许用户直接设置横向分布和纵向分布，以及设置分布的选项。

选择多个形状后，选择【开始】选项卡，在【排列】组中单击【位置】按钮，执行【空间形状】|【横向分布】或【空间形状】|【纵向分布】等命令，即可进行分布操作。

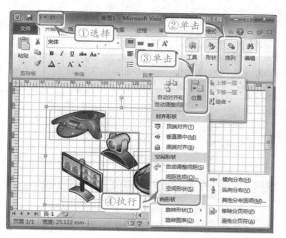

除了横向分布和纵向分布以外，用户还可以执行【其他分布选项】命令，在弹出的【分布形状】对话框中，用户可详细地选择分布时的间距以及各形状的位置。

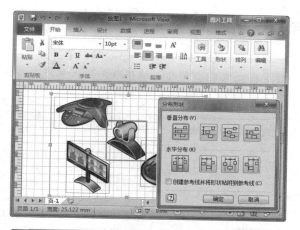

提示

在【分布形状】对话框中，选择【创建参考线并将新形状粘附到参考线】复选框后，当用户移动参考线时，粘附在该参考线上的形状会一并移动。

3.6　形状的组合与连接

在绘制图形的过程中，用户还可以通过连接和组合，将多个相互关联的形状结合在一起，构成完整的结构。

1. 组合形状

组合形状功能可以将多个相互关联的形状组合为一个整体，以便于统一地移动位置、调整大小和进行其他操作。

在绘图页中，先选择多个要组合的形状，然后选择【开始】选项卡，在【排列】组中单击【组合】按钮，执行【组合】命令，即可对形状进行组合。

技巧

用户也可以在选择多个形状后直接右击鼠标，执行【组合】|【组合】命令，同样可将这些形状组合。

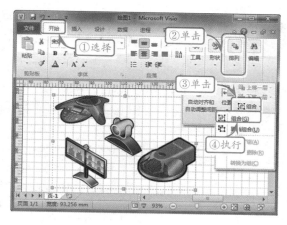

2. 连接形状

除了组合形状外，用户还可以使用各种线条，将两个形状连接在一起，以表现形状结构的承接关系。在 Visio 中，用户可以通过以下两种方式连接形状。

● **自动连接形状**

在 Visio 中，提供了自动连接功能，允许将形状与其四周的形状进行连接。

选择【视图】选项卡，在【视觉帮助】组中选择【自动连接】复选框。然后选择形状，此时，形状的四周将显示 4 个三角形箭头 ▲，单击箭头，即可自动绘制连接线，将形状与其他形状连接起来。

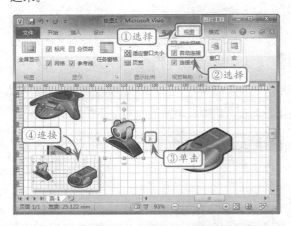

提示

在连接形状时，自动生成的连接线会将形状与位于相同方向最近的形状进行连接。

● **手绘连接线**

如用户需要控制形状的连接关系，则可使用手绘连接线的方式连接形状。相比自动生成的连接线，手绘连接线的使用更方便，也可绘成更复杂的结构图。

选择【开始】选项卡，在【工具】组中单击【连接线】按钮，当鼠标光标滑过形状的中心时，向目标形状的中心拖动鼠标，即可绘制连接线。

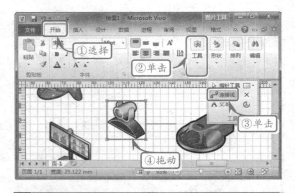

提示

当鼠标光标滑动到形状的中心时，形状的四周将显示红色的边框线，且鼠标光标也将转换为带折线箭头的光标 ┶。

Visio 3.7 设置形状样式

使用 Visio，用户不仅可以绘制各种形状，还可以更改形状的填充、线条以及阴影等属性。

1. 设置形状填充

形状填充是指填入到闭合形状中的纯色或渐变色以及各种花纹内容。在默认状态下，Visio 将为绘制的矩形和圆形等闭合形状添加白色的填充。

如需要更改填充的颜色，可先选择形状，在【开始】选项卡中的【形状】组中单击【填充】按钮，即可在弹出的菜单中选择几种预置的填充颜色。

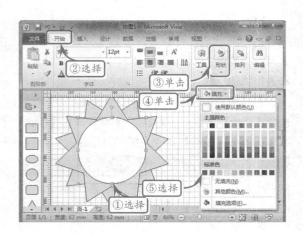

在弹出的【填充】菜单中，提供了【默认颜色】、【主题颜色】、【标准色】、【无填充】、【其他颜色】和【填充选项】等多种类型的填充选项。

如预置的【主题颜色】或【标准色】无法满足填充颜色的需要，则用户可执行【其他颜色】命令，打开【颜色】对话框。

在该对话框中，包含了【标准】和【自定义】两个选项卡，提供两种方式拾取颜色。

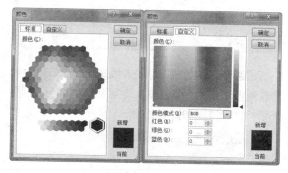

在【标准】选项卡中，提供了 127 种彩色以及16 种灰度颜色，而在【自定义】选项卡中，则允许用户从色板中选取 RGB 系列颜色中的任意色彩类型。

如用户需要为形状填充花纹图案或渐变色，则可在填充的菜单中执行【填充选项】命令，打开【填充】对话框。

在该对话框中，用户可设置【填充】和【阴影】样式，并通过【预览】内容来查看填充的效果。

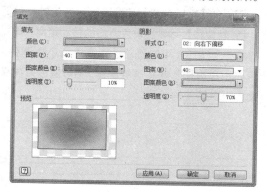

在【填充】选项区域中包含 4 种选项，其作用

如下。

选　项	作　用
颜色	填充形状的基本颜色
图案	填充的形状属性，包括无填充、纯色填充、23 种花纹和 16 种渐变色
图案颜色	设置花纹或渐变的目标颜色
透明度	设置填充颜色的整体透明度

在【填充】对话框中，用户还可以设置形状的阴影属性，其作用与形状阴影的设置相同，在"设置形状阴影"的小节中将对其详细介绍。

2．设置形状线条

形状线条的作用是设置形状轮廓笔触的样式，默认的形状往往包含一条 3/4 磅宽度的黑色轮廓线。

在选择形状后，选择【开始】选项卡，在【形状】组中单击【线条】按钮，即可在弹出的菜单中选择线条的样式。

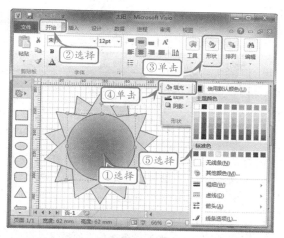

在弹出的【线条】菜单中，同样提供了【默认颜色】、【主题颜色】、【标准色】、【无线条】、【其他颜色】和【线条选项】等多种类型的选项，以及【粗细】、【虚线】和【箭头】等样式。

如用户需要设置形状线条的颜色，可直接通过【主题颜色】、【标准色】和【其他颜色】等选项，对线条进行设置。

如用户需要设置形状线条的样式，则可以分别执行【粗细】、【虚线】和【箭头】等命令，在弹出的菜单中选择预置的线条宽度、线条样式以及箭头样式等。

如用户需要自定义线条的样式，则可以执行【线条选项】命令，打开【线条】对话框。

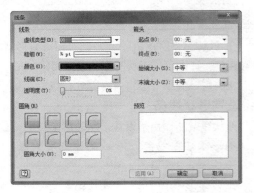

在该对话框中，用户可设置形状线条的以下3类属性，并通过【预览】查看结果。

属　　性		作　　用
线条	虚线类型	设置线条的虚线样式
	粗细	设置线条的宽度
	颜色	设置线条的颜色
	线端	设置线条两端的形状
	透明度	设置线条的透明度
箭头	起点	设置线条起点的箭头样式
	终点	设置线条终点的线条样式
	始端大小	设置线条起点箭头的大小
	末端大小	设置线条终点箭头的大小
圆角	圆角选项	设置线条连接点的圆角样式
	圆角大小	设置线条连接点的圆角大小

3．设置形状阴影

形状阴影是在形状的下方建立一个镜像，并通过位移等方法创造的阴影效果。

在选择形状后，选择【开始】选项卡，在【形状】组中单击【阴影】按钮，即可在弹出的菜单中选择阴影的样式。

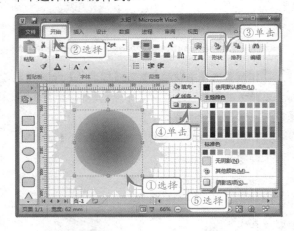

阴影颜色的方式与填充、线条类似，如用户需要设置自定义的阴影样式，则可执行【阴影选项】命令，打开【阴影】对话框。

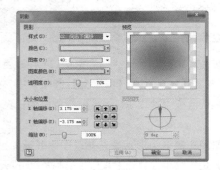

在该对话框中，允许设置阴影的多种属性，包括与形状填充类似的阴影色彩选项，以及阴影的方向等。

阴影的【X 轴偏移】可设置水平方向的移动距离，【Y 轴偏移】可设置垂直方向的移动距离。单击右侧的9个按钮，可对移动的距离进行小幅调整。

如用户选择了倾斜类的阴影，则可通过方向属性设置阴影倾斜的角度。

Visio 3.8 高手答疑

Q&A

问题1：如何将模具添加到"快速形状"中？

解答： 快速形状是形状分类中最常用的模具项

目。在【形状】窗格中选择形状分类的选项卡，并在选项卡中选择模具项目，然后右击，执行【添加到快速形状】命令，将模具添加到快速形状中。

然后，选择【快速形状】选项卡，在更新的【形状】窗格中查看添加的图形内容。

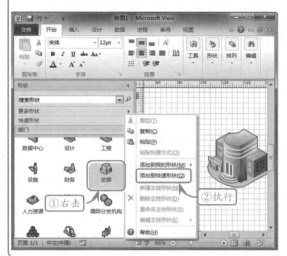

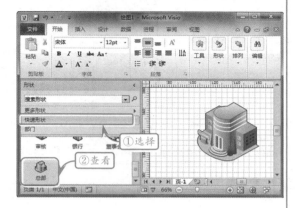

Q&A

问题2：如何绘制圆角矩形的形状？

解答：在 Visio 2010 中，用户可以通过两种方式绘绘制圆角矩形的形状。

● 使用圆角矩形模具

在【形状】窗格中单击【更多形状】按钮，执行【常规】|【基本形状】命令，然后在该窗格中选择【圆角矩形】模具，将其拖动到绘图页中。

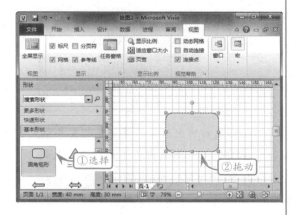

● 绘制矩形并转换

除了使用模具外，用户也可以先绘制一个矩形，然后通过线条选项将其修改为圆角矩形。选择矩形，选择【开始】选项卡，在【形状】组中单击【线条】按钮，执行【线条选项】命令。

然后，在弹出的【线条】对话框中选择【圆角】的样式，并设置【圆角大小】属性，将矩形的角修改为圆角。

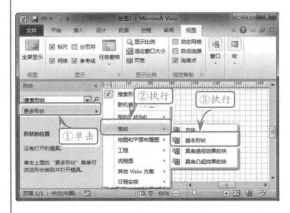

然后，在更新的【形状】窗格中选择【圆角矩形】形状，将其拖动到绘图页中。

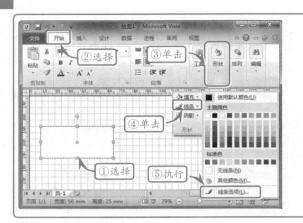
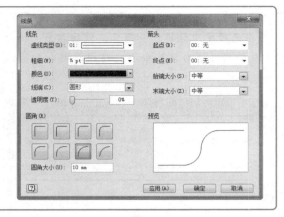

Q&A

问题3：如何修改位于形状组合内部的形状尺寸和角度？

解答：在早期的版本中，Visio 将锁定形状组合内部的形状，禁止用户对这些形状进行编辑操作。在 Visio 2010 中，用户可先选择形状组合，再单击需要修改的形状，将其选中。

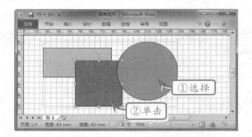

在形状四周出现选择手柄和旋转手柄后，即可拖动手柄，调整其尺寸和旋转角度。

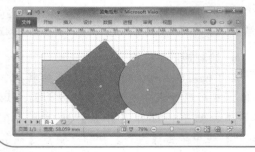

除直接单击编辑组合形状外，用户也可选择组合形状，右击执行【组合】|【打开组合】命令，进入组合编辑状态。

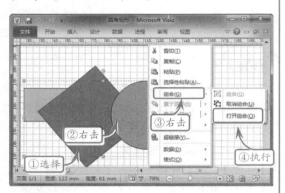

然后，在该组合的窗口中对组合内形状进行编辑。

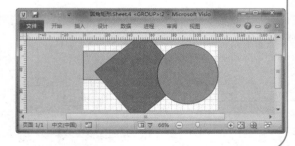

Q&A

问题4：如何解除形状的组合状态？

解答：在 Visio 2010 中，解除形状组合状态的方法有两种。选择组合的形状，然后在【开始】选项卡的【排列】组中单击【组合】按钮，执行【取消组合】命令，将其分离。

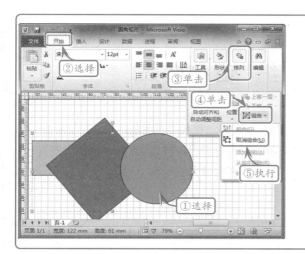

除此之外，用户也可以选择组合的形状，右击执行【组合】|【取消组合】命令，同样可将其分离。

Q&A

问题 5：如何恢复对模具的更改？

解答：在操作模具绘制 Visio 文档时，如更改了模具中的项目，用户可借助重置模具功能，将鼠标置于模具的名称栏上方，然后右击鼠标，执行【重置模具】命令即可。

此时，Visio 会自动重置模具到初始状态，恢复所有形状的默认位置。

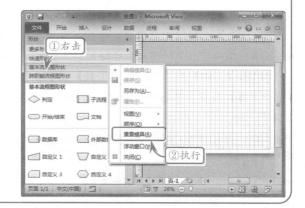

Q&A

问题 6：如何更改查看模具中形状的方式？

解答：Visio 提供了 5 种查看模具中形状的方式，包括【图标和名称】、【名称在图标下面】、【仅图标】、【仅名称】和【图标和详细信息】等。

将鼠标光标置于模具名称上方，右击鼠标后，即可执行【视图】命令，在弹出的菜单中选择查看模具形状的方式。

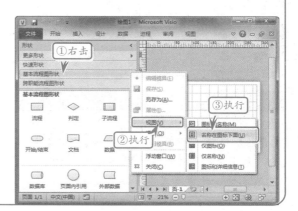

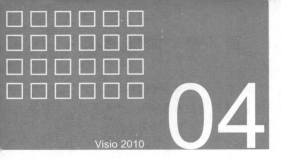
编 辑 文 本

在之前的章节中已经了解了 Visio 的基本操作，以及绘制形状、使用模具等的方法。在使用 Visio 绘制图表时，除了添加各种形状外，还需要使用文本内容来对形状进行注释和说明，以使图表内容更清楚。本章就将介绍在 Visio 绘图文档中插入文本，以及编辑文本内容的方法。

Visio 4.1 插入文本内容

使用 Visio，用户可以为绘图文档插入两种文本，包括形状文本和文本框文本等。

1. 插入形状文本

形状文本是描述形状模具所使用的文本，在 Visio 中，用户可以通过两种方式插入形状文本。

选择【开始】选项卡，在【工具】组中单击【指针工具】按钮，然后双击形状，在形状下方的文本框中输入文本内容。

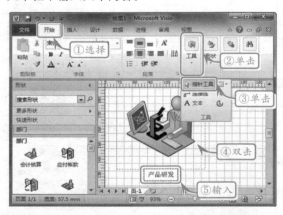

提示

除使用【指针工具】以外，用户还可以在【开始】选项卡的工具栏中单击【文本】按钮，然后直接单击形状，同样可以显示形状的文本框，并输入文本内容。

2. 插入文本框文本

除了创建形状文本外，用户还可以直接创建空白的文本框，并在其中输入文本内容，包括创建横排文本框和垂直文本框等。

横排文本框是最基本的文本框，在该类文本框中，文本内容以水平方式流动。

在 Visio 中选择【插入】选项卡，在【文本】组中单击【文本框】按钮，执行【横排文本框】命令，即可拖动鼠标绘制横排文本框，并输入内容。

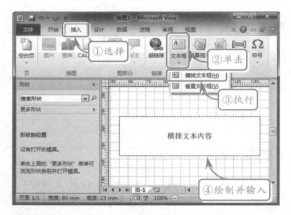

提示

在单击【插入】选项卡中【文本】组中的【文本框】按钮后，用户还可执行【垂直文本框】命令，用鼠标绘制竖排的文本框，以控制文本按照垂直的方向流动。

技巧

在【开始】选项卡的工具栏中单击【文本】按钮后，也可以在绘图页中绘制横排文本框，其创建的文本框与执行【横排文本框】命令绘制的文本框完全相同。

4.2　插入符号文本

在实际绘制图表工作中，往往需要为文本插入各种特殊符号内容，以添加诸如单位、制表符等内容，此时，就需要使用插入符号的功能。

1．直接插入常用符号

直接插入常用符号，可选择【插入】选项卡，在【文本】组中单击【符号】按钮，在弹出的符号菜单中选择相应的符号，将其添加到文本框或形状文本中。

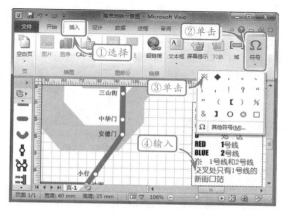

2．插入其他符号

常用符号的列表中只包含了很少一部分符号内容，如用户需要插入更多的符号，则可以在【符号】的菜单中执行【其他符号】命令，打开【符号】对话框。

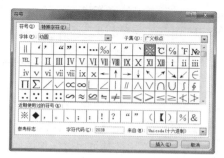

在该对话框中，包含了两个选项卡，即【符号】选项卡和【特殊字符】选项卡。

● **符号选项卡**

在【符号】选项卡中，用户可在对话框右下

角选择【来自】下拉列表中的字符集选项，包括Unicode、十六进制的 ASCII 和十进制的 ASCII 以及简体中文 GB18030 等 4 种字符集，并可根据其左侧的【字符代码】来快速选择符号。

在选择字符集之后，用户也可在选项卡上方选择所使用的【字体】以及【子集】的分类，从而详细地定义字符的位置。

例如，需要输入圆周率"π"的符号，则可直接在【子集】中选择"希腊语和科普特语"子集，然后在列表中查找小写的字母"π"，单击【插入】按钮将其插入到文本框中。

> **提示**
>
> 在【符号】选项卡的左下角将显示当前选择符号的名称。

● **特殊字符选项卡**

对于一些在【符号】选项卡中难以查找的特殊字符，用户可在【符号】对话框的【特殊字符】选项卡中检索，例如，找寻版权所有符号"©"，如下所示。

Visio 4.3 设置字体格式

在插入文本内容之后，用户还可以对文本字体的格式进行设置，以增强文本的表现能力。

1. 设置字体与字号

Visio 2010 提供了最直观的方式修改字体和字号。选择文本框或形状文本，然后即可在【开始】选项卡中的【字体】组中的【字体】或【字号】文本框中，输入或选择字体名称和字号数字。

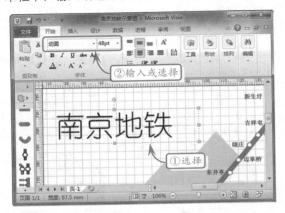

字体的名称可以是中文、英文或其他语言，在 Visio 2010 中，默认使用"宋体"字作为普通文本的字体。

字号的单位为 pt，即"磅"，是印刷时的一种单位，其值等于 1/72 英寸。

除了直接输入【字体】名称和【字号】值外，用户也可单击这两个文本框右侧的下拉箭头，在弹出的列表中选择相应的选项进行设置。

> **提示**
>
> 在【字体】组中，还提供了【增大字号】按钮和【减小字号】按钮，允许用户快速调整字号值的大小。

2. 设置字体样式

字体样式是修饰文本的一种重要工具，其可以为文本提供加粗、倾斜等各种修饰方法。

在选择文本框之后，用户即可选择【开始】选项卡，在【字体】组中单击相应的字体样式按钮，对文本内容进行修饰。

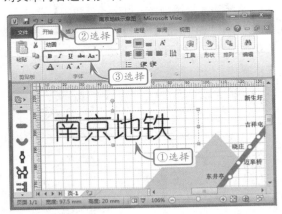

一般文本的字体样式的按钮主要包括以下 5 种。

按钮	作　用
B	加粗，为文本添加同色调描边
I	倾斜，为文本应用倾斜样式
U	下划线，为文本下方添加一条直线
abc	删除线，为文本添加一条贯穿线
Aa	正常，以默认用户输入的大小写显示
	全部大写，将所有小写字母转换为大写
	每个单词首字母大写
	小型大写字母，以小写字母的尺寸显示大写字母

3. 设置字体颜色

如用户需要文本显示更多的色彩，则可直接在【开始】选项卡中单击【字体】组内的【字体颜色】按钮，在弹出的菜单中选择相应的颜色。

在【字体颜色】的菜单中，包含了【使用默认颜色】、【主题颜色】以及【标准色】等选项。如这些颜色中未包含用户需要的颜色，则用户可执行【其他颜色】命令，打开【颜色】对话框，并在该对话框中选择使用的颜色。

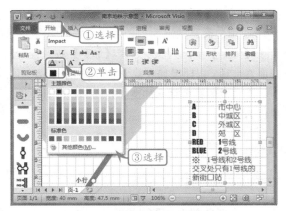

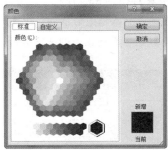

提示

关于【颜色】对话框的使用，可参考之前相关的章节。

4. 复合字体与字符格式设置

如用户需要进一步对字体的格式进行设置，则可以在【开始】选项卡的【字体】组中单击【字体】按钮，打开【文本】对话框。

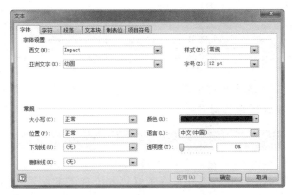

● 字体设置

在该对话框中，包含了 6 个选项卡。其中

【字体】选项卡的作用就是设置字体的格式。在该选项卡中，将所有属性分为【字体设置】和【常规】两大类。

属性		作　　用
西文		设置文本中的西方语言字体（英语、法语等）
亚洲文字		设置文本中的亚洲语言字体（中文、日文、韩文和泰文等）
样式	常规	默认值，普通字体样式
	倾斜	设置字体倾斜
	加粗	为字体加粗
	加粗倾斜	同时为字体应用加粗和倾斜样式
字号		设置字体的尺寸，单位为磅
大小写	正常	根据输入的大小写方式显示字母
	全部大写	将所有小写字母转换为大写
	首字母大写	仅将每个单词的第一个字母转换为大写
	小型大写字母	将所有字母转换为大写，并按照小写字母的尺寸显示这些字母
位置	正常	默认值，按普通的位置显示文本
	上标	设置字体的尺寸为原尺寸1/4，同时其位置占据原位置上方
	下标	设置字体的尺寸为原尺寸1/4，同时其位置占据原位置下方
下划线	无	默认值，无下划线
	单线	为字体添加一条下划线
	双线	为字体添加两条下划线
删除线	无	默认值，无删除线
	单线	为字体添加一条删除线
	双线	为字体添加两条删除线
颜色		设置字体的颜色
语言		在弹出的列表中选择文本所使用的语言
透明度		设置字体的透明度，单位为百分比，其中100%为完全透明

● 字符设置

如用户需要设置字符的间距，则可在【文本】对话框中选择【字符】选项卡。

【字符】选项卡中提供了 3 项基本设置，包括字符的【缩放比例】、【间距】和【磅值】等。

文本中，字符之间间距缩放尺寸的单位为百分比，其中 100% 为默认间距尺寸。

　　如用户需要精确地定义字符之间的间距，则可在【间距】下拉列表中选择【加宽】或【紧缩】等属性选项，以期增加或减少字符间距的距离。同时，在【磅值】中输入加宽或紧缩间距的具体值，单位为磅。

　　其中，【缩放比例】定义在已设置字体尺寸的

4.4 设置段落格式

　　段落是由一个或多个句子组成的文字单位。在 Visio 中，用户不仅可以插入文本，还可以用段落来控制文本的样式。

1. 设置水平对齐方式

　　水平对齐方式是文本在水平方向对齐的方式。选择文本所在的文本框或形状，然后选择【开始】选项卡，在【段落】组中单击相应的对齐按钮，即可设置文本的水平对齐方式。

式，设置垂直对齐方式的方法与设置水平对齐类似，均可在选择文本框或形状后，在【开始】选项卡的【段落】组中单击相应的按钮进行。

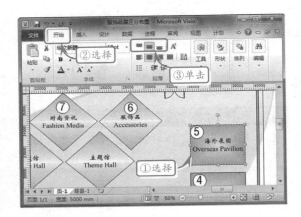

　　水平对齐方式主要包括 4 种按钮，其作用如下。

按钮	作　　用	按钮	作　　用
	左对齐		水平居中对齐
	右对齐		两端

　　单击相应的水平对齐按钮，即可方便地设置文本的水平对齐方式。

2. 设置垂直对齐方式

　　垂直对齐方式是指文本在垂直方向对齐的方

　　垂直对齐方式主要包括 3 种按钮，其作用如下。

按钮	作　　用	按钮	作　　用
	顶端对齐		中部对齐
	底端对齐		

　　单击相应的垂直对齐按钮，即可方便地设置文本的垂直对齐方式。

> **注意**
> 以上水平和垂直对齐方式仅针对横排的文本，如用户使用之后介绍的方法将文本设置为竖排，则其水平和垂直对齐方式将与普通文本相反。

3. 设置旋转和文字方向

在使用 Visio 编辑文本时，用户还可以旋转文本或设置文字的方向，以实现横排文本框和垂直文本框的转换。

● 旋转文本

Visio 支持对文本框或形状内的文本向左以 90 度的幅度进行旋转。

选择文本框或形状，然后在【开始】选项卡的【段落】组中单击【旋转文本】按钮 A，即可将文本向左旋转。

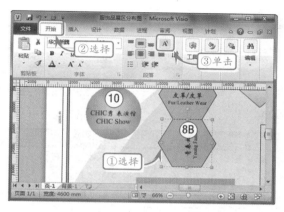

● 设置文字方向

在创建横排或垂直文本框时，用户可以先确定文本流动的方向。在形状中，几乎所有的文本都是自左向右水平流动的，因此，如需要改变这种状况，就需要手动设置文字方向。

选择形状或文本框，然后在【开始】选项卡的【段落】组中单击【文字方向】按钮，即可切换文字方向。

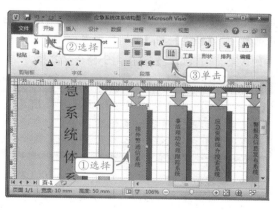

4. 列表与缩进

列表是一种特殊的文本格式，在该格式中，通过列表的项目符号来区别同一级别的内容，列表通常应用于图表的图例中。

在 Visio 中选择文本框或局部的文本，然后选择【开始】选项卡，在【段落】组中单击【项目符号】按钮，即可将文本转换为列表。

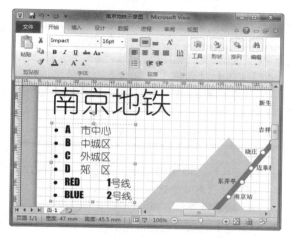

用户可通过【减少缩进量】按钮 和【增加缩进量】按钮 调节部分列表项目的缩进幅度。

例如，选择图中列表最后两个项目，然后单击【增加缩进量】按钮，即可增加其缩进幅度；同理，单击【减少缩进量】按钮，也可减少其缩进幅度。

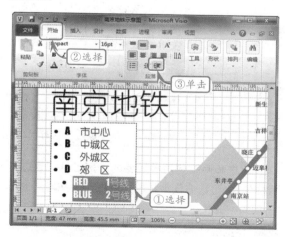

5. 复合段落格式设置

如用户需要设置更加复杂的段落格式，则可

在【开始】选项卡的【段落】组中单击【段落】按钮，打开【文本】对话框。

> **提示**
>
> 在【文本】对话框中，包含6个选项卡，其中，【字体】和【字符】选项卡用于设置字体格式，已在之前的小节中介绍过，在此不再赘述。以下将介绍其他4个选项卡。

【文本】对话框的选项卡除已介绍的两个以外，还包括其他4个选项卡。

● 段落设置

【段落】选项卡包括段落的水平【对齐方式】、【缩进】和【间距】等3类属性，其作用如下。

属　　性		作　　用
缩进	文本前	设置段落左侧到文本框左边框的距离
	文本后	设置段落右侧到文本框右边框的距离
	首行缩进	设置段落首行与段落左侧边的距离
间距	段前	设置段落顶端到上一段落或文本框顶端的距离
	段后	设置段落底端到下一段落或文本框底端的距离
	行距	设置段落中行与行的间距，单位为百分比，参考值为默认行间距

缩进和间距是两种重要的段落工具，通过这两种工具，可以方便地控制文本按照中文习惯进行排布。

> **提示**
>
> 其中，水平【对齐方式】的作用与之前小节中介绍的按钮功能相同，在此不再赘述。

● 文本块设置

【文本块】选项卡的作用是设置文本垂直对齐方式、添加竖排文本，以及将文本视作一个块状的显示对象，设置文本的四边边距和背景。

在【文本块】选项卡中，主要包含以下几种设置。

属　　性		作　　用
边距	上	设置文本与文本框顶部边框的距离
	下	设置文本与文本框底部边框的距离
	左	设置文本与文本框左侧边框的距离
	右	设置文本与文本框右侧边框的距离
文本背景	无	默认值，文本块无背景色
	纯色	选择该单选按钮，然后即可在右侧的弹出菜单中选择【主题颜色】、【标准色】或执行【其他颜色】命令，在【颜色】对话框中选择背景色
	透明度	在选择【纯色】单选按钮后，可在【透明度】右侧拖动滑块或输入百分比值，设置背景色的透明度

【边距】和之前介绍的【缩进】与【间距】的区别在于，【缩进】与【间距】通常应用于某个单独的段落。而【边距】则应用于整个文本框。

> **提示**
>
> 【对齐方式】和【竖排文字】属性的作用是设置文本的垂直对齐方式和文字方向，在之前的小节中已有介绍，在此不再赘述。

● 制表位设置

如用户需要以更灵活的方式设置文本在文本

框中的位置，则可选择【制表位】选项卡，设置文本框的各种间距。

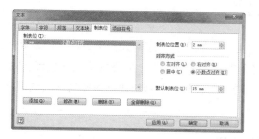

在【制表位】选项卡中，允许用户选择 4 种【对齐方式】，并设置【制表位位置】的值，单击【添加】按钮，将其添加到【制表位】列表框中，并应用到文本框。

选择【制表位】列表框中的选项后，用户还可重新设置【制表位位置】的值，单击【修改】按钮，对其进行修改，或单击【删除】和【全部删除】按钮，将已有的设置项目删除。

● 项目符号设置

在【文本】对话框中选择【项目符号】选项卡后，即可为列表设置多种项目符号，以及自定义项目符号。

在【项目符号】选项卡中，提供了多种属性设置。

属性	作　　用
样式	选择无项目符号或其他 7 种预置的项目符号
字号	设置项目符号的字号大小
文本位置	设置项目符号与列表文本之间的间距
项目符号字符	在此可输入自定义项目符号的字符，将其应用到项目列表中
字体	在此选择自定义项目符号字符的字体样式

4.5　格式的复制与粘贴

Visio 2010 允许用户复制文本内容的格式，并将其粘贴到其他文本上，此时需要使用到【格式刷】工具。

【格式刷】工具是一种特殊的复制工具，其可以复制文本的格式设置，但不保留文本内容。在 Visio 中选择文本，然后单击【开始】选项卡的【剪贴板】组中的【格式刷】按钮。

在复制格式之后，鼠标光标将转换为带刷子的输入光标。

此时，可用鼠标在应用格式的文本上拖动，将格式"刷"到文本上，完成粘贴格式操作。

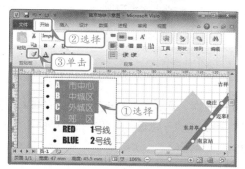

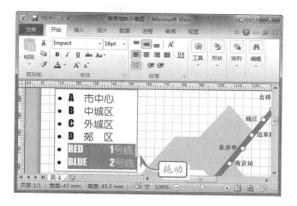

4.6 练习：网站建设流程图

网站建设流程图由一些简单的图形构成，可以使人清晰明确地了解到网站制作的整个过程。在 Visio 中，为形状添加连接线、文本，以及通过对文本的简单操作，使用户能够快速掌握绘制网站建设流程图的方法。

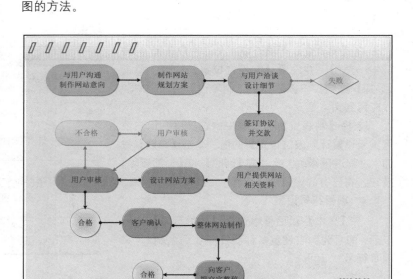

操作步骤 >>>>

STEP|01 启动 Visio 组件，在【模板类别】列表中选择【流程图】选项区域中的【基本流程图】图标，并单击【创建】按钮。然后，在【页面属性】对话框中设置页面属性。

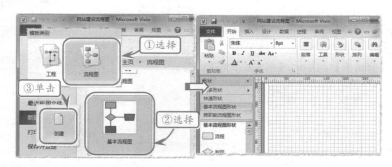

STEP|02 选择【设计】选项卡，在【主题】组中单击【其他】按钮，选择"溪流 颜色，简单阴影 效果"主题，然后在模具中的形状上应用该主题，并查看效果。

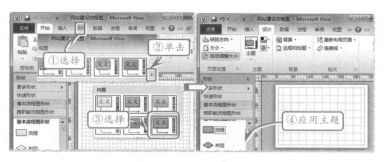

STEP|03 选择【插入】选项卡，单击【容器】按钮，选择【容器 11】选项，插入到画布中。在标题栏中输入"网站建设流程图"文字，选择【开始】选项卡，设置字体格式。

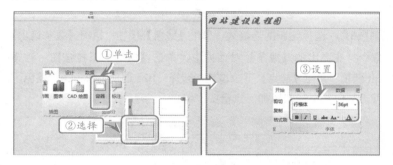

STEP|04 将【基本流程图形状】模具中的【开始/结束】形状拖入绘图页中，并通过拖动控制手柄调整其大小。

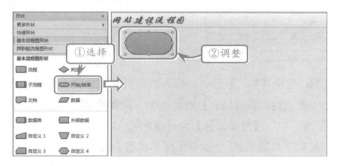

STEP|05 单击【填充】按钮，执行【填充选项】命令，在弹出的【填充】对话框中单击【颜色】下拉按钮，选择蓝色色块；单击【图案】下拉按钮，选择 35 选项。单击【图案颜色】下拉按钮，选择"填充，淡色 40%"选项。在形状上输入文字，设置字体格式。

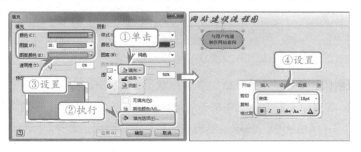

技巧

标题处于编辑状态，右击执行【文字】命令，在弹出的【文本】对话框中也可以设置字体格式。

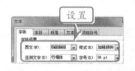

提示

"网站建设流程图"字体颜色为"蓝色"。

提示

在【填充】对话框中设置填充颜色为"蓝色"；RGB 值为 R51,G204,B255。

提示

选择形状，单击【线条】按钮，设置颜色为"填充，深色 50%"
形状中字体颜色为"深蓝"。

技巧

也可以选择"与用户沟通制作网站意向"形状，然后进行复制，将该形状中的文字进行更改。

STEP|06 运用相同的方法，在绘图页中添加 4 个【开始/结束】形状，分别输入文字并设置字体格式，然后，单击【连接线】按钮，在形状之间绘制连接线。

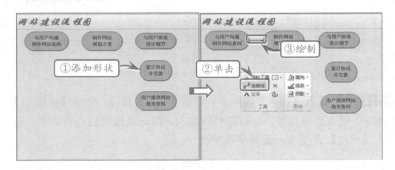

技巧

也可以选择绘制的箭头线，右击执行【格式】|【线条】命令，在弹出的【线条】对话框中设置线条样式。

STEP|07 选择绘制的连接线，单击【线条】按钮，执行【线条选项】命令，在弹出的【线条】对话框中，单击【粗细】下拉按钮，选择 2pt 选项；单击【起点】下拉按钮，选择"10"选项；颜色为"黑色"；再为其他几个形状添加"点箭头"线。

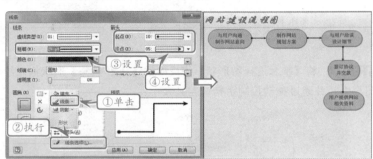

STEP|08 选择【判定】形状，拖入绘图页中，放在"与用户洽谈设计细节"形状后。在【填充】对话框中，设置其【颜色】为"浅黄"；【图案】为"35"；【图案颜色】为"橙色"。在形状上输入文字，在形状之间绘制"点箭头线"。设置字体和点箭头线的颜色均为"红色"。

提示

再复制 4 个"设计网站方案"形状，分别更改文字，并放在合适的位置。

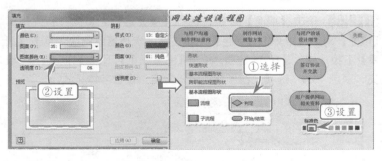

STEP|09 复制一个【开始/结束】形状，将文字更改为"设计网站方案"。在【填充】对话框中单击【颜色】下拉按钮，选择"强调文字颜色 2，淡色 40%"色块；单击【图案】下拉按钮，选择 28 选项；

单击【图案颜色】下拉按钮,选择"强调文字颜色 2,淡色 80%"
色块。

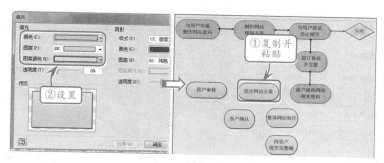

> **提示**
>
> "不合格"形状线条颜色
> 为"强调文字颜色 5,
> 深色 50%"。

STEP|10 复制"用户审核"和"设计网站方案"形状,放在其上方。
将文字更改为"不合格"和"用户审核"。同时选择这两个形状,在
【填充】对话框中,设置【颜色】为"强调文字颜色 5,淡色 40%";
【图案】为 31;【图案颜色】为"强调文字颜色 5,淡色 80%"。

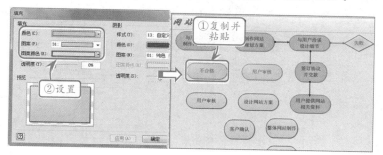

> **提示**
>
> 也可以复制点箭头线,
> 执行【位置】|【旋转形
> 状】命令,调整箭头方
> 向并放到合适的位置。

STEP|11 在"用户审核"和"不合格"形状之间添加点箭头线。单
击【矩形】下拉按钮,在弹出的菜单中执行"折线图"命令,在"用
户审核"与"不合格"形状之间绘制折线,设置其样式和其他点箭头
线相同。这 3 个点箭头线的颜色均为"红色"。

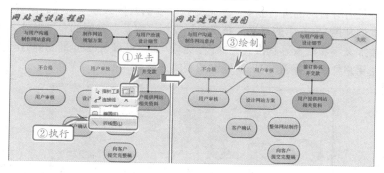

STEP|12 在【基本流程图形状】选项区域中,选择【页面内引用】
形状,拖入绘图页中。该形状的填充样式和【判定】形状相同;输入
文字,再复制一个"页面内引用"形状,放到合适的位置。

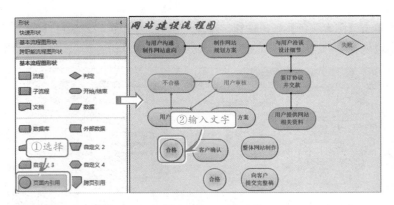

STEP|13 再为其他形状之间添加黑色点箭头线，选择【插入】选项卡，单击【文本框】按钮，执行"横排文本框"命令。在画布上拖动鼠标绘制文本框，并在文本框中输入日期，完成"网站建设流程图"的绘制。

注意

在绘制形状之间的点箭头连接线时，需要先将形状进行对齐。

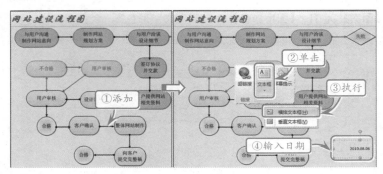

Visio **4.7** 练习：服饰品展区分布图

练习要点

- 添加形状
- 设置形状格式
- 添加文本
- 设置文本格式
- 应用背景

服饰品展区分布图为参观者提供了详细的产品分布信息，方便参观者有目的的进行参观，从而寻找潜在的合作伙伴或关注的商家。本例利用 Visio 中的【平面布置图】模板，以及对空间的布局设计，添加文字和设置形状格式等操作，完成"服饰品展区分布图"的制作。使用户熟练掌握通过 Visio 绘制图表的方法。

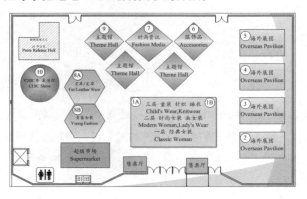

操作步骤 ▶▶▶▶

STEP|01 在 Visio 中，选择【模板类别】中的【地图和平面布置】选项，然后选择其中的【平面布置图】图标，单击【创建】按钮。选择【设计】选项卡，单击【页面设置】组中的【页面设置】按钮，在弹出的【页面设置】对话框中选择【页面尺寸】选项卡，选择【预定义的大小】单选按钮，在其下拉列表中选择"A3：420mm×297mm"选项。

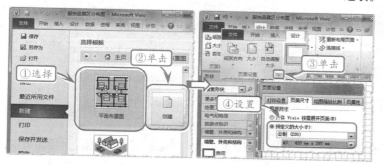

STEP|02 选择【墙壁、外壳和结构】模具中的【空间】形状，将其拖动至绘图页中，并调整其大小。然后右击该形状，执行【转换为墙壁】命令，在弹出的【转换为墙壁】对话框中，选择【墙壁形状】列表中的【外墙】选项，并选择【设置】选项区域中的【添加尺寸】复选框。

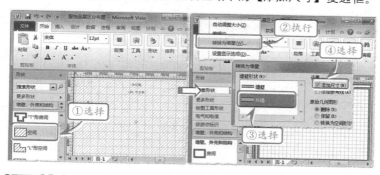

STEP|03 在【墙壁、外壳和结构】模具中，选择【外墙】形状，将其拖动至绘图页中。将鼠标置于该形状的端点上，当光标变成十字箭头时，向下拖动，然后，在绘图页中，添加其他"外墙"形状，并分别粘附到连接点上。

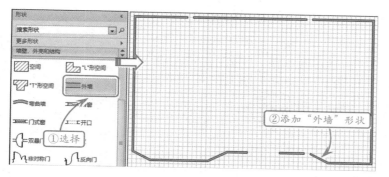

提示

单击【文件】按钮，执行【保存】命令，保存为"服饰品展区分布图"。

提示

在【页面设置】对话框中，选择【绘图比例缩放】选项卡，选择【预定义缩放比例】单选按钮，并在其下拉列表中选择"1：100"选项。

提示

添加"外墙"形状后，可根据实际情况，调整两边外墙的长度。

STEP|04 在绘图页上方的墙壁上，添加一个【非对称门】形状，右击该形状，执行【向里打开/向外打开】命令。再在上方墙壁的右边，添加一个"双门"形状，右击该形状，执行【向里打开/向外打开】命令。然后，再为下方的墙壁添加4个"双门"形状。

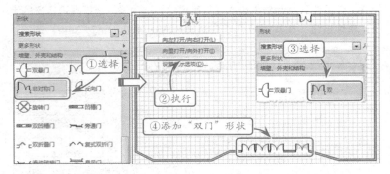

STEP|05 打开【基本形状】模具，将【矩形】形状拖动到绘图页中。选择该形状，单击【填充】对话框中的【颜色】下拉按钮，选择"强调文字颜色5%，淡色50%"色块。在该形状中输入"售票厅"文字，设置字体为"楷体"；字号为"11pt"。再复制一个"矩形"形状，将其放到合适的位置。

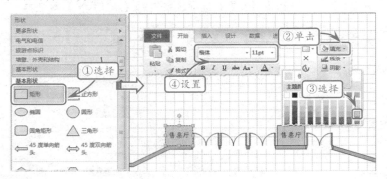

STEP|06 在绘图页中添加一个【矩形】形状。在【填充】对话框中单击【颜色】下拉按钮，选择"黄色"色块；单击【图案】下拉按钮，选择30选项；单击【图案颜色】下拉按钮，选择"强调文字颜色5，淡色60%"色块。在该形状中输入文字，设置字体格式。再复制3个"矩形"形状，放到合适的位置。

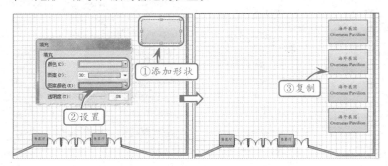

STEP|07 打开【方块】模具，在绘图页中添加一个【菱形】形状。在【填充】对话框中单击【颜色】下拉按钮，选择"浅蓝"色块；单击【图案】下拉按钮，选择 29 选项；单击【图案颜色】下拉按钮，选择"白色"色块。在形状中输入文字，设置字体格式。

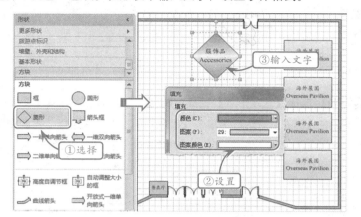

STEP|08 使用相同的方法，在绘图页中再添加两个【菱形】形状，输入"主题馆"和"时尚资讯"文字，设置字体格式。再复制两个"主题馆"形状，放到合适的位置。

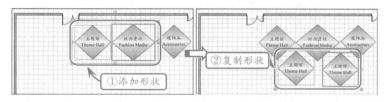

STEP|09 选择【墙壁、外壳和结构】模具中的【"L"形空间】形状，将其拖动至绘图页中，并调整其面积至"25 平方米"。然后，选择该形状，单击【位置】按钮，执行【旋转形状】|【水平翻转】命令。

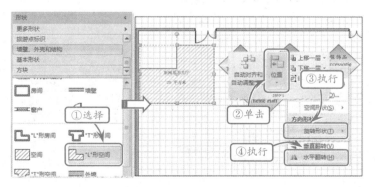

STEP|10 选择【"L"形空间】形状，右击该形状，执行【数据】|【形状数据】命令，弹出【形状数据】对话框。在该对话框的【空间使用】文本框中，输入"新闻发布大厅"文字。然后，在【"L"形

空间】形状中输入 Press Release Hall，并设置其字体格式。

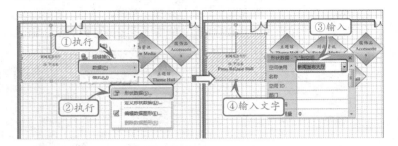

STEP|11 选择【基本形状】模具中的【圆形】形状，将其拖至绘图页中。在【填充】对话框中单击【颜色】下拉按钮，选择"强调文字颜色 5，深色 25%"色块；单击【图案】下拉按钮，选择 35 选项；单击【图案颜色】下拉按钮，选择"黄色"色块。在形状中输入文字，设置字体格式。

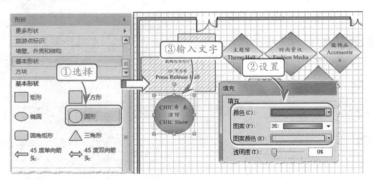

STEP|12 选择【基本形状】模具中的【六边形】形状，将其拖动至绘图页中。然后，在【填充】对话框中单击【颜色】下拉按钮，选择"橙色"色块；单击【图案】下拉按钮，选择 30 选项；单击【图案颜色】下拉按钮，选择"黄色"色块。复制一个"六边形"形状，置于第一个"六边形"形状的下方，并输入文本。

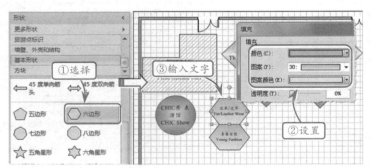

STEP|13 在绘图页中，添加一个【矩形】形状。选择该形状，在【填充】对话框中单击【颜色】下拉按钮，选择"浅绿"色块；单击【图案】下拉按钮，选择 12 选项；单击【图案颜色】下拉按钮，

提示

单击【线条】按钮，在弹出的菜单中选择"蓝色"选项。

提示

右击形状，执行【格式】|【填充】命令，也可以弹出【填充】对话框。

提示

分别在两个"六边形"形状中输入文字，并设置其字体格式。
字体和其他形状的字体相同，字号为 10pt。

选择"黄色"色块。然后，在该形状中，输入文字，并设置其字体格式。

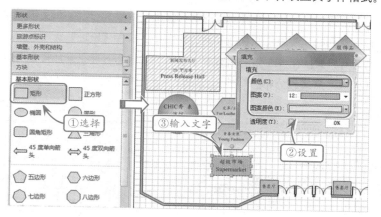

STEP|14 在绘图页中添加一个【阴影框】形状。在【填充】对话框中单击【颜色】下拉按钮，选择"强调文字颜色 5，淡色 80%"色块；单击【阴影】选项区域中的【颜色】下拉按钮，选择"强调文字颜色 5，淡色 40%"色块。然后，在"阴影框"形状中，输入相应的文字。

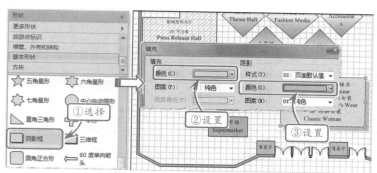

STEP|15 在【阴影框】形状上添加一个【圆形】形状，调整其大小，并设置其填充颜色为"白色"。然后，在该形状中输入"1A"文字，并设置其字体格式。用相同的方法，为绘图页中的其他形状添加"圆形"形状，并输入文字。

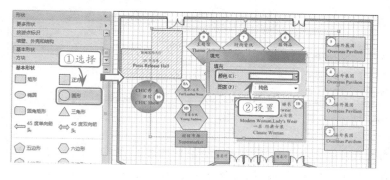

STEP|16 在【建筑物核心】模具中，选择【电梯】形状，将其拖动到绘图页中；然后，在【搜索形状】文本框中输入"沙发"文字，并将搜索到的"沙发"形状拖动到绘图页中。选择【设计】选项卡，单击【背景】按钮，在弹出的菜单中选择"技术"选项，添加背景，完成"服饰品展区分布图"的制作。

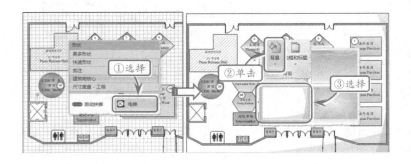

Visio 4.8 高手答疑

Q&A

问题 1：什么是选择性粘贴？其有什么作用？

解答： 选择性粘贴的作用是对 Visio 剪贴板中的内容进行识别，然后将其中的文本提取出来，在粘贴时供用户选择。

例如，在 Word 文档中复制一些带有格式的文本之后，即可将光标置于文本框中，选择【开始】选项卡，在【剪贴板】组中单击【粘贴】下拉按钮，执行【选择性粘贴】命令。

此时，将打开【选择性粘贴】对话框。在该对话框中，Visio 2010 会自动对文本进行分析，显示剪贴板中包含的内容，例如，"带格式文本"、"无格式的 Unicode 文本"以及"无格式文本"等。

选择其中任意一种类型的文本，即可单击

【确定】按钮，将其粘贴到绘图文档中。

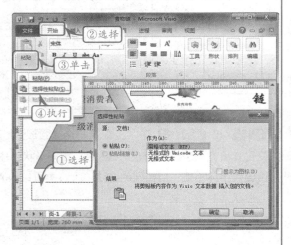

Q&A

问题 2：如何查找文本中指定的内容？

解答： Visio 2010 提供了强大的查找功能，在用户设置查找的参数后，即可方便地将其检索

出来。

选择【开始】选项卡，单击【编辑】组中的【查找】按钮，执行【查找】命令，即可打

开【查找】对话框。

在弹出的【查找】对话框中，用户可以设定检索的各种参数，包括搜索范围、搜索选项等。在设置完查找内容之后，即可单击【查找下一个】按钮，开始查找。

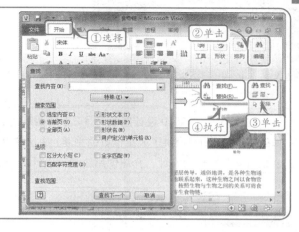

Q&A

问题 3：如何替换文本内容？

解答：选择【开始】选项卡，单击【编辑】组中的【替换】按钮，执行【替换】命令，即可设置【查找内容】和【替换为】的文本，进行替换。

Q&A

问题 4：在替换文本内容时，如何替换一些特殊字符，例如制表符、换行符等？

解答：在替换特殊字符时，用户可在【替换】对话框中单击【特殊】按钮，在弹出的菜单中选择特殊字符，将其插入到【查找内容】或【替换为】等文本域中。

除了在菜单中选择外，用户也可以直接在

【查找内容】或【替换为】等文本域中输入通配符，快速进行替换。这 5 种特殊字符的通配符如下。

特 殊 字 符	通 配 符
制表符	^t
手动换行	^r
可选连字符	^_
脱字符号	^^
任意字符	^?

例如，需要替换字符中所有 string 为 sing，可以在【查找内容】中输入"s^?^?ing"，在【替换为】文本域中输入"sing"，单击【全部替换】按钮即可。

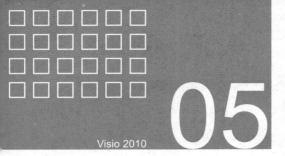

05 应用主题

在使用 Visio 2010 设计图表时，可以将图表的颜色方案和样式效果整合为主题，以提高设计与制作的效率。Visio 提供了大量预置的主题，并允许用户自定义主题，以设计个性化的图表。本章将结合之前章节的形状设计，介绍使用主题来设计图表的技术。

5.1 使用主题

在 Visio 2010 中，使用主题可以为各种形状快速添加具有专业水准的外观效果，Visio 2010 预置了 30 种主题供用户取用。

1. 应用预置主题

选择【设计】选项卡，在【主题】组中单击【主题】按钮，将打开【主题】的菜单。在该菜单中，提供了【无主题】、【该文稿】和【内置】3 组选项。

其中，【内置】组的选项就是 Visio 2010 预置的各种主题。选择【内置】的任意选项，即可为绘图页中的形状应用主题。

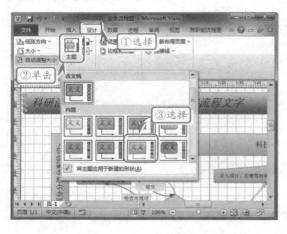

在应用预置主题后，将默认选择主题列表下方

的【将主题应用于新建的形状】复选框，其作用在于为之后添加的形状也应用这一主题。

如取消该复选框的选择状态，则主题只能应用到当前已插入的形状中，无法应用到之后再新增的形状中。

2. 清除已应用的主题

如为形状应用了错误的主题，则用户还可将主题从形状中删除。

在 Visio 中选择【设计】选项卡，单击【主题】按钮，在弹出的菜单中选择【无主题】组的空白选项，即可将已应用的主题清除。

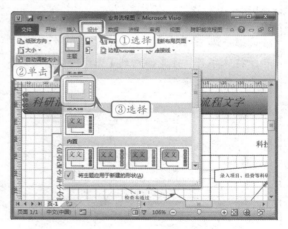

5.2 创建自定义主题

主题是一系列外观样式的集合，用户除了使用　　Visio 预置的主题外，还可以创建自定义主题，自

行定义主题的内容。

1. 更改主题颜色

更改主题颜色可为主题应用多种预置的颜色，将预置颜色重新组合到新的主题中。

在 Visio 中选择【设计】选项卡，在【主题】组中单击【颜色】按钮，然后在弹出的菜单中选择【无主题颜色】或【内置】等组中的选项，可设置主题的颜色。

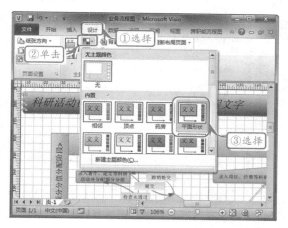

如预置的主题颜色无法满足用户的需求，则用户也可在【颜色】菜单中执行【新建主题颜色】命令，打开【新建主题颜色】对话框。

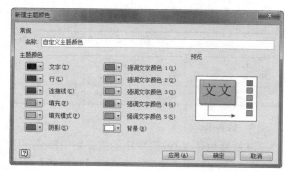

在【新建主题颜色】对话框中，用户可先设置主题颜色的【名称】，然后，在下方的列表中为形状的各种元素设置样式，并通过右侧的【预览】栏对设置的主题颜色进行预览。完成后，单击【应用】按钮，即可将主题颜色应用到绘图页中。

2. 更改主题效果

效果是形状外部的修饰特效，更改主题效果可为主题应用多种预置的效果，也可为主题应用用户自定义的效果。

在 Visio 中选择【设计】选项卡，在【主题】组中单击【效果】按钮，然后在弹出的菜单中选择【无主题效果】或【内置】等组中的选项，设置主题的效果。

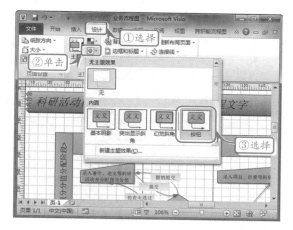

如预置的主题效果无法满足用户的需求，则用户同样也可在【效果】菜单中执行【新建主题效果】命令，打开【新建主题效果】对话框。

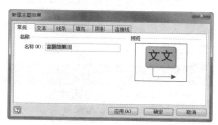

在【新建主题效果】对话框中，用户可为主题应用的形状设置 6 类效果属性。

● 常规

在【常规】选项卡中，用户可设置主题效果的名称，并通过【预览】栏预览主题效果的结果。

● 文本

选择【文本】选项卡，然后设置主题应用的形状中字体的样式，包括"西文字体"（应用于英文、法文、拉丁文等西欧的文字）以及"中文字体"等。

> **提示**
>
> 在设置字体时，用户既可以直接输入字体的名称，也可以单击字体右侧的下拉按钮，在弹出的菜单中选择字体。

在【填充】选项卡中，提供了两种主要选项，即【图案】和【透明度】。其中，【图案】下拉菜单中提供了 23 种花纹和 16 种渐变样式。除此之外，还提供了【无】和【纯色】等两种样式。

在设置填充的图案之后，用户还可以设置填充图案的【透明度】，使图案的样式更加丰富。

● 阴影

如需要为形状添加阴影特效，则用户可以选择【阴影】选项卡。

在【阴影】选项卡中，提供了【阴影】、【大小和位置】以及【方向】等 3 组属性，其作用如下。

属　　性		作　　用
阴影	样式	选择无阴影或预置的 14 种阴影
	透明度	设置阴影的透明度
大小和位置	X 偏移量	设置阴影在水平方向的偏移量，单位为 in（英寸）
	Y 偏移量	设置阴影在垂直方向的偏移量，单位为 in（英寸）
	缩放	设置阴影的缩放比例
方向		设置阴影的旋转方向

● 连接线

连接线也是 Visio 形状中的重要组成部分，因此，在为形状应用主题时，可选择【连接线】选项卡，设置连接线的样式。

● 线条

如需要设置应用主题中形状线条的样式，则可选择【线条】选项卡。

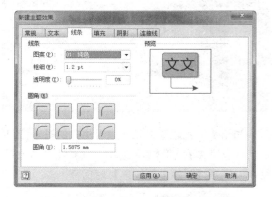

在该选项卡中，提供了【线条】和【圆角】等两组属性，其作用如下所示。

属　　性		作　　用
线条	图案	在弹出的列表中选择纯色（实线）或各种虚线
	粗细	设置线的宽度，单位为 pt（磅）
	透明度	设置线的透明度
圆角	圆角样式	选择 8 种圆角样式
	圆角	设置圆角样式的半径尺寸，单位为 mm（毫米）

● 填充

如需要设置形状的填充效果，则可选择【填充】选项卡。

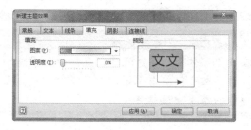

连接线的样式主要包括 3 组属性，其作用如下。

属	性	作 用
连接线	图案	设置连接线的填充颜色、图案和渐变
	粗细	设置连接线的宽度
	透明度	设置连接线的透明度

续表

属	性	作 用
连接线条端点	起点	设置连接线的起点样式，包括普通实线和各种样式的箭头
	终点	设置连接线的终点样式，同样包括普通实线和各种样式的箭头
	起点大小	设置连接线起点箭头的大小
	终点大小	设置连接线终点箭头的大小
圆角	圆角样式	选择8种连接线拐角的圆角样式
	圆角	设置连接线拐角的圆角尺寸

5.3 操作主题颜色与主题效果

在创建完成主题颜色或主题效果后，用户还可对这些内容进行编辑、复制和删除等操作。

1．编辑主题颜色或效果

在主题【颜色】或【效果】菜单中，用户可右击自定义的主题颜色或效果，执行【编辑】命令。

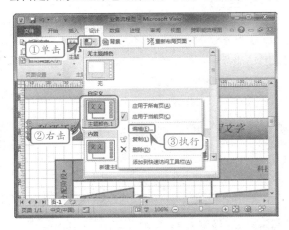

然后，打开【编辑主题颜色】或【编辑主题效果】对话框，提供主题颜色或主题效果的各种属性供用户编辑。

2．复制主题颜色或效果

如用户需要复制一份主题颜色或效果的副本，则可用同样的方式右击自定义的主题颜色或效果，执行【复制】命令。

然后，在【颜色】或【效果】菜单的【自定义】选项区域中，就会出现一个与原主题颜色或主题效果完全相同的方案。

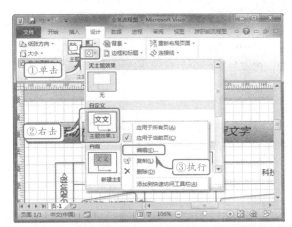

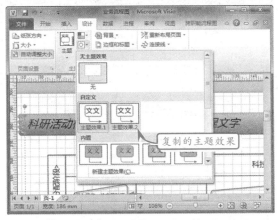

3．删除主题颜色或效果

如用户需要删除自定义的主题颜色或效果，则可右击该主题颜色或效果，执行【删除】命令即可。

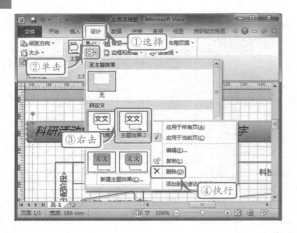

Visio 允许用户对形状的主题状态进行特别定制，设置任意一个形状使用或不使用主题的颜色和效果。

1. 删除形状主题

Visio 允许用户为形状删除已应用的主题，保持形状原始的颜色和效果。

选择需要删除主题的形状，然后右击，执行【格式】|【删除主题】命令，即可将该形状的主题清除。

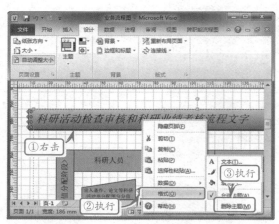

> **提示**
>
> 在默认状态下，为绘图页应用主题颜色或效果后，Visio 会自动为绘图页中所有的形状应用主题颜色和效果。

2. 允许形状主题

在删除形状主题后，如用户需要重新为形状应用主题，则可以再次选择形状，右击并执行【格式】|【允许主题】命令。

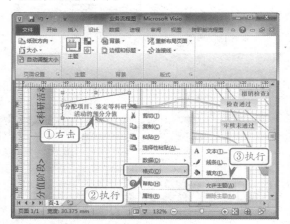

> **提示**
>
> 在执行【允许主题】命令后，将自动覆盖形状原有的填充、线条和阴影等设置。

Visio **5.5** 练习：电话业务办理流程图

电话业务办理流程图给客户展示了电话业务办理的组织结构，使客户对这项业务一目了然。本例利用 Visio 中的简单形状来制作电话业务办理流程图。在制作过程中，可以通过设置形状格式、添加背景、添加主题等，增加流程图的美观效果。

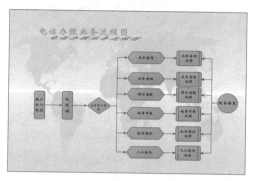

练习要点

- 页面设置
- 设置页面背景
- 添加形状
- 设置形状格式
- 使用连接线工具
- 添加主题

提示

用户在【选择模板】任务窗格中，选择【流程图】选项卡内的【基本流程图】图标，并单击【创建】按钮。

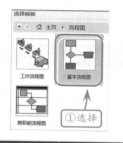

操作步骤 ≫≫≫

STEP|01 启动 Visio 2010 组件。在【页面设置】组中，单击【页面设置】按钮，在弹出的【页面设置】对话框中，选择【打印机纸张】栏中的【横向】单选按钮。然后，在【背景】组中，选择背景色。

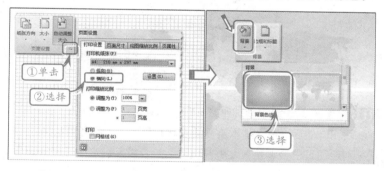

STEP|02 在【文本】组中，单击【文本框】下拉按钮，执行【横排文本框】命令，在文本框中输入文本并设置文本格式。然后，在【形状】组中，执行【阴影】|【阴影选项】命令，在弹出的【阴影】对话框中，设置"样式"、"颜色"、"大小和位置"、"方向"等参数。

提示

用户可以在【形状】窗格中，执行【更多形状】|【流程图】|【基本流程图形状】命令。

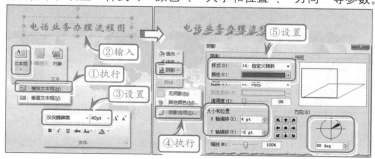

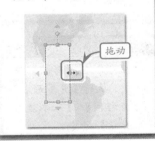
STEP|03 在【基本流程图形状】模具中选择【流程】形状，拖到绘图页上，并调整其形状大小。然后，在该形状中输入 "用户打入电话"文本。

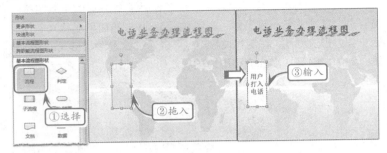

STEP|04 按照相同的方法，添加一个"流程"形状和一个"判断"形状，并分别输入文字为"欢迎词"和"选择项目服务"。然后，将鼠标置于"用户打入电话"形状的选择手柄上，单击该形状右边的蓝色箭头按钮▶，即可与"欢迎词"形状相连。用同样的方法连接"欢迎词"形状和"选择项目服务"形状。

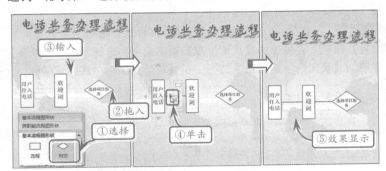

STEP|05 在绘图页中添加垂直标尺上的参考线，将其置于"判断"形状后面。然后，在【基本流程图形状】模具中，将【自定义 4】形状拖到绘图页中，调整其大小并粘附到参考线上。选择"自定义 4"形状并设置其线条格式，再复制 5 个"自定义 4"形状，分别粘附到参考线上。

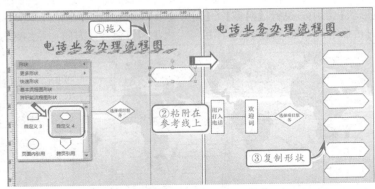

STEP|06 分别在各个"自定义 4"形状中输入"业务咨询"、"业务查询"、"预订安检"等文字，并设置其字体格式。然后，在【工具】组中单击【连接线】按钮，依次将"判断"形状和"自定义 4"形状之间连接。

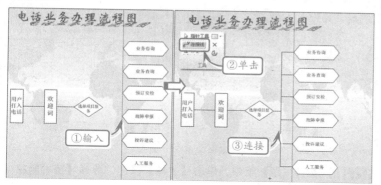

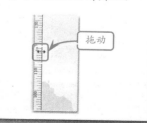

STEP|07 在绘图页中再添加垂直标尺上的参考线，将其置于"自定义 4"形状后面。然后，在【基本流程图形状】模具中，将【子流程】形状拖到绘图页中，调整其大小并粘附到参考线上。选择"子流程"形状并设置其线条格式，再复制 5 个"子流程"形状，分别粘附到参考线上。

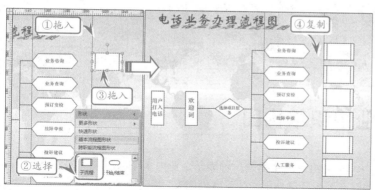

STEP|08 分别在各个"子流程"形状中输入"业务咨询流程"、"业务查询流程"、"预订安检流程"等文字，并设置其字体格式。然后，在【工具】组中单击【连接线】按钮，依次将"自定义 4"形状和"子流程"形状之间连接。

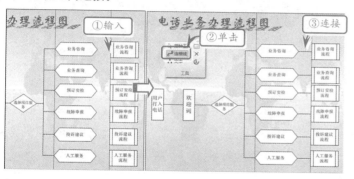

提示

单击【连接线】按钮，选择"自定义 4"形状右侧连接点，然后，选择"子流程"形状左侧连接点，即可连接，依次类推。

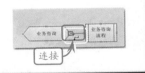

提示

单击【连接线】按钮，选择"页面内引用"形状左侧连接点和"子流程"形状右侧连接点即可连接，依次类推。

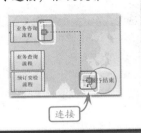

STEP|09 在【基本流程图形状】模具中，将【页面内引用】形状拖到绘图页中，放置到"子流程"形状的后面并输入文本"服务结束"。然后，在【工具】组中单击【连接线】按钮，依次将"子流程"形状和"页面内引用"形状之间连接。

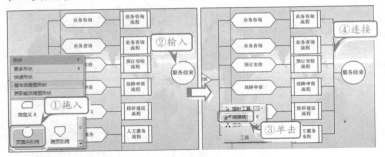

STEP|10 在【主题】组中，单击【主题】按钮，选择【技术颜色，按钮效果】主题。然后，设置每个形状中的文本。

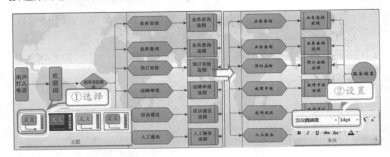

Visio

5.6 练习：企业组织结构图

练习要点

- 添加参考线
- 新建连接点
- 更改连接点类型
- 设置线条格式
- 添加形状
- 添加背景页
- 复制主题
- 编辑主题
- 更改主题

企业组织结构图是一种表示企业内多个部门或机构，相互之间的联系关系及结构层次的示意性图表。通过企业组织结构图，用户可以迅速了解企业的部门结构及组织情况，做出优化调整。下面将在"企业组织结构图"的制作过程中，学习创建自定义主题、编辑主题、删除主题的技巧。

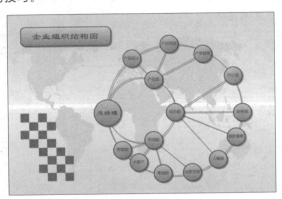

操作步骤 〉〉〉〉

STEP|01 启动 Visio 2010 组件，在【模板类别】任务窗格中，选择【常规】选项卡内的【基本框图】图标，并单击【创建】按钮。然后，在【页面设置】组中，单击【页面设置】按钮，在弹出的【页面设置】对话框中，选择【横向】单选按钮。

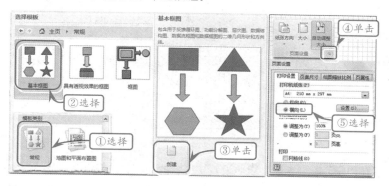

STEP|02 单击【工具】组中，单击【矩形】下拉按钮，在下拉菜单中，执行【椭圆】命令◯，在绘图页中绘制一个圆形。然后，在绘图页中，分别添加一条水平参考线和一条垂直参考线。选择"圆形"形状，将其粘附在两条参考线上。

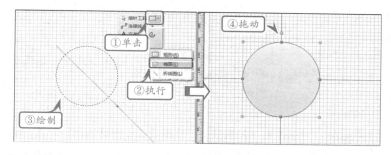

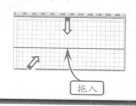

STEP|03 在【形状】组中，设置"圆形"形状的【填充】颜色为"无填充"。然后，单击【工具】组中的【连接点】按钮，按住 Ctrl 键单击"圆形"形状与水平参考线在绘图页右侧的交汇处，添加一个连接点，并在【大小和位置】窗口的【角度】文本框中输入"25deg"。

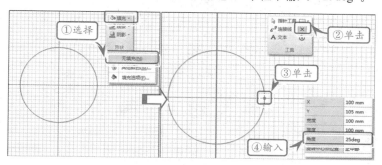

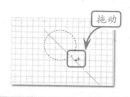

STEP|04 按住 Ctrl 键，单击"圆形"形状与水平参考线的交汇处，

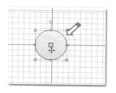

提示

用户也可以在绘图页中绘制一个"椭圆形"形状,然后在【大小和位置】窗口中调整该形状的宽度与高度,将其修改为"圆形"形状。

添加连接点。重复上述操作,分别在圆上分散添加 12 个任意角度的连接点。然后,单击【椭圆形】按钮,绘制一个圆形,并在【大小和位置】窗口的【宽度】文本框中输入"75mm",移动该形状,使其粘附在水平参考线上。

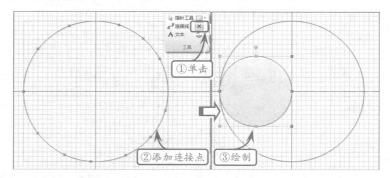

STEP|05 在【形状】组中设置该形状的【填充】颜色为"无填充"。单击【工具】组中的【连接点】按钮 ×,并在较小的"圆形"形状的右半部分的边框线上添加 3 个连接点。

提示

选择第一个圆并在【大小和位置】对话框的【宽度】文本框中输入"150mm"。

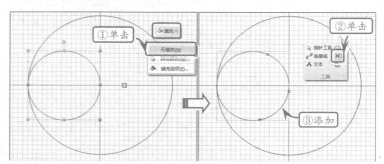

提示

设置左侧第 1 个"中心拖动圆形"形状的长度为 15mm。其他"中心拖动圆形"形状的长度为 10mm。

STEP|06 在【基本形状】模具中,选择【中心拖动圆形】形状,将其拖动至绘图页中,并在【大小和位置】对话框中设置该形状的【长度】为"10mm"。然后,单击【指针工具】按钮,选择并拖动"中心拖动圆形"形状,将其粘附在"圆形"形状的连接点上,依次类推。

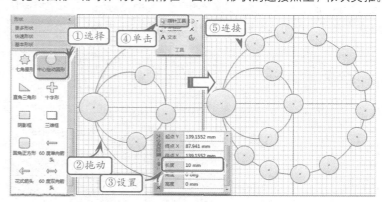

STEP|07 在【主题】组中，单击【颜色】下拉按钮，选择【波形】选项，右击执行【复制】命令。然后，在【自定义】选项区域中选择【波形.1】选项，右击执行【编辑】命令。

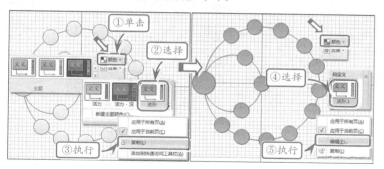

提示

单击【工具】组中单击【指针工具】按钮，选择绘图页中的两个"圆形"形状。在【排列】组中，单击【位置】下拉按钮，在下拉菜单中执行【左对齐】命令。

STEP|08 在弹出的【编辑主题颜色】对话框中，设置"文字"、"行"、"连接线"等的颜色。然后，单击【效果】下拉按钮，在下拉菜单中，执行【新建主题效果】命令，在弹出的【新建主题效果】对话框中，设置"文本"、"线条"、"阴影"等选项卡中的参数。

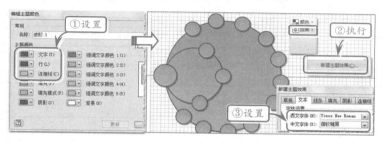

提示

在【新建主题效果】对话框中，设置【线条】的"粗细"为"3pt"；【阴影】的"透明度"为"50%"；"大小和位置"为"0.05in"和"−0.05in"。

STEP|09 分别选择两个圆，在【形状】组中设置该形状的填充颜色为"无填充"。然后，在"中心拖动圆形"形状中输入文本，并单击【折线图】按钮，连接"中心拖动圆形"形状。

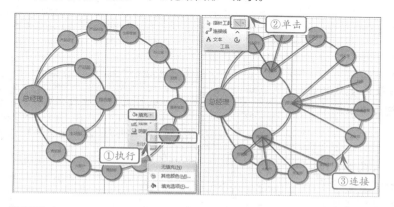

提示

单击【折线图】按钮，将"中心拖动圆形"与"中心拖动圆形"连接点之间相连接。

STEP|10 选择形状，依次设置排列方式为"下移一层"；"线条"颜色为"橙色"。然后，设置背景，插入圆角矩形，输入文本，及插入装饰。

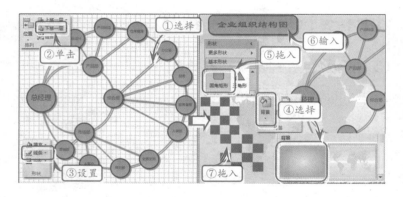

提示

执行【更多形状】|【其他 Visio 方案】|【装饰】命令。在【形状】窗格中，拖入【棋盘方格饰段】。

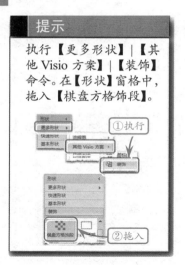

Visio 5.7 高手答疑

Q&A

问题 1：在拥有多个绘图页的绘图文档中，如何应用统一的主题？

解答：在默认状态下，主题将以绘图页为单位进行应用，其适用范围仅限于当前显示的绘图页。

如用户需要为绘图文档中所有的绘图页应用统一的主题，则可在【主题】菜单中右击应用的主题，执行【应用于所有页】命令。

然后，Visio 将自动将主题应用到所有的绘图页上。

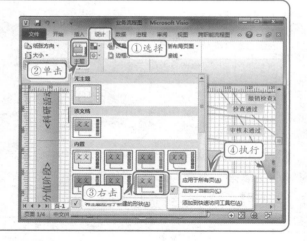

Q&A

问题 2：如何应用 Visio 布局预设？

解答：Visio 除了提供颜色和效果的主题预设外，还提供了多种形状位置的预设，辅助用户将各种形状有机地排列。

在 Visio 中选择需要重新排列的形状，然后即可选择【设计】选项卡，在【版式】组中单击【重新布局页面】按钮，打开布局菜单。

在该菜单中，提供了【流程图】、【层次结构】、【压缩树】、【径向】以及【圆形】等多种布局预设。单击其中任意一种布局预设，即可将其应用到形状中，改变形状之间的位置。

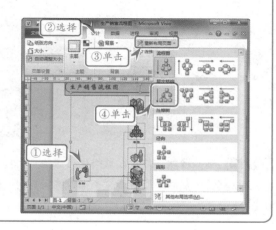

除了应用这些预设以外，用户还可以执行【其他布局选项】命令，打开【配置布局】对话框。在该对话框中，用户还可以进一步地对布局预设进行更改，实现更丰富的预设布局。

Q&A

问题 3：如何更改连接线的线型，使用斜线、曲线来连接多个形状？

解答：在默认状态下，Visio 会以直线来连接多个形状，如形状不处于同一条垂线或水平线上，则会出现折线连接。

用户如需要使用斜线或曲线来连接形状，则可选择这些形状，然后在【设计】选项卡的【版式】组中单击【连接线】按钮，选择线的类型。

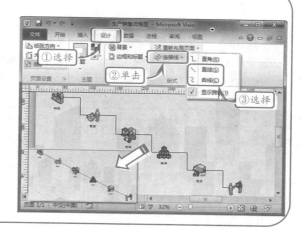

Q&A

问题 4：如何创建自定义的形状布局？

解答：在设计 Visio 形状时，用户除了可以使用已有的 14 种形状布局外，还可以定义各种形状元素的特殊位置，自定义形状布局。

在【设计】选项卡中单击【版式】组内的【重新布局页面】按钮，执行【其他布局选项】命令。

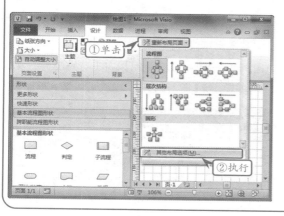

在弹出的【配置布局】对话框中，用户即可定义形状元素的【样式】、【方向】、【对齐方式】等属性，创建自定义的形状布局。

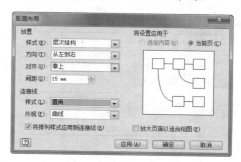

在应用布局时，如形状的位置超出了整个页面，用户可以选择【放大页面以适合绘图】复选框，按照形状的位置增大页面的尺寸。

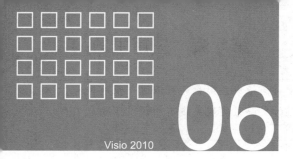

06 使用图像

在 Visio 2010 中,用户除了使用矢量形状构成图表外,还可以使用外部的图像、剪贴画和 AutoCAD 图形等对象来丰富绘图文档,使绘图文档的内容更加充实,除此之外, Visio 还允许用户对插入的这些图像对象进行编辑。

6.1 使用剪贴画

剪贴画是Office系列软件内置和Office.com网站提供的各种素材的总称。在剪贴画中,包含了大量的插图图形、照片图像、视频和音频素材。

在 Visio 中,用户可选择【插入】选项卡,在【插图】组中单击【剪贴画】按钮,打开【剪贴画】窗格。

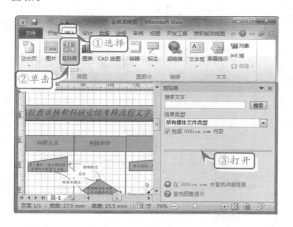

在弹出的【剪贴画】窗格中,用户可在【搜索文字】文本框中输入剪贴画的关键字,然后单击【搜索】按钮,即可检索剪贴画的结果。

提示

Office 剪贴画包括 4 种类型,即插图、照片、视频和音频,单击【结果类型】下拉按钮,用户可选择【所有媒体文件类型】选项,或单独选择某些类型。

在搜索完成后,用户通过 3 种方式可以插入剪贴画。一种是在结果的列表框中单击剪贴画,将其插入到 Visio 绘图页当中。

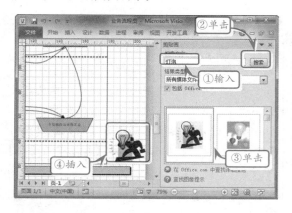

用户也可以直接拖动剪贴画的图标,将其拖入绘图页中。另外,用户还可以右击剪贴画,在弹出的菜单中执行【插入】命令,同样可以插入剪贴画。

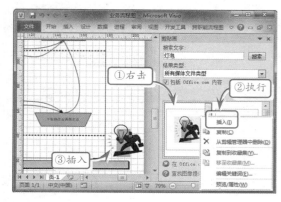

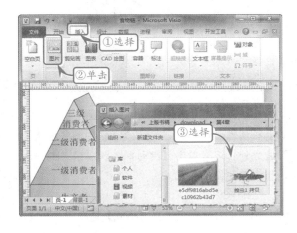

6.2　插入图片

除了插入 Office 内置的图形图像外，用户还可以将本地磁盘中存储的图形图像插入到 Visio 绘图文档中。

1．Visio 支持的图片类型

用户既可以为 Visio 绘图文档插入位图图像，也可以为其插入矢量图形，Visio 2010 允许用户插入以下几类图片。

图片类型	扩展名
JPEG 文件交换格式	JPE、JPEG、JPG
Tag 图像文件格式	TIF
Windows 图元文件	WMF
Windows 位图	BMP、DIB
可缩放的向量图形	SVG
可移植网络图形	PNG
图形交换格式	GIF
压缩的增强型图元文件	EMZ
增强型图元文件	EMF

2．插入图片

在 Visio 中选择【插入】选项卡，单击【图片】按钮，然后在弹出的【插入图片】对话框中选择图片，即可将其插入到绘图文档中。

6.3　调整图片格式

调整图片的作用是通过对图片进行亮度、对比度、色调等属性的设置，更改图片的外观效果。

1．调整亮度

选择图片，选择【格式】选项卡，在【调整】组中单击【亮度】按钮，即可在弹出的菜单中选择图片的亮度。

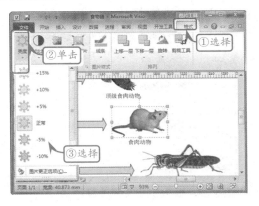

2．调整对比度

选择图片，然后选择【格式】选项卡，在【调整】组中单击【对比度】按钮，即可在弹出的菜单中选择图片的对比度。

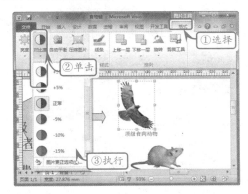

3．其他调整设置

如用户需要设置更详细的图片属性，可选择图片，选择【格式】选项卡，单击【调整】组中的【设置图片格式】按钮，即可打开【设置图片格式】对话框。

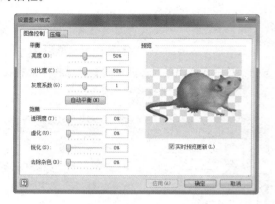

在该对话框中，用户既可以设置【平衡】栏中的各种属性，也可以设置【效果】栏中的各种属性。除此之外，还可单击【自动平衡】按钮，由 Visio 自行调整图像的格式。

4．压缩图片

选择图片，然后选择【格式】选项卡，在【调整】组中单击【压缩图片】按钮，可打开【设置图

片格式】对话框，默认显示【压缩】选项卡。

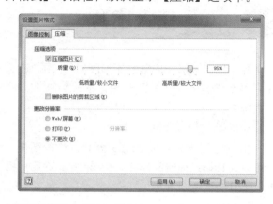

在该对话框中，用户可选择【压缩图片】复选框，然后选择更改图像的质量等级，降低图像所占据的磁盘空间体积。

> **提示**
>
> 计算机显示器的分辨率为 96dpi，而打印机的分辨率则为 200dpi。用户可根据 Visio 绘图文档的用途，更改图像的分辨率，以降低图像所占用的磁盘空间。

Visio 6.4 设置图片样式

在选择图片后，用户可选择【格式】选项卡，在【图片样式】组中单击【线条】按钮，在弹出的菜单中选择边框线的样式。

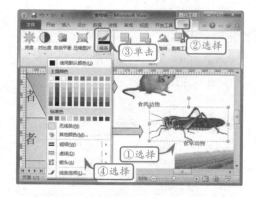

如需要设置图片的边框颜色，可执行【使用默认颜色】、【主题颜色】、【标准色】等命令。用户也可执行【其他颜色】命令，打开【颜色】对话框，

选择更多可用的边框颜色。

【粗细】、【虚线】等命令的作用是设置图片边框线的宽度和样式等属性。

在这些命令的子菜单中，用户可分别选择预置的线条宽度和样式。

执行【线条选项】命令后，可打开【线条】对话框，设置线条的各种属性。

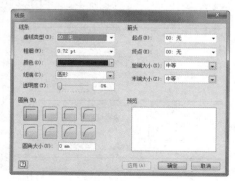

6.5 排列图片

在插入图片后,用户还可以对图片进行排列操作,包括更改图片的层次、旋转和裁剪图片等。

1. 更改图片的层次

在需要对图片进行显示顺序的排列时,用户可更改图片的层次。

例如,需要提升图片的层次,先选择图片,选择【格式】选项卡,然后在【排列】组中单击【上移一层】下拉按钮,执行【上移一层】命令或【置于顶层】命令。

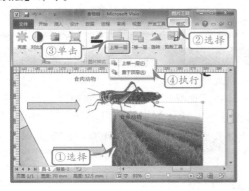

同理,如需要降低图片的层次,则可先选择图片,然后选择【格式】选项卡,在【排列】组中单击【下移一层】下拉按钮,执行【下移一层】命令或【置于底层】命令。

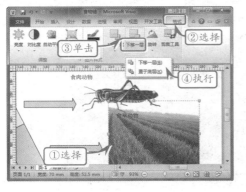

2. 旋转与翻转图片

如用户需要对图片进行旋转或翻转操作,则可以选择图片,选择【格式】选项卡,然后在【排列】组中单击【旋转】按钮,执行相应的命令。

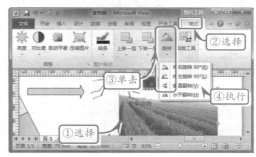

3. 剪裁图片

如用户需要对图片进行剪裁操作,可直接选择图片,选择【格式】选项卡,单击【排列】组中的【剪裁工具】按钮。

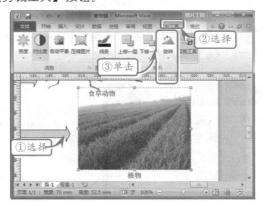

此时,用户可以通过两种方式对图片进行剪裁操作。

● 移动内容

将鼠标光标置于图片上方,当光标转换为手形标志后,即可按住并拖动鼠标,对图片的内容进行移动。

裁掉。

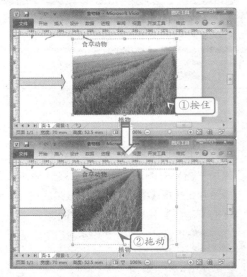

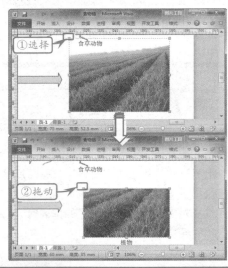

> **提示**
>
> 移动内容的剪裁方式只能裁剪掉移出边框的内容，而图片本身的尺寸并不会发生变化，多出的内容部分将为透明内容填充。

> **提示**
>
> 使用修改边框的方法剪裁图片，除了将边框范围外的图片内容裁剪掉以外，还会更改图片的尺寸。

● 修改边框

用户也可直接修改图像的边框，以对图片进行剪裁。

将鼠标光标置于图片的 8 个选择手柄中任意一个的上方，将其拖动，可将边框外的图片内容剪

> **提示**
>
> 在完成裁剪之后，用户还可以在【调整】组中单击【设置图片格式】按钮 📷 ，在弹出的【设置图片格式】对话框中选择【删除图片的剪裁区域】选项，将被剪裁掉的区域删除。

Visio 6.6 练习：蒸压石灰砖生产工艺流程

> **练习要点**
>
> ● 插入图片
> ● 添加图片中的文本
> ● 设置线条格式
> ● 设置背景格式

通过蒸压石灰砖生产工艺流程，用户可以结合图片和文字，清楚地了解、掌握整个生产工作流程及步骤。下面将通过制作"蒸压石灰砖生产工艺流程"图来学习流程图的制作方法，以及设置图片和形状格式等方面的知识。

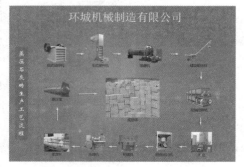

操作步骤 ►►►►

STEP|01 启动 Visio 2010 组件，在【模板类别】任务窗格中，选择【常规】选项卡内的【基本框图】图标，并单击【创建】按钮。然后，在【页面设置】组中单击【页面设置】按钮。在弹出的【页面设置】对话框中，选择【横向】单选按钮。

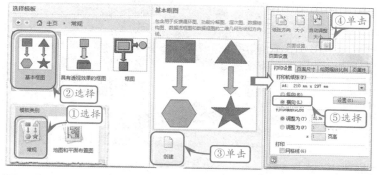

STEP|02 在【背景】组中单击【背景】下拉按钮，在下拉菜单中选择【货币】背景并应用。然后，在【背景】下拉菜单中，执行【背景色】命令，在颜色面板中单击【其他颜色】按钮，设置颜色为"深绿色"。

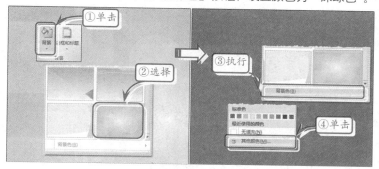

STEP|03 在【文本】组中单击【文本框】下拉按钮，执行【横排文本框】命令，绘制文本框，输入文本"环城机械制造有限公司"，并设置文本格式。然后，将【基本形状】模具中的【圆角矩形】形状拖动至文档中，设置该形状的填充，输入文本"蒸压石灰砖生产工艺流程"，并设置文本格式。

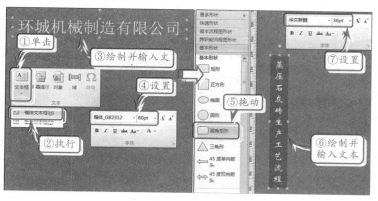

提示

用户可以执行【更多形状】|【常规】|【基本形状】命令，得到更多形状。

提示

在【页面设置】组中，单击【大小】下拉按钮，选择 A3 页面选项。

提示

在弹出的【颜色】对话框中，选择【自定义】选项卡，设置颜色的 RGB 值为 62,138,147。

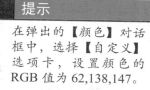

提示

选择"圆角矩形"形状，在【形状】组中，单击【填充】下拉按钮，在下拉菜单中选择"强调文字颜色 5，深色 25%"颜色。

提示

用户在图片中输入文字
时，双击图片，图片下
方会出现一个文本框。

STEP|04 在【插图】组中单击【图片】按钮，在弹出的【插入图片】
对话框中选择图片并插入，双击图片输入文本"颚式破碎机"。然后，
在【工具】组中单击【折线图】按钮，绘制一条直线，并设置线条颜
色为"黄色"。

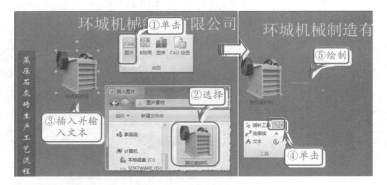

提示

单击【线条】下拉按钮，
选择【粗细】级联菜单
中的"3pt"线型。

STEP|05 选择直线，单击【线条】下拉按钮，选择【箭头】级联菜
单中的"黑实心右箭头"，并设置【粗细】为"3pt"。然后，单击【阴
影】下拉按钮，在下拉菜单中执行【阴影选项】命令，在【阴影】对
话框中设置阴影选项。

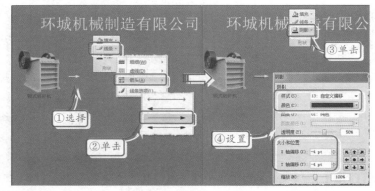

提示

在【阴影】对话框中，
设置颜色为"黑色"，"X
轴偏移"和"Y轴偏移"
的值为"–4pt"。

STEP|06 单击【图片】按钮，插入图片，调整图片大小并输入文本
"斗式提升机"。然后选择图片，单击【调整】组中的【设置图片格式】
按钮，在弹出的【设置图片格式】对话框中，选择【图片控制】选项
卡，设置平衡及效果选项的参数值。

提示

在【设置图片格式】对
话框中，设置"对比度"
为40%；"锐化"为20%；
"去除杂色"为5%。

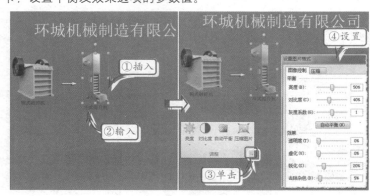

STEP|07 选择绘制的"黄色箭头"形状，进行复制粘贴。插入图片，并双击图片输入文本"球磨机"；按照相同的方法，复制黄色箭头，插入图片输入文本"螺旋输送机"；然后再复制黄色箭头，在【排列】组中单击【位置】下拉按钮，执行【旋转形状】|【向右旋转 90 度】命令。

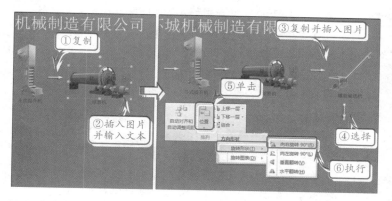

STEP|08 插入"双轴搅拌机"图片，复制箭头，插入"料仓"图片。按照相同的方法，依次插入图片并复制箭头设置箭头方向。

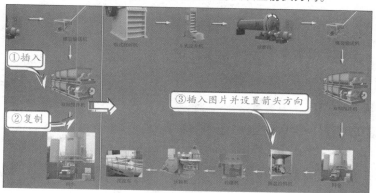

STEP|09 复制箭头并设置方向指向上方，插入"蒸压釜"图片；复制指向右方向的箭头，插入"成品砖"图片。然后，依次选择图片，设置文本字体。

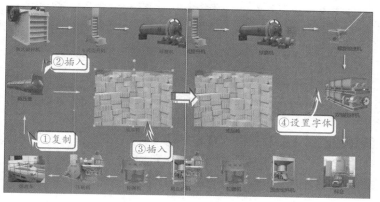

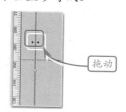

Visio 6.7 练习：月食的形成

练习要点

- 插入图片
- 添加图片中的文本
- 设置线条格式
- 设置背景格式
- 插入形状
- 设置形状格式
- 插入横排文本框

提示

如果在创建该文档之前已经使用过该模板，可以在【最近使用的模板】列表中进行选择。

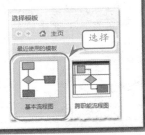

提示

用户单击【设置】按钮，在弹出的【打印设置】对话框中，设置纸张大小、页边距等属性。

月食是自然界的一种现象，当太阳、地球、月球三者恰好或几乎在同一条直线上时，太阳到月球的光线便会部分或完全地被地球掩盖，产生月食。下面将通过制作"月食的形成"图来学习流程图的制作方法，以及设置图片和形状格式等方面的知识。

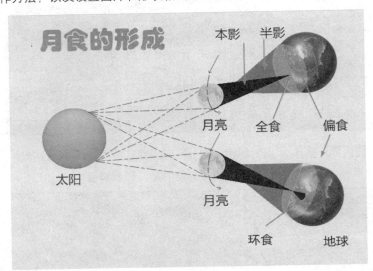

操作步骤 》》》》

STEP|01 启动 Visio 2010 组件，在【模板类别】任务窗格中，选择【常规】选项卡内的【基本框图】图标，并单击【创建】按钮。然后，在【页面设置】组中，单击【页面设置】按钮。在弹出的【页面设置】对话框中，选择【横向】单选按钮。

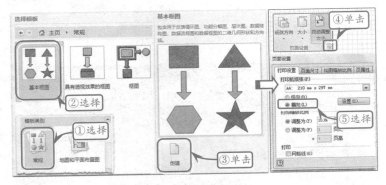

STEP|02 在【背景】组中，单击【背景】下拉按钮，在下拉菜单中选择【实心】背景并应用。然后，在【背景】下拉菜单中，执行【背景色】命令，在颜色面板中单击【其他颜色】按钮，设置颜色为"淡黄色"。

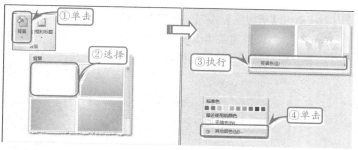

在弹出的【颜色】对话框中，选择【自定义】选项卡，设置颜色的 RGB 值为 246,245,227。

STEP|03 在【插图】组中，单击【图片】按钮，在弹出的【插入图片】对话框中选择"太阳"图片；再拖出一条垂直参考线。然后，插入两张"月亮"图片，粘附到参考线上。

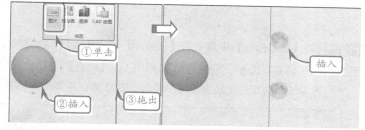

用鼠标选择图片，当图片粘附到参考线时，会出现红色小方块，并出现文本提示。

STEP|04 按照相同的方法，拖出一条垂直参考线，再插入两张"地球"图片，使其粘附在垂直参考线上。然后，分别拖出两条水平参考线，并放置在相应的位置。

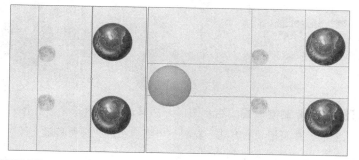

将第一条水平参考线放在第一组月亮和地球图片的下方；然后将第二条水平参考线放置在第二组月亮和地球图片的上方。

STEP|05 在【工具】组中，单击【折线图】按钮，在太阳图片的右半侧，绘制一个起始点并分别绘制与第一个月亮图片相切的两条直线。然后，选择直线，在【形状】组中，单击【线条】下拉按钮，在【虚线】级联菜单中选择最后一项类型并应用。

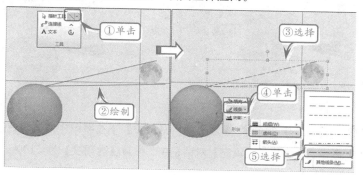

用户一般都是在【矩形】下拉菜单中选择椭圆、折线图等形状的。

STEP|06 单击【折线图】按钮，从起始点绘制与第二个月亮图片相切的两条直线，并设置线条为虚线。然后按照相同的方法，再绘制一个起点，并分别绘制与月亮图片相切的 4 条虚线。

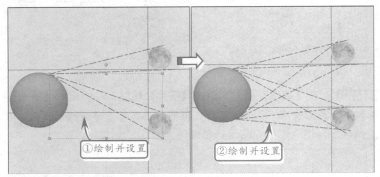

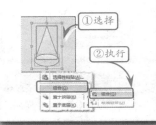

STEP|07 将【基本形状】模具中的【三角形】和【椭圆】形状分别拖动至文档中，调整其大小，选择两形状右击执行【组合】|【组合】命令。然后选择该组合图形，设置填充、旋转，并放置在月亮图片下方。

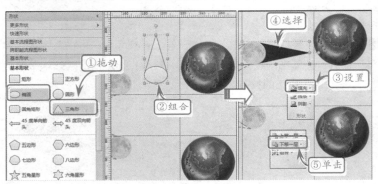

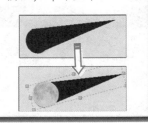

STEP|08 复制刚设置的组合图形，将其放置在第二个月亮图片下方。然后，按照相同的方法，复制一个组合图形，设置其填充颜色为"灰色"，并调整其大小和方向。

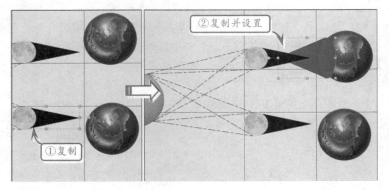

STEP|09 选择"椭圆"形状，执行【填充】下拉菜单中的【填充选项】命令，在弹出的【填充】对话框中，设置【透明度】为"100%"。

然后，再复制一个相同的组合形状放置在第二个月亮图片下方。

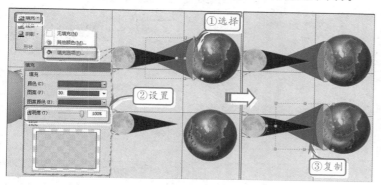

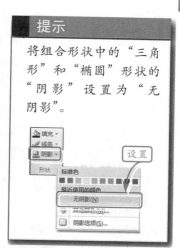

STEP|10 调整图片和形状的位置、大小。然后，复制一个黑色填充组合形状，设置其大小，放置在第二个地球图片上方并调整其位置。

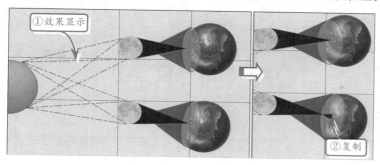

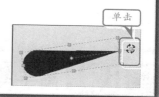

STEP|11 单击【折线图】按钮，绘制一条直线，并执行【线条】|【箭头】|【右箭头】命令。然后，单击【弧形】按钮，绘制一条弧线，并设置其线条样式。

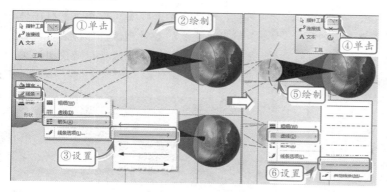

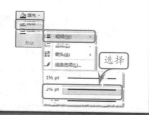

STEP|12 复制直线和弧线，将其放置在第二张月亮图片上。插入横排文本框，在文本框中输入文本，并放置在图片下方。然后，绘制直线并设置线条样式。

STEP|13 按照相同的方法，绘制直线并设置相同的线条样式，然后，插入横排文本框，输入文本"月食的形成"，并设置文本格式。

提示

在【文本】组中单击【文本框】下拉按钮，在下拉菜单中执行【横排文本框】命令，绘制并输入文本。

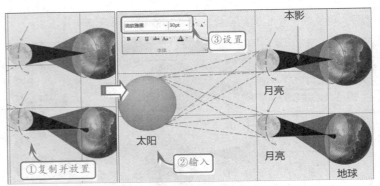

提示

设置线条的【阴影】颜色为"填充,深色50%"。

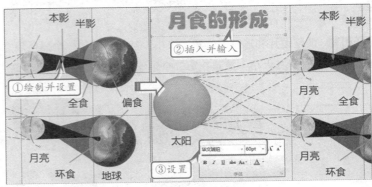

6.8 高手答疑

Q&A

问题1：如何查看剪贴画素材的属性？

解答：在【剪贴画】面板中选择需要查看的剪贴画，右击执行【预览/属性】命令。

然后，即可在弹出的【预览/属性】对话框中查看剪贴画素材的各种属性，包括素材的名称、类型、分辨率以及检索该素材所使用的关键字等。

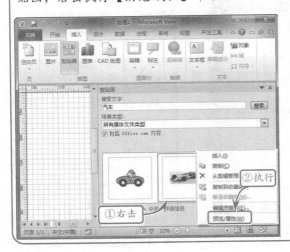

Q&A

问题 2：如何将 Office.com 中的剪贴画素材收藏到本地？

解答： 在【剪贴画】面板中选择剪贴画素材，右击执行【复制到收藏集】命令，即可将其收藏到本地磁盘中。

此时，再使用同样的关键字，取消选择【包括 Office.com 内容】复选框之后进行搜索，也可以检索到该图片。

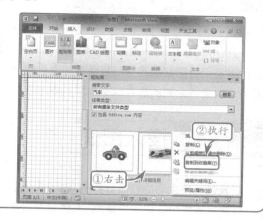

Q&A

问题 3：如何更改剪贴画素材的关键字以方便下次检索？

解答： 在 Visio 中，用户只能编辑已收藏剪贴画素材的关键字。在【剪贴画】面板中右击剪贴画素材，执行【编辑关键词】命令，即可打开【关键词】对话框。

然后，即可在【关键词】文本框中输入关键字，单击【添加】按钮，为剪贴画素材添加新的关键字。

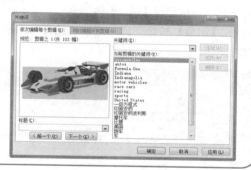

Q&A

问题 4：如何快速调节图片的色彩度，使之更加柔和？

解答： 在处理 Visio 中的图像时，用户可使用 Visio 的【自动平衡】功能，快速调整图片的色彩平衡。

选中图片，选择【格式】选项卡，在【调整】组中单击【自动平衡】按钮。此时，Visio 会自动调节各种色彩的明度等属性。

如在应用【自动平衡】功能后效果不理想，用户可以返回上一步操作，选择其他的方式优化图像。

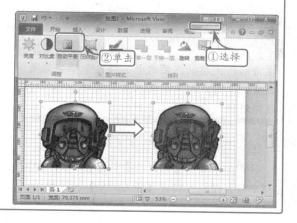

使用图表

在使用 Visio 展示数据的趋势时，用户可以借助线条、闭合形状等元素来描述数据，通过线条的起伏以及闭合形状的尺寸凸显数据的变化幅度，此时，就可以使用 Visio 的图表功能，通过编辑数据表格来快速将数据的趋势状态应用到图形中。

7.1 插入图表

图表是一种生动的描述数据的方式，其可以将表中的数据转换为各种图形信息，方便用户对数据进行比较。在 Visio 2010 中，用户可以通过两种方式插入图表。

1. 直接插入图表

在 Visio 中选择【插入】选项卡，单击【插图】组中的【图表】按钮，即可直接为绘图文档插入图表。

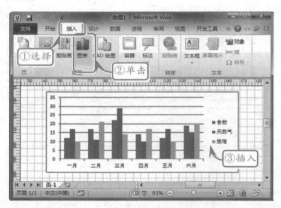

提示

在为绘图文档插入图表后，将显示预置的图表数据。用户如需要插入自定义图表，可对数据进行修改以使之个性化。

2. 插入图表对象

用户也可在【插入】选项卡的【文本】组中单击【对象】按钮，打开【插入对象】对话框。

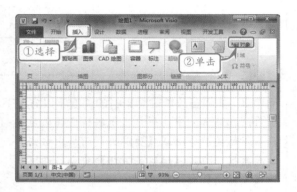

此时，在该对话框中选择"Microsoft Excel 图表"选项后，用户即可单击【确定】按钮，为绘图文档插入图表对象。

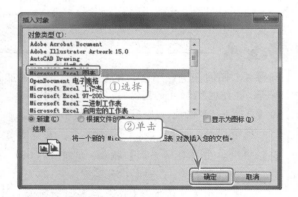

提示

插入图表对象所插入的图表内容，与直接插入图表所插入的图表内容完全相同。

7.2 编辑图表

如用户需要对图表进行编辑,则可双击图表对象,此时,将进入图表的编辑状态。

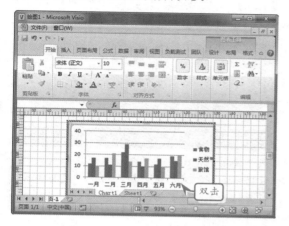

此时,Visio 将自动调用 Excel 2010 软件界面。用户可直接选择各种 Excel 工具编辑图表。

1.编辑图表数据

在图表编辑模式,图表下方将显示标签选项卡,其中默认显示的为图表标签 Chart1。单击表格标签 Sheet1,即可显示表格数据。

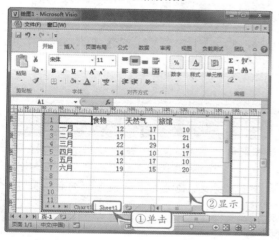

单击选择数据表格中的任意单元格,即可输入数值,更改图表数据。

2.插入表格行和列

如需要为图表添加项目,则可在表格编辑的状态下插入表格行或列。以默认的图表为例,插入表格列可添加图表的显示项目,而插入表格行则可添加表格中的时间。

选择 Sheet1 选项卡,将鼠标光标置于 D 列上方,当鼠标光标转换为向下的箭头↓时,即可右击鼠标,执行【插入】命令。

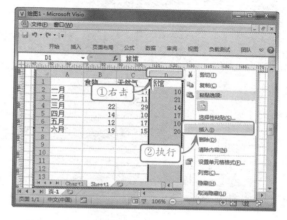

然后,即可为插入的表格列输入内容。单击 Chart1 标签返回图表后,即可右击执行【选择数据】命令。

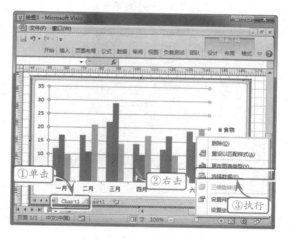

在弹出的【选择数据源】对话框中,显示了目前图表中的"图例项"和"水平(分类)轴标签"列表。

于 Sheet1 数据表中 D 列的第二行到第七行内容。

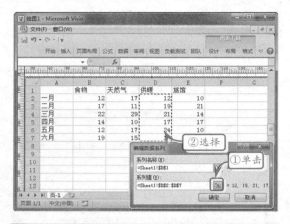

用户可单击【图例项】列表中的【添加】按钮，打开【编辑数据系列】对话框，然后切换到表格中。

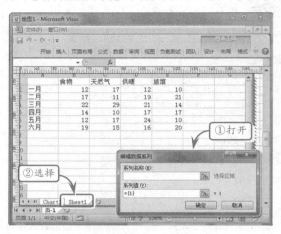

单击【编辑数据系列】对话框中的【系列名称】按钮，然后即可选择插入的表格列中的表头。此时，【系列名称】的值将显示为=Sheet1!$D$1，即该值等于 Sheet1 数据表中 D 列的第一行内容。

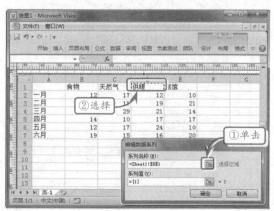

再单击【编辑数据系列】对话框中的【系列值】按钮，选择插入表格列的表格内容单元格，此时，【系列值】的值将显示为=Sheet1!$D$2:$D$7，即该值等

技巧

熟练使用 Excel 的用户也可以直接在【编辑数据系列】的文本域中输入值，以提高编辑图表的效率。

单击【确定】按钮，即可返回【选择数据源】对话框。此时，【图例项】的列表中将添加一个新的"供暖"选项。选择该选项，然后即可单击右侧【水平（分类）轴标签】列表中的【编辑】按钮。

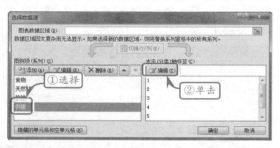

提示

在默认状态下，Visio 会把数据表格的行号作为图例项的默认标签。用户可对轴标签进行重新定义，使之与其他预置的列表轴标签保持一致。

在 Visio 窗口中单击 Sheet1 标签，切换到数据表格编辑状态，然后即可单击【轴标签】对话框中的【轴标签区域】按钮，选择数据表格中 A 列的第二行到第七行内容，将其值添加为数据轴的标签。

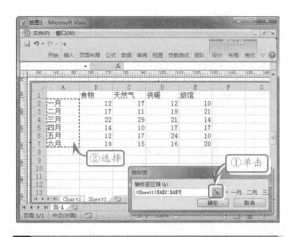

单击【确定】按钮之后，即可查看图表中新增的图例项，以及该项数据的值。

提示

在选择【图例项】列表中的选项后，用户可单击【上移】按钮▲或【下移】按钮▼，更改其在列表中的顺序

在单击【确定】按钮之后，用户即可返回【选择数据源】对话框，此时，可查看"供暖"选项的【水平（分类）轴标签】已更新为月份数。

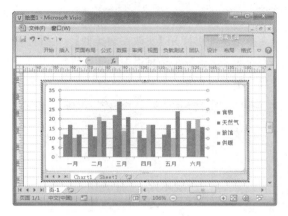

Visio 7.3 设计图表

在插入图表后，用户可更改图表的类型，并为其应用预置的布局和样式。

1. Visio 图表类型

Visio 提供了多种类型的图表，以适应不同的数据表格内容，其主要包括以下几种。

图表类型	作　　用
柱形图	用垂直于底面的矩形、长方体、圆柱体、圆锥体或棱锥体等表现数据的大小
折线图	以点表现数据的大小，并用线段将这些点连接起来
饼图	以圆形中的扇形角度表现数据在总量中所占的比例
条形图	用平行于底面的矩形、长方体、圆柱体、圆锥体或棱锥体等表现数据的大小
面积图	用折线在矩形中构成的不规则图形面积表现数值大小和在总量中占据的比例

续表

图表类型	作　　用
XY（散点图）	用各种圆点的位置表现数值的大小，并允许用户使用各种线条连接这些点以体现数值变化的趋势
股价图	用点、矩形等同时表现数值大小和数值的增长率与减小率
曲面图	用曲面的面积大小来表现数值的比例
圆环图	用圆环和其包含的扇形来表现数据在总量中所占的比例
气泡图	用圆形的面积表现数值的比例，同时以其位置表现数值大小
雷达图	用在平面直角坐标轴中的角度和与原点的距离表现数据的大小和比例

2. 更改图表类型

双击图表，选择【设计】选项卡，在【类型】组中单击【更改图表类型】按钮。

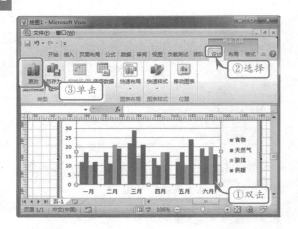

然后，即可打开【更改图表类型】对话框。在该对话框中，提供了各种类型的图表模板，选择其中任意的模板即可。

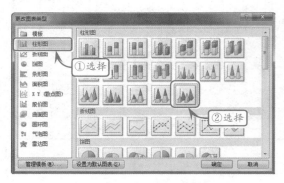

单击【确定】按钮，将模板应用到图表中。

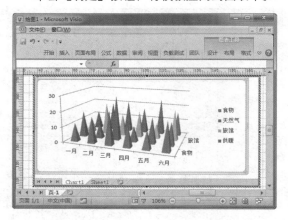

3. 快速更改布局

Visio 的图表由图表标题、坐标轴、图例、图表内容和模拟运算表等组成。在双击图表进入图表编辑状态下，用户可直接单击选择图表的各组成部分，以更改其位置和属性。

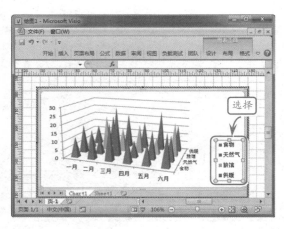

Visio 预置了 10 种布局样式，供用户快速调用。在图表编辑模式下选择【设计】选项卡，然后单击【图表布局】组中的【快速布局】按钮，在弹出的菜单中选择布局的样式。

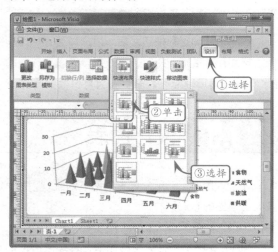

然后，Visio 即可把选择的布局样式应用到图表中，并修改图表的标题等。

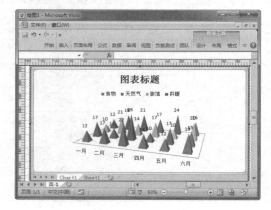

4．快速应用图表样式

Visio 为图表预置的 8 个系列 48 种颜色方案，包括灰度、彩色以及 6 种其他的色调。

双击进入图表编辑模式，然后选择【设计】选项卡，单击【图表样式】组中的【快速样式】按钮，在弹出的菜单中选择快速样式，即可应用该样式到图表。

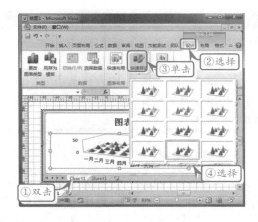

Visio 7.4　设置图表组件格式

图表是由各种图形组件组成的，在使用图表时，用户可单独更改这些图形组件的格式。

1．选择图表组件

在修改图表组件之前，首先应将其选中。在 Visio 中，用户可通过两种方式选择组件。

● 鼠标单击组件

在图表编辑模式下，用户可直接单击选择图表的组件，然后对其进行编辑。例如，需要选择图表的水平坐标轴，操作如下。

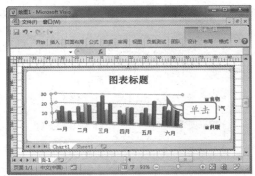

● 快速选择组件

除了使用鼠标单击组件外，用户也可在【格式】选项卡中单击【当前所选内容】组内的列表，在弹出的菜单中选择图表包含的组件。

> **提示**
> 在选择组件后，用户即可对组件进行各种操作。

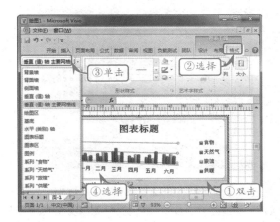

2．使用图形快速样式

在选择图表的组件后，用户即可选择【格式】选项卡，在【形状样式】组中单击【其他】按钮，在弹出的菜单中选择预置的一些快速样式。

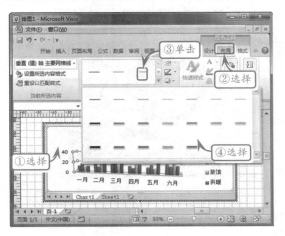

3．设置形状填充

形状填充是指图表中填充的颜色和花纹。在选择闭合图形类的图表组件后，用户即可选择【格式】选项卡，单击【形状样式】组中的【形状填充】按钮，在弹出的菜单中选择填充的内容类型。

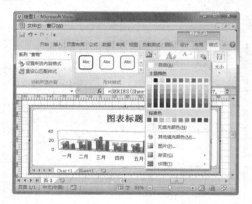

填充形状的内容主要包括 8 种类型，即"自动"、"主题颜色"、"标准色"、"无填充颜色"、"其他填充颜色"、"图片"、"渐变"和"纹理"。

如需要填充纯色，用户可从"主题颜色"、"标准色"中选择颜色，或执行【其他填充颜色】命令，打开【颜色】对话框，在该对话框中选择填充的颜色。

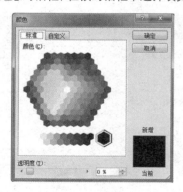

如需要填充图片，则可执行【图片】命令，打开【插入图片】对话框，在弹出的对话框中选择图片，将其作为填充物填充到形状中。

在执行【渐变】或【纹理】等命令后，用户可在弹出的菜单中选择填充渐变色或纹理图案的类型。

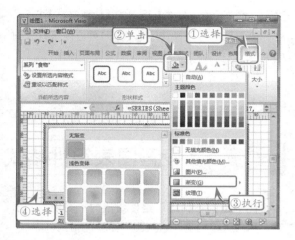

4．设置形状轮廓

形状轮廓是指图表中形状的边框线。在选择形状后，用户可选择【格式】选项卡，单击【形状样式】组中的【形状轮廓】按钮，在弹出的菜单中选择形状的轮廓颜色，以及轮廓的宽度、虚线样式以及箭头样式等属性。

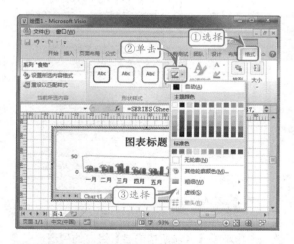

5．设置形状效果

形状效果是 Visio 预置的形状修饰方式。选择图表中的形状组件后，选择【格式】选项卡，然后即可在【形状样式】组中单击【形状效果】按钮 ，在弹出的菜单中根据效果的分类选择相应的形状。

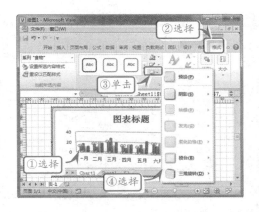

7.5 设置图表布局内容

在设置图表组件的格式后，用户可定义图表的布局属性，设置其显示或隐藏。

1．设置图表标题

选择【布局】选项卡，在【标签】组中单击【图表标题】按钮，在弹出的菜单中执行相应的命令。

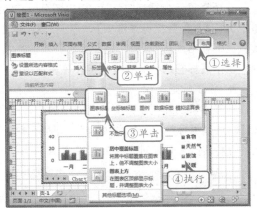

在【图表标题】菜单中提供了 4 种选项，其作用如下。

● 无

选择该选项，将隐藏图表的标题。

● 居中覆盖标题

选择该选项，将为图表添加一个位于图表正中央的标题占位符。

● 图表上方

选择该选项，将为图表添加一个位于图表上方的标题占位符。

● 其他标题选项

选择该选项，将打开【设置图表标题】对话框，为图表的标题设置【填充】、【边框颜色】、【边框样式】等属性，并应用【阴影】、【发光和柔化边缘】、【三维格式】等特效。

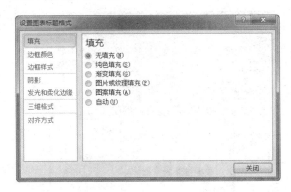

2．设置坐标轴标题

坐标轴标题是图表中每个坐标轴均可添加的内容。在默认状态下，图表的坐标轴只显示数据的单位，不显示标题内容。

选择【布局】选项卡，单击【标签】组中的【坐标轴标题】按钮，然后即可分别选择坐标轴，设置坐标轴标题的显示和隐藏。

用户也可以执行【其他主要横坐标轴标题选项】或【其他主要纵坐标轴标题选项】等命令，设置坐标轴标题的各种样式。

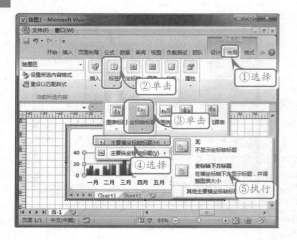

间的比例，无法显示数据的精确值。

如需要显示详细的数据值，就可以选择应用数据标签，为每一个图表组件添加值的显示。

选择【布局】选项卡，然后在【标签】组中单击【数据标签】按钮，在弹出的菜单中，即可选择是否显示数据标签。

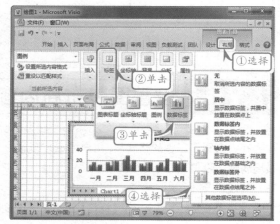

3．编辑图例

图例是图表中各种图形的说明文本，其可以定义图表中图形的含义，帮助用户了解图表中的内容。

选择【布局】选项卡，在【标签】组中单击【图例】按钮，然后即可在弹出的菜单中选择图例的位置。

在选择显示数据标签之后，用户还可以在该菜单中执行【其他数据标签选项】命令，在弹出的【设置数据标签格式】对话框中定义数据标签的基本属性，包括【标签选项】和【数字】等属性。

● 设置标签选项

标签选项的作用是定义标签显示的内容，在打开【设置数据标签格式】对话框后，即可在默认显示的【标签选项】选项卡中设置其属性。

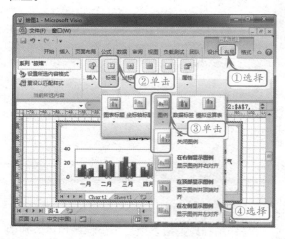

在该菜单中，用户可选择图例是否显示，以及其显示的位置。

如用户需要设置图例的其他效果，则可执行【其他图例选项】命令，在【设置图例格式】对话框中设置图例的【填充】、【边框颜色】、【边框样式】等属性以及【阴影】、【发光和柔化边缘】等特效。

4．应用数据标签

数据标签是另一种图表辅助工具，在默认状态下，图表只能显示数据的变化趋势以及大体数据之

【标签选项】选项卡中主要包括以下几种属性。

属　　性	作　　用
系列名称	在标签中显示数据所属的系列
类别名称	在标签中显示数据所属的类别

续表

属　性	作　用
值	默认值，显示数据的具体值
重设标签文本	如为标签应用了样式，则单击此按钮可清除这些样式
标签中包括图例项标示	在标签之前添加图例的图形
分隔符	为系列名称、类别名称和值之间设置分隔的符号（仅在同时选择"系列名称"、"类别名称"和"值"之中两项以上时起作用）

● 设置数字格式

数字格式的作用是重新对数据表中数据的格式进行定义，并将结果应用到图表中。在【设置数据标签格式】对话框中选择【数字】选项卡，即可设置数字的属性。

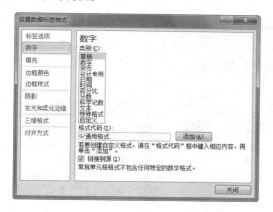

在该选项卡中，允许用户设置以下属性。

属性	作　用
类别	定义图表中数据的类型
格式代码	如需要自定义数据类型，则可在此输入数据的格式
链接到源	选择该复选框，则可将修改的数据类型应用到源电子表格中

5．添加模拟运算表

模拟运算表的作用是在图表中建立其数据的表格，辅助显示图表的内容。

选择【布局】选项卡，在【标签】组中单击【模拟运算表】按钮，然后即可在弹出的菜单中选择模拟运算表的属性。

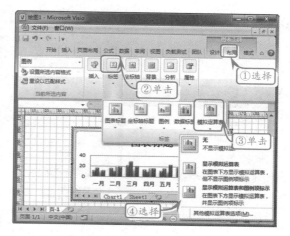

如用户执行【显示模拟运算表和图例项标示】命令，则可在增加的数据表格之前显示图例项目。执行【其他模拟运算表选项】命令之后，用户可在弹出的【设置模拟运算表选项】对话框中，设置数据表的各种格式信息。

例如，在默认的【模拟运算表选项】选项卡中，用户可设置表的边框线显示或隐藏，也可为表添加图例项目。

7.6 练习：商家家电部库存情况

制作"商家家电部库存情况"图表，可以将表中的数据转换为各种图形信息，方便用户对数据进行比较。本练习将学习插入图表、

练习要点

- 插入表格
- 设置表格样式
- 计算表格数据
- 数据排序

技巧

如果要编辑图表，双击图表，即可进入图表编辑状态。

提示

插入图表后，在状态栏显示Chart1和Sheet1标签表示是编辑状态。

提示

在为绘图文档插入图表后，将显示预置的图表数据。用户如需要插入自定义图表，可对数据进行修改使之个性化。

设计图表格式、更换图表样式等知识。

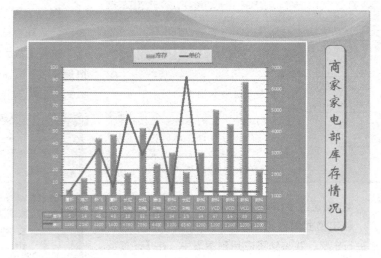

操作步骤 ▶▶▶▶

STEP|01 启动 Visio 2010 组件，在【模板类别】任务窗格中，选择【常规】选项卡内的【基本框图】图标，并单击【创建】按钮。然后，在【页面设置】组中，单击【页面设置】按钮。在弹出的【页面设置】对话框中，选择【横向】单选按钮。

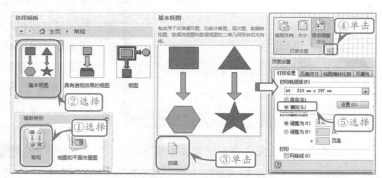

STEP|02 在【背景】组中单击【背景】下拉按钮，在下拉菜单中选择【溪流】背景并应用。然后，在【插图】组中单击【图表】按钮，即可在文档中显示图表。

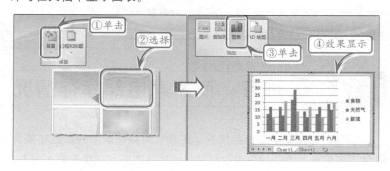

STEP|03 选择图表中的 Sheet1 选项卡,在表中输入"品名"、"品牌"、"型号"、"单价"、"库存"的数据。然后选择 Chart1 选项卡查看效果。

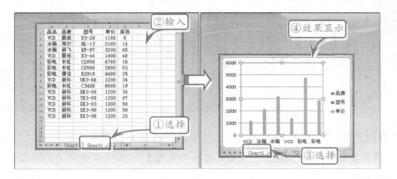

注意

修改数据时,只能在 Sheet1 表中进行修改,在 Chart1 中不能对数据进行修改。

STEP|04 选择【设计】选项卡,在【数据】组中,单击【选择数据】按钮,在弹出的【选择数据源】对话框中单击【图表数据区域】按钮,在 Excel 表中选择"品名"、"品牌"、"单价"、"库存"4 列,然后再单击【图表数据区域】按钮,返回【数据源】对话框,单击【确定】按钮。

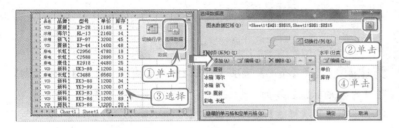

技巧

在 Excel 表中选择"品名"列,然后按住 Ctrl 键,用鼠标依次选择"品牌"、"单价"、"库存"列。

技巧

一般在 Sheet1 表中连续选择列或单元格时,按住 Shift 键;如果选择不连续的单元格时,按住 Ctrl 键,用鼠标选择。

STEP|05 选择图表,在【数据】组中单击【切换行/列】按钮,查看效果。然后,在【图表布局】组中单击【其他图表】下拉按钮,在下拉菜单中选择【布局 5】选项,并查看效果。

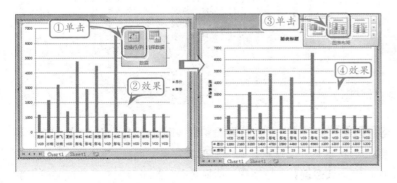

提示

在【设置数据系列格式】对话框中,选择【次坐标轴】单选按钮

STEP|06 选择"库存"簇状柱形图,右击执行【设置数据系列格式】命令,在弹出的【设置数据系列格式】对话框中,选择【次坐标轴】单选按钮,并查看效果。

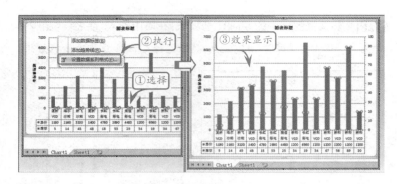

技巧

用户可以选择簇状柱形图后，右击执行【更改系列图表类型】命令，即可弹出【更改图表类型】对话框。

STEP|07 选择"库存"簇状柱形图，在【类型】组中，单击【更改图表类型】按钮，在弹出的【更改图表类型】对话框中选择【折线图】类型。

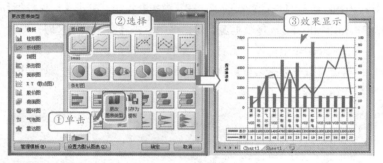

提示

单击【坐标轴标题】下拉按钮，在【主要纵坐标轴标题】级联菜单中选择"无"选项。

STEP|08 选择【布局】选项卡，在【标签】组中，设置【图表标题】和【坐标轴标题】均为"无"。然后，选择图表区，选择【格式】选项卡，在【形状样式】组中，应用【浅色1轮廓，彩色填充-橄榄色，强调颜色3】样式。

提示

设置簇状柱形图的【形状填充】颜色为"橙色，强调文字颜色6，深色25%"；【形状效果】为"预设4"。设置折线图的【形状填充】颜色为"水绿色，强调文字颜色5，深色25%"。

选择图例，在【形状样式】组中，应用"细微效果，橄榄色，强调颜色3"样式。

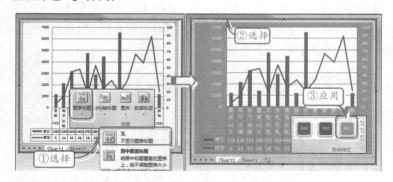

STEP|09 分别选择簇状柱形图和折线图，在【形状样式】组中，设置"形状填充"、"形状轮廓"、"形状效果"属性。然后，在【标签】组中单击【图例】下拉按钮，选择【在顶部显示图例】选项并设置其形状样式。

STEP|10 将【基本形状】模具中的【圆角矩形】形状拖至文档中，在该形状中输入文本。然后在【形状】组中，分别执行【填充】|【填充选项】命令和【阴影】|【阴影选项】命令，在弹出的【填充】和

【阴影】对话框中分别设置相应的属性。

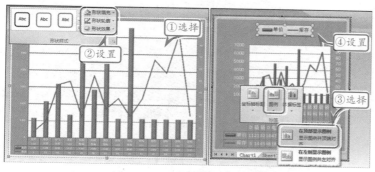

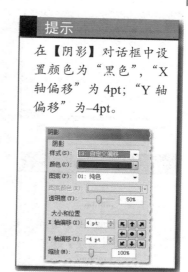

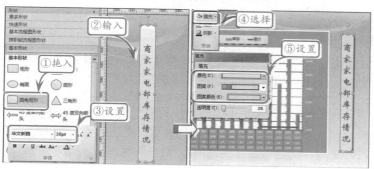

STEP|11 选择单价图表区，右击执行【设置坐标轴格式】命令，在
弹出的【设置坐标轴格式】对话框中，设置"最小值"为 1000，"主
要刻度线类型"和"次要刻度线类型"为"交叉"；然后，按照相同
的方法设置库存图表区，并设置图表中的字体格式。

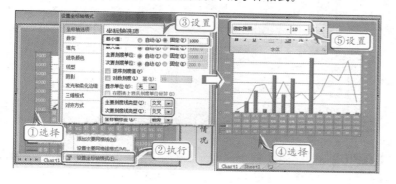

7.7 练习：淡水的组成

　　地球上的水储存在海洋、陆地和大气中，地球上的水分为咸水
和淡水，其中淡水又包含土壤水、河水、沼泽水等多种。下面通过图
表的形式，展示淡水的组成。

练习要点

- 插入图表
- 更改图表类型
- 设置数据标签格式
- 添加艺术字

提示

用户可以在"最近使用的模板"选项区域中选择【基本流程图】图标，然后单击【创建】按钮。

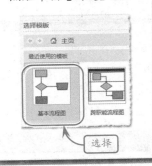

提示

默认情况下，插入的图表是簇状柱形图，如要更改，在【类型】组中，单击【更改图表类型】按钮。

提示

更改扇区的颜色，可以在【形状样式】组中，设置形状填充。

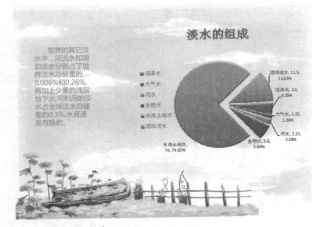

淡水的组成

世界的其它淡水中，河流水和湖泊淡水分别占了世界淡水总储量的0.006%和0.26%，再加上少量的浅层地下水可利用的淡水占全球淡水总储量的0.3%。水资源是有限的。

操作步骤 >>>>

STEP|01 启动 Visio 2010 组件，创建【基本流程图】模板并设置页面属性。然后，插入图片，将图片铺满整个绘图区。

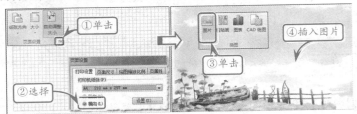

STEP|02 在【插图】组中单击【图表】按钮，即可显示该图表。然后选择 Sheet1 选项卡，在单元格中输入数据。

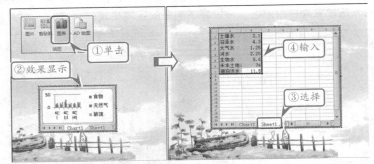

STEP|03 在【类型】组中，单击【更改图表类型】按钮，在弹出的【更改图表类型】对话框中选择【分离型饼图】选项，然后查看效果。

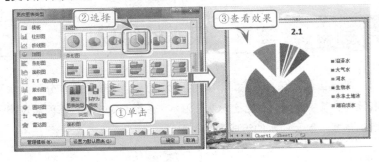

STEP|04 选择绘图区,在【图表样式】组中应用"样式 26"。然后选择分离型饼图,右击执行【设置数据系列格式】命令,在弹出的【设置数据系列格式】对话框中,设置第一扇区起始角度【无旋转】为 88。

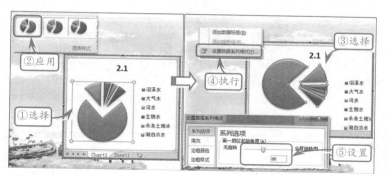

STEP|05 选择图表,在【图表布局】组中,应用【布局 4】样式。然后,在【标签】组中,单击【图例】下拉按钮,选择【在左侧显示图例】选项。

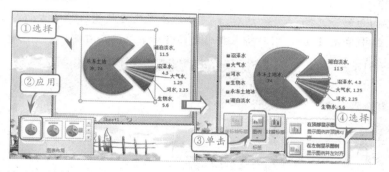

STEP|06 选择数据标签,右击执行【设置数据标签格式】命令,在弹出的【设置数据标签格式】对话框中,选择【百分比】复选框和【数据标签外】单选按钮,然后选择图例设置文本颜色。

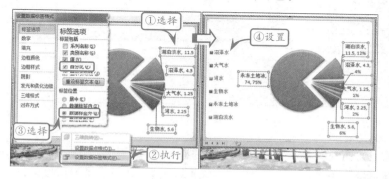

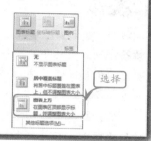

STEP|07 添加上方图表标题,输入文本,并在【艺术字样式】组中,应用"渐变填充-蓝色,强调文字颜色 1"样式;分别设置图表区和绘图区的"形状填充"和"形状轮廓"属性。然后,插入横排文本框,

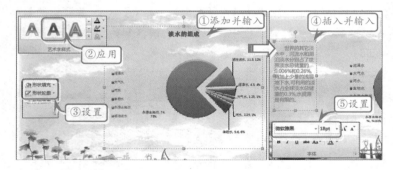

输入文本并设置文本格式。

> **提示**
>
> 设置图表区和绘图区的"形状填充"为"无填充";形状轮廓为"无轮廓"。

7.8 高手答疑

Q&A

问题 1:如何更改图表坐标轴的方向?

解答:以修改主要横坐标轴的方向为例,选择【布局】选项卡,在【坐标轴】组中单击【坐标轴】按钮,执行【主要横坐标轴】|【显示从右向左坐标轴】命令。

然后,即可快速更改主要横坐标轴的方向,同时将主要纵坐标轴标签放置在右侧。

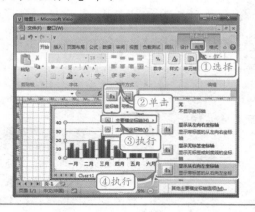

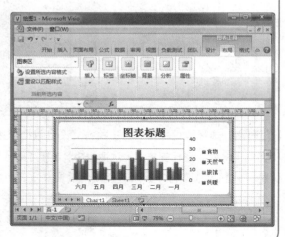

Q&A

问题 2:如何为图表应用多种图表类型?

解答: Visio 允许用户为一种图表应用两种图表类型。例如,同时使用"簇状柱形图"和"折线图"等。

选择图表中的任意一组数据,然后选择【设计】选项卡,在【类型】组中单击【更改图表类型】按钮。

接着,在弹出的【更改图表类型】对话框中选择"折线图"图标,单击【确定】按钮。

最后,即可查看由"簇状柱形图"和"折线图"构成的图表。

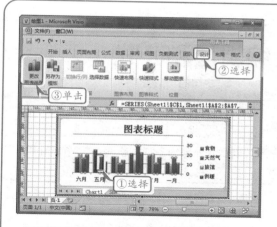

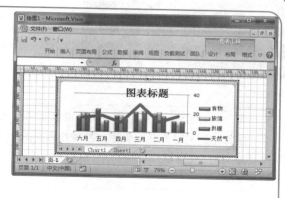

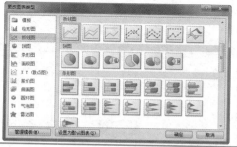

Q&A

问题 3：如何转换图表对象存储的格式？

解答： 在默认状态下，Visio 2010 会将所有的图表存储为 Excel 2010 格式，并应用 Excel 2010 图表的各种特色功能。

如用户希望使用其他格式的图表，则可以右击图表对象，执行【图表 对象】|【转换】命令。

在弹出的【转换】对话框中，可以在【对象类型】的列表框中选择当前系统支持的图表格式，单击【确定】开始转换。

在转换图表时，用户可选择【显示为图标】选项，隐藏图表内容，将其转换为对象的图标。

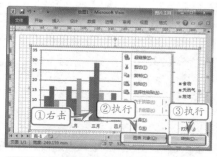

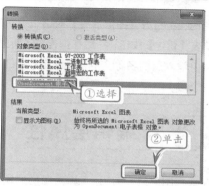

编辑层和公式

在 Visio 绘图文档中，所有的对象以类似纸张的方式层叠在绘图页上。用户可以通过"层"的特殊对象将绘制的对象分组管理，并按照组的排序显示出来。Visio 支持用户为绘图文档插入多种类型的对象，除了文本框、绘制形状、图片和图表外，用户还可以插入外部的各种对象，例如 Microsoft 公式对象等。

Visio 8.1 操作层

层是 Visio 绘图文档中的一种特殊对象，其本身是不可见的。用户可将各种对象分配到层中，以实现分组。

1. 新建层

新建一个层，用户可直接选择【开始】选项卡，在【编辑】组中单击【层】按钮，执行【层属性】命令。

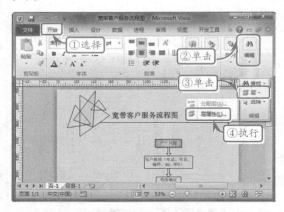

此时，将打开【图层属性】对话框。在该对话框中单击【新建】按钮，然后在弹出的【新建图层】对话框中输入层的名称，单击【确定】按钮，即可创建一个层。

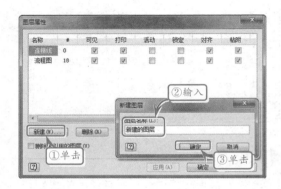

2. 删除层

在【图层属性】对话框中选择层的名称，然后单击下方的【删除】按钮，即可将其删除。

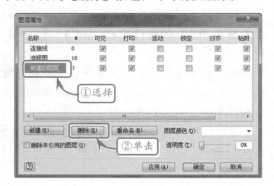

Visio 8.2 编辑层属性

在选择图层后，用户还可以对图层的属性进行　编辑。

1．更改图层名称

在【图层属性】对话框中选择图层，然后单击【重命名】按钮，即可打开【重命名图层】对话框。

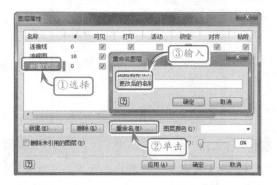

在该对话框中输入层的名称，然后单击【确定】按钮，即可完成更改名称操作。

2．设置图层颜色和透明度

用户可为图层中的形状等设置统一的色调，同时更改图层中所有对象的透明度。在【图层属性】对话框中选择图层，然后在【图层颜色】下拉列表中选择颜色，即可将其应用到图层中。

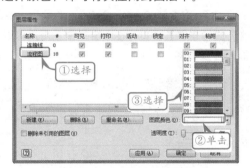

> **提示**
>
> 设置图层颜色后，该颜色将覆盖图层所应用的主题颜色。

如需要设置图层的透明度，则可在【图层属性】对话框中选择图层，然后再拖动【透明度】滑块，或在右侧输入透明度的百分比值。此时，即可将设置的透明度值应用到图层中所有的形状上。

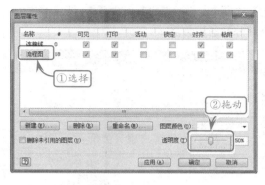

3．设置图层其他属性

选择图层右侧的复选框，即可设置图层的其他一些属性。

● 可见

选择该复选框，则可设置图层可见；而取消该复选框的选择，则可将图层隐藏。

● 打印

选择该复选框，则在打印绘图文档时，该图层中的内容可打印出来。

● 活动

选择该复选框，可将图层设置为活动图层。此时，在将其他形状拖动到绘图页时，Visio 将优先把形状分配到该图层上。

● 锁定

选择该复选框，可将图层设置为锁定状态，禁止用户编辑该图层。

● 对齐

选择该复选框，则在拖动该图层中的形状时，Visio 将自动根据其他形状的位置来对齐该形状。

● 粘附

选择该复选框，则在拖动该图层中的形状时，Visio 将自动把形状与其他形状贴紧。

● 颜色

选择该复选框，则可为该图层中的形状应用图层颜色；否则将取消该图层中形状的图层颜色。

8.3 为层分配对象

在创建图层并设置图层属性后，即可为该图层 分配对象，将对象添加到图层中。

选择 Visio 绘图文档中的形状，然后选择【开始】选项卡，在【编辑】组中单击【层】按钮，执行【分配层】命令。

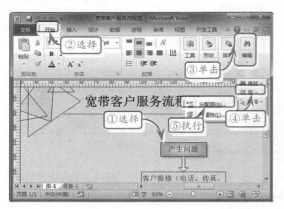

打开【图层】对话框，在该对话框中选择图层

的名称，单击【确定】按钮，即可将形状分配到图层中。

提示

在【图层】对话框中，用户也可单击【新建】按钮，创建一个新的图层。然后再选择新建的图层，将形状分配到该图层中。

8.4 插入公式对象

在绘制 Visio 文档时，用户可通过 Microsoft 公式 3.0 对象，插入各种数学公式，以满足数学和工程学的需要。

1. 插入公式对象

选择【插入】选项卡，在【文本】组中单击【对象】按钮，然后打开【插入对象】对话框。

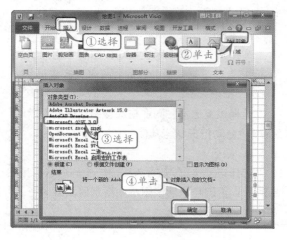

在【插入对象】对话框中，选择"Microsoft 公式 3.0"选项，单击【确定】按钮，即可插入公式。

2. 编辑公式

在插入"Microsoft 公式 3.0"对象后，将打开【公式编辑器】窗口。在该窗口中，用户可以直接输入公式内容。

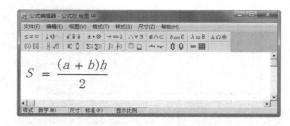

$$S = \frac{(a + b)h}{2}$$

在输入公式内容时，用户可直接输入各种公式使用的普通字符，包括数字、拉丁字母等。

如需要输入一些特殊的数学符号，则可使用【公式编辑器】窗口的工具栏中各种按钮，在弹出的菜单中进行选择。

3. 编辑字符间距

字符间距是表达式中各种字符之间的距离，其单位为磅。在【公式编辑器】窗口中，用户可执行【格式】|【间距】命令，打开【间距】对话框。

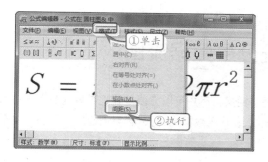

在弹出的【间距】对话框中，用户可设置 19 种数学表达式中字符的距离。拖动对话框中的滚动条，即可查看位于当前显示的属性下方的属性。

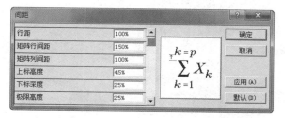

在设置字符距离之后，【间距】对话框将在右侧显示设置的效果。单击【应用】按钮即可将效果应用到公式中。

4．编辑字符样式

在公式编写过程中，用户可设置字符的样式，包括字符的字体、粗体和斜体等属性。

在【公式编辑器】窗口中执行【样式】|【定义】命令，打开【样式】对话框。

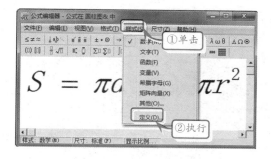

在弹出的【样式】对话框中，用户可以为各种字符样式设置字体、粗体以及斜体等属性，单击【确定】按钮应用样式。

然后，用户选择表达式，在【公式编辑器】窗口中单击【样式】按钮，在弹出的菜单中选择样式后，可将更改的样式应用到表达式中。

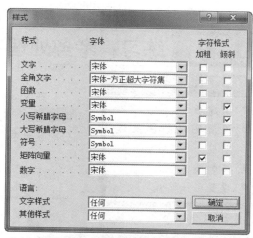

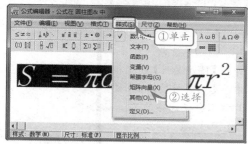

5．编辑字符尺寸

编辑字符尺寸的方式与编辑字符样式类似，在【公式编辑器】窗口中执行【尺寸】|【定义】命令，打开【尺寸】对话框。

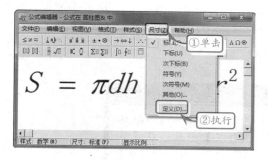

在弹出的【尺寸】对话框中，用户可设置各种字符的尺寸，并用类似的方式将其应用到表达式中。

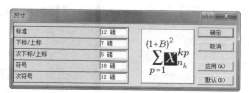

8.5 练习：考务处理系统分层数据流图

在 Visio 中通过使用层，用户可以方便地管理某些对象。本练习通过创建"考务处理系统分层数据流图"，学习创建层，将各种对象分配到层中，以实现分组。

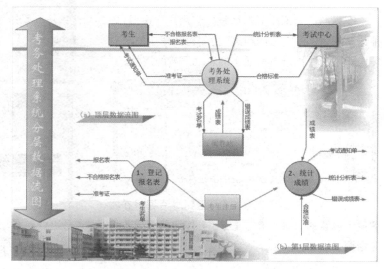

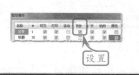
操作步骤 >>>>

STEP|01 启动 Visio 2010 组件，创建【基本流程图】模板并设置页面属性。单击【大小】下拉按钮，在下拉菜单中选择 "A3" 选项。然后，插入图片，将图片铺满整个绘图区。

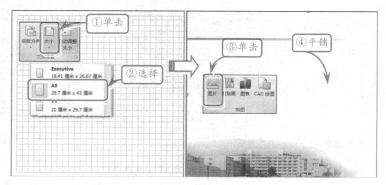

STEP|02 将【方块】模具中的【二维双向箭头】形状拖至文档中，进行旋转。然后选择该形状，在【编辑】组中单击【层】下拉按钮，在下拉菜单中执行【分配层】命令，将弹出【图层】、【新建图层】对话框，在【新建图层】对话框中输入文本"标题"，单击【确定】按钮，返回【图层】对话框。

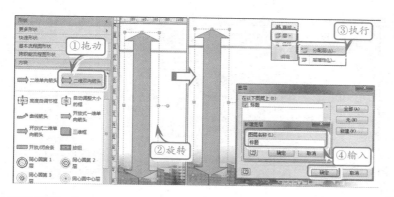

STEP|03 执行【层】|【层属性】命令，在弹出的【图层属性】对话框中，选择标题，设置【图层颜色】，并单击【确定】按钮。然后，插入【垂直文本框】，在文本框中输入文本，设置文本格式，并创建分配层，图层名称为"标题字"。

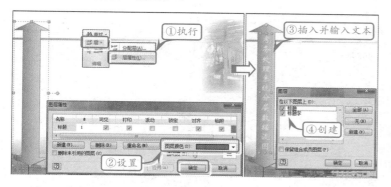

STEP|04 将【基本形状】模具中的【阴影框】形状拖至文档中，并设置其填充颜色和阴影选项。然后，拖出一条水平参考线，复制该形状，使其粘附在水平参考线上，并分别输入文本"考生"和"考试中心"。

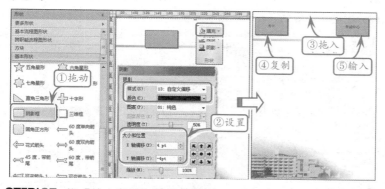

STEP|05 将【基本形状】模具中的【圆形】形状，拖至文档中，并设置其填充颜色为"黄色"，阴影选项设置与前面相同，并在该形状中输入文本"考务处理系统"。然后，再拖入【阴影框】形状，设置其阴影选项与前面相同，并输入文本"问卷站"。

注意

在第一次创建图层时，【新建图层】对话框和【图层】对话框是同时弹出来的。

提示

执行【层属性】命令，在弹出的【图层属性】对话框中，可进行新建、删除、重命名、图层颜色、透明度等属性的设置。

提示

创建"标题字"图层时，在弹出的【图层】对话框中，单击【新建】按钮，将弹出【新建图层】对话框，在该对话框中输入图层名称，单击【确定】按钮。

提示

设置阴影框的填充颜色为"浅绿"；设置阴影选项的颜色为"黑色"；"X轴偏移"为"4pt"；"Y轴偏移"为"-4pt"。

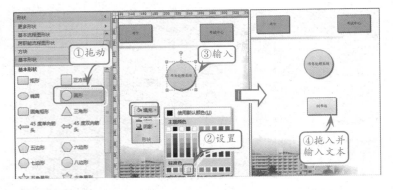

STEP|06 单击【折线图】按钮，从"考生"阴影框开始依次绘制一条直线和一条斜线，并设置斜线的箭头选项，双击直线输入文本"报名表"，按照相同的方法，从"考务处理系统"圆形开始依次绘制一条斜线和一条横线，设置横线的箭头选项，在横线上输入文本"不合格报名表"。

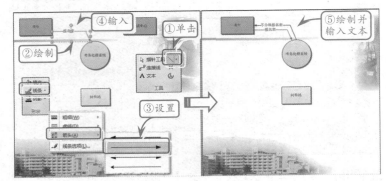

STEP|07 按照相同的方法依次绘制"准考证"、"考试通知单"、"统计分析表"等线条，并设置线条颜色及在相应的线条上输入文本。然后，选择"考生"和"考试中心"形状及之间相连接的红色线条，创建分配层，图层的名称为"考生考试中心"。

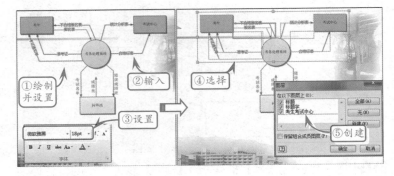

STEP|08 按照相同的方法，选择"考务处理系统"圆形形状及周围的"报名表"、"考试成绩单"、"成绩表"等文本框、线条，创建名称为"考务处理系统"的图层。然后，选择"问卷站"形状，创建"问

卷站"图层，并设置图层颜色。

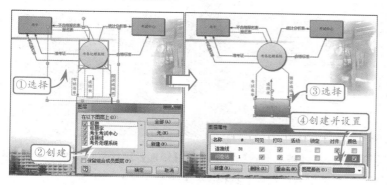

STEP|09 选择"考务处理系统"圆形形状，复制两次，修改填充颜色为"橙色"，分别输入文本"1、登记报名表"和"2、统计成绩"。然后，将【方块】模具中的【箭头框】形状拖至文档中，并在该形状中输入文本"考生注册"。

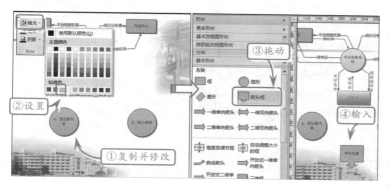

STEP|10 单击【折线图】按钮，在"圆形"和"箭头框"上绘制线条，并设置线条样式，及输入文本。然后，选择"登记报名表"形状及相连的线条创建"登记报名表"图层。

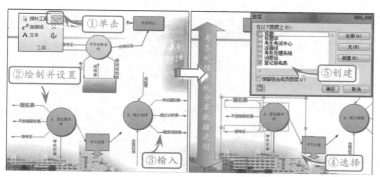

STEP|11 按照相同的方法，选择"统计成绩"形状及相连的线条创建"统计成绩"图层。然后选择"考生注册"形状及相连线条，创建"考生注册"图层并设置图层颜色。

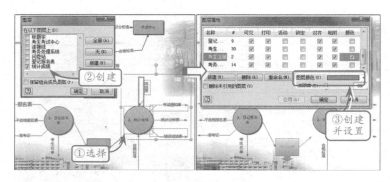

STEP|12 将【基本形状】模具中的【矩形】形状拖至文档中，设置阴影，输入文本"顶层数据流图"和"第1层数据流图"。然后，创建"二级标题"图层，并设置图层颜色及透明度。

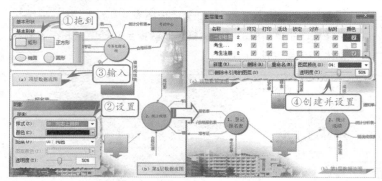

提示

设置"矩形"形状的阴影选项中的样式为"08：向右上倾斜"；颜色为"黑色"。

Visio

8.6 练习：正弦定理

练习要点

- 创建图层
- 设置图层颜色
- 插入"Microsoft 公式 3.0"对象
- 设置背景
- 插入形状

本练习将通过创建"正弦定理"流程图，学习创建层，将各种对象分配到层中，并设置图层颜色。然后通过"Microsoft 公式 3.0"对象，插入各种数学公式来完成该流程的制作。

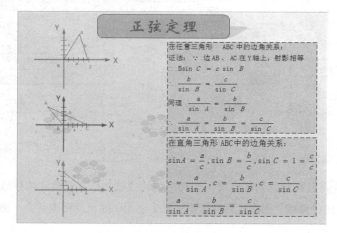

操作步骤 ▶▶▶▶

STEP|01 启动 Visio 2010 组件，创建【基本流程图】模板并设置页面属性。然后，拖出一条垂直参考线，单击【折线图】按钮，绘制 X、Y 轴坐标及坐标点，并设置线条属性。

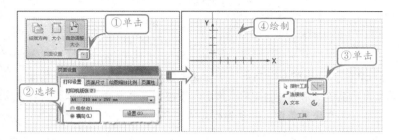

STEP|02 选择绘制的形状右击并执行【组合】|【组合】命令。然后，选择该形状，并复制两次。

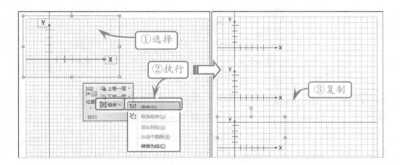

STEP|03 选择第一个坐标轴，创建名称为"坐标轴 1"的图层，并设置其图层属性，图层颜色为"红色"。然后，按照相同的方法，分别选择其他两个坐标轴，创建名称为"坐标轴 2"、"坐标轴 3"的图层，并设置相应的图层颜色。

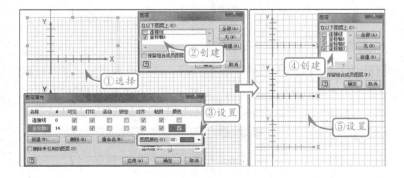

STEP|04 单击【折线图】按钮，在第一个坐标轴上绘制一个锐角三角形，并插入横排文本框，标出三角形的边和角。按照相同的方法，在其他两个坐标轴上分别绘制钝角三角形和直角三角形。

提示

设置 X、Y 轴的箭头方向，并设置线条粗细为"2.8pt"。

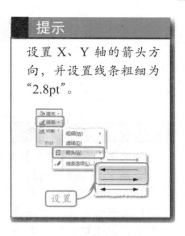

提示

绘制的 Y 轴粘附在垂直参考线上。

提示

设置"坐标轴 2"的图层颜色为"04：蓝色"；设置"坐标轴 3"的图层颜色为"06：桃红色"。

提示

设置文本框中的字母，字体为 Calibri；大小为"14pt"。

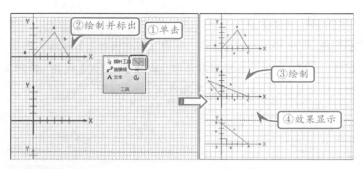

STEP|05 选择锐角三角形，执行【组合】|【组合】命令，并创建名称为"锐角三角形"的图层。然后，按照相同的方法，分别组合钝角三角形和直角三角形，并创建相应的图层。

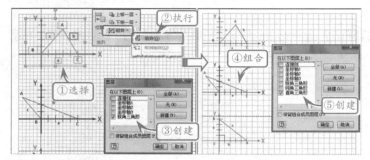

STEP|06 执行【层】|【层属性】命令，在弹出的【图层属性】对话框中选择"锐角三角形"图层，设置"图层颜色"为"绿色"。然后，按照相同的方法，在【图层属性】对话框中设置"钝角三角形"和"直角三角形"图层的"图层颜色"与"锐角三角形"图层的颜色相同。

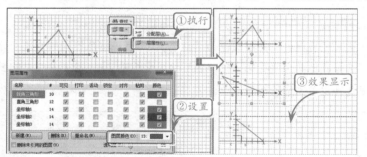

STEP|07 在【文本】组中单击【对象】按钮，在弹出的【插入对象】对话框中选择对象类型为"Microsoft 公式 3.0"，单击【确定】按钮。然后，在显示的【公式编辑器】窗口中输入文本。

提示

创建图层时，在【图层】对话框中单击【新建】按钮，将弹出【新建图层】对话框，在"图层名称"文本框中输入要创建的图层名，单击【确定】按钮即可。

技巧

用户在设置图层颜色时，可以单击"图层颜色"下拉按钮，执行【更多颜色】命令，将弹出【颜色】对话框，可以选择自定义选项卡，设置颜色值。

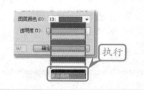

注意

在【插入对象】对话框中，如果不选择【显示为图标】复选框，将不会显示【公式编辑器】窗口，但可直接快速编辑，并且在完成编辑后，不用转换。

STEP|08 单击【逻辑符号】按钮 ∴∀∃ ，选择因为符号∵，输入文本，按 Enter 键后，插入所以符号∴，再输入文本。然后，再按 Enter 键，插入所以符号∴，单击【分式和根式模板】按钮 ▦ √▥ ，选择第一个分式，并输入文本，依次类推。

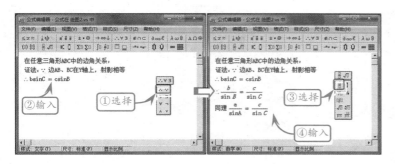

② 输入　① 选择　③ 选择　④ 输入

STEP|09 关闭【公式编辑器】窗口，在文档中显示公式图标。右击图标执行【公式对象】|【转换】命令，在弹出的【转换】对话框中，取消选择"显示为图标"复选框。然后，设置该公式对象的填充和线条。

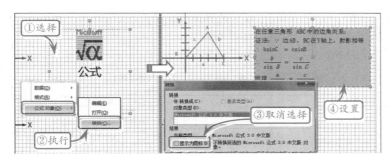

① 选择　② 执行　③ 取消选择　④ 设置

STEP|10 按照相同的方法，创建证明直角三角形边角关系的公式。然后，分别选择两个公式对象，创建"任意三角形证明"和"直角三角形证明"图层。

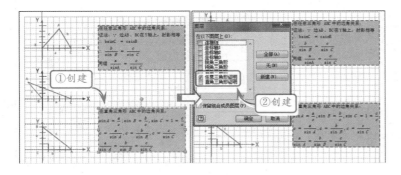

① 创建　② 创建

STEP|11 设置背景为"实心"，在状态栏选择【背景-1】选项卡，插入图片铺满整个背景，并创建"背景"图层，设置背景图层锁定。然后，将【基本形状】模具中的【圆角矩形】形状拖至文档中，设置填

注意

使用键盘控制光标方向，当光标置于分式等式之后，再按 Enter 键。

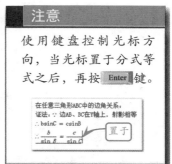

置于

技巧

插入分式后，通过按 ← ↑ ↓ → 方向键，输入字母。

提示

设置公式对象的填充颜色为"线条，淡水 80%"；线条为"虚线"。

① 填充颜色　② 设置

提示

在输入等号之前，将光标置于 $\frac{a}{\sin A}$ 之后，才可输入。

置于

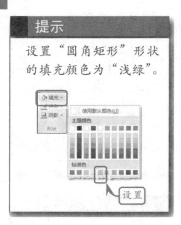

提示

设置"圆角矩形"形状的填充颜色为"浅绿"。

充和阴影，并输入文本"正弦定理"。

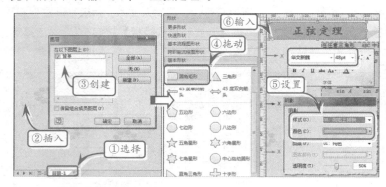

8.7 高手答疑

Q&A

问题 1：如何删除绘图文档中的空图层？

解答：在【图层属性】对话框中选择【删除未引用的图层】复选框，然后即可单击【应用】按钮，将这些空图层删除。

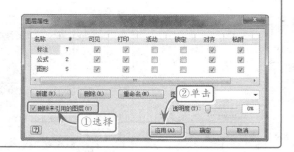

Q&A

问题 2：如何在编辑公式时缩放视图的比例？

解答：在编辑公式时，用户可以将视图放大或缩小，以使公式内容更清晰地显示出来。在【公式编辑器】窗口中，用户可单击【视图】按钮，在弹出的菜单中选择缩放比例。

出的【显示比例】对话框中选择 4 种显示比例中的一种。

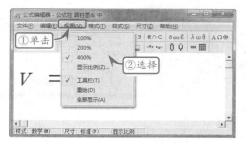

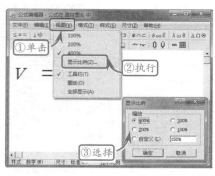

如需要进一步自定义视图的缩放比例，则用户可执行【视图】|【显示比例】命令，在弹

用户也可在【公式编辑器】窗口的状态栏中双击【显示比例】栏，同样可打开【显示比例】对话框，进行相同的设置。

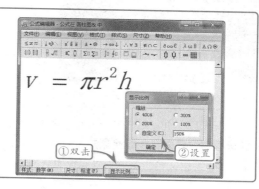

$$V = \pi r^2 h$$

① 双击   ② 设置

Q&A

问题 3：如何编辑已完成的公式对象？

解答： 在已插入公式对象后，用户还可以再对该对象进行编辑。选择公式对象，然后即可右击执行【公式对象】|【编辑】命令，打开【公式编辑器】窗口，对公式进行编辑。

　　除此之外，用户也可直接双击公式对象，同样可打开【公式编辑器】窗口，进行各种编辑操作。

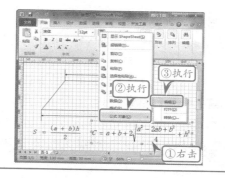

Q&A

问题 4：如何为公式添加背景颜色？

解答： Microsoft 公式 3.0 是 Office 文档中的一种特殊图形对象。在 Visio 中，目前尚不允许用户直接定义公式文本的颜色，但是允许用户为公式添加背景颜色。

　　选中公式对象，右击鼠标，执行【格式】|【填充】命令。

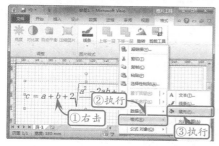

　　在弹出的【填充】对话框中单击【颜色】按钮，即可选择填充公式的【颜色】、【图案】及【图案颜色】等属性，并在【预览】区域内查看填充的效果。

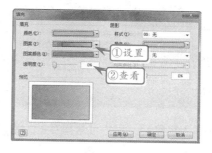

① 设置   ② 查看

　　单击【应用】按钮或【确定】按钮后，即可将填充应用到公式中。

使用墨迹和容器

在完成 Visio 绘图后，用户可以通过 Visio 2010 提供的容器与标注工具，快速为已添加的形状增加边框和注释内容。除此之外，Visio 还允许用户通过添加批注、墨迹等特殊的显示对象，标记用户对 Visio 绘图文档的意见，以实现团队协作。

Visio 9.1 插入容器对象

容器是一种特殊的形状，其由预置的多种形状组成，可将绘图文档中的局部内容与周围内容分割开来。

在Visio中选择【插入】选项卡，然后在【图部分】组中单击【容器】按钮，在弹出的菜单中选择容器类型。

四周的 8 个调节柄来调节容器的尺寸，完成容器的插入操作。

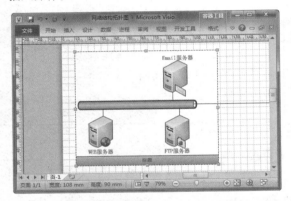

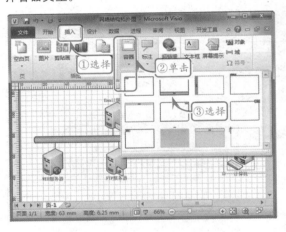

在插入容器后，用户可选择容器，通过容器

> **提示**
>
> Visio 预置了 12 种容器的风格，每种容器风格都包含容器的内容区域和标题区域，在双击容器的标题区域后，可对容器的标题内容进行编辑。

Visio 9.2 编辑容器对象

在选择容器对象后，用户还可以对容器进行进一步的编辑，设置容器的尺寸、样式以及成员资格等属性。

1. 设置容器尺寸

容器的尺寸设置包括容器的边距以及调整设

置等内容。

在Visio中，用户可选择容器，再选择【格式】选项卡，在【大小】组中单击【边距】按钮，然后在弹出的菜单中选择容器的边距尺寸。

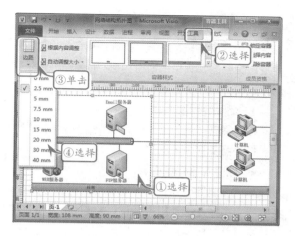

除了设置边距外，用户还可单击【根据内容调整】按钮，定义容器对象根据内容的尺寸自动扩展或收缩。在单击【自动调整大小】按钮后，用户可在弹出的菜单中选择自动调整的相关设置。

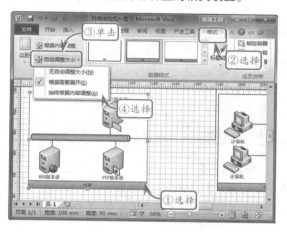

提示

如选择【无自动调整大小】复选框，则容器只能以用户定义的尺寸显示。【根据需要展开】为默认值，定义容器在内容未超出容器尺寸时显示原始尺寸，当内容超出容器尺寸后则自动展开。选择【始终根据内容调整】复选框则容器的尺寸将随时根据内容的数量扩展或缩小。

2．编辑容器样式

用户可以重新定义容器的样式，以及设置容器中标题的样式。

选择容器，然后选择【格式】选项卡，在【容器样式】组中单击【其他】按钮，即可更改容器的整体样式。

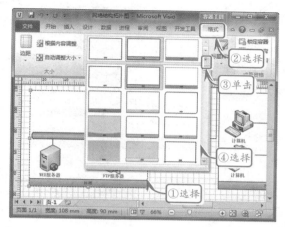

除更改容器的样式外，用户还可以重新定义标题区域的样式，修改标题区域的位置。

单击【容器样式】组中的【标题样式】按钮，然后即可在弹出的菜单中选择标题的样式，将其应用到容器中。

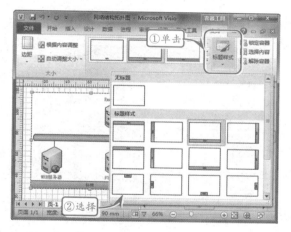

3．定义成员资格

如需要编辑容器的内容，则可使用成员资格的各种属性设置。

例如，锁定容器中的所有内容，可先选择容器，再选择【格式】选项卡，单击【成员资格】组中的【锁定容器】按钮，然后，禁止为容器添加内容，同时禁止删除容器中的内容。

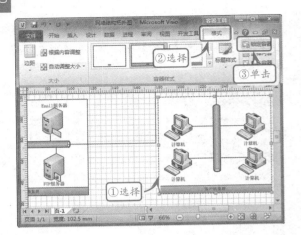

在默认状态下，Visio会把所有容器框选起来的内容都视为容器的成员。

如需要选择容器中的内容，则可在【格式】选项卡中单击【成员资格】组中的【选择内容】按钮，选择容器中所有内容。

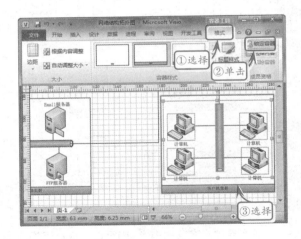

4．删除容器

如用户需要删除容器，则可使用两种方法，一种是删除容器及其中的所有内容，而另一种则是只删除容器，但保留容器中的内容。

● 删除容器及内容

在选择容器后，用户可直接在键盘上按 Delete 键，将容器及其内容删除。

● 删除容器保留内容

如需要删除容器但保留容器中的内容，则可选择容器，选择【格式】选项卡，在【成员资格】组中单击【解除容器】按钮，以删除容器。

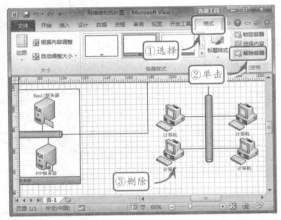

5．嵌套容器

如需要在容器外面再嵌套一个容器，则用户可选择容器，右击并执行【容器】|【添加到新容器】命令即可。

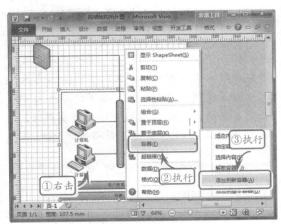

9.3　使用标注

标注也是一种特殊的显示对象，其作用是为形状提供外部的文字说明，以及连接形状和文字的连接线。

1．插入标注

Visio 2010 提供了 20 种预置的标注样式。在 Visio 中选择要添加标注的内容，然后选择【插入】选项卡，在【图部分】组中单击【标注】按钮，即可在弹出的菜单中选择标注的样式。

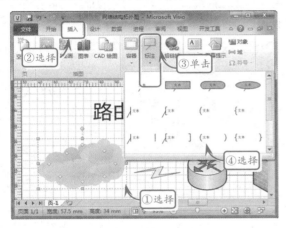

2．修改标注文本

修改标注文本的方法十分简单。选择标注的文本框，然后双击其中的文本，即可输入新的标注内容。

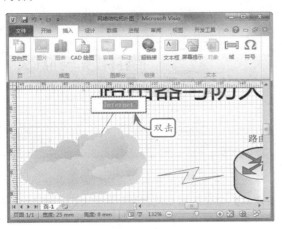

3．修改标注位置

如需要修改标注位置，则用户可直接选择标注的文本框，然后拖动鼠标，将其移动到新的位置。此时，标注的连接线将自动连接新的标注与目标的形状。

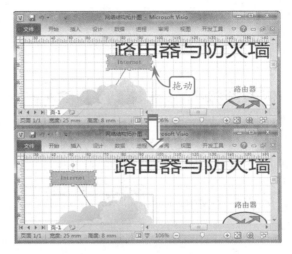

4．修改标注样式

如需要为标注应用新的样式，则用户可选择标注的文本框，右击并执行【标注样式】命令，在弹出的菜单中选择新的样式。

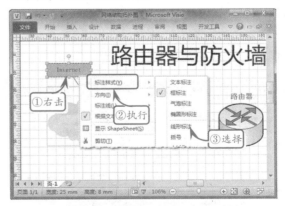

> **提示**
>
> 在更改标注的样式后，原标注的内容、所使用的主题等设置将被保留到新的标注样式中。

Visio 9.4 应用批注

批注也是一种特殊的显示对象，当用户在查看绘制完成的文档后，可通过批注内容，写下对绘图文档的意见，原作者用Visio打开文档时，即可根据批注内容进行修改。

1．新建批注

打开Visio绘图文档，然后选择【审阅】选项卡，单击【新建批注】按钮，插入一个批注，并输入批注的内容。

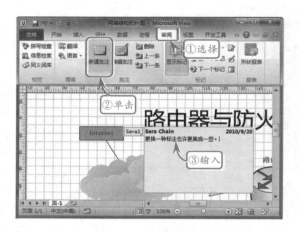

输入完成后，在绘图文档空白处单击鼠标，取消对批注的选择状态。此时，在批注的位置将显示一个黄色的矩形标志。单击该矩形标志，可在其右侧显示批注的内容。

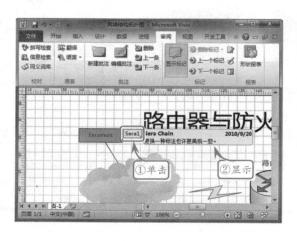

2．编辑批注

如需要对批注进行编辑，则用户可使用以下3种方式。

第一种方式，用户可直接双击批注，此时，将会打开批注的编辑框，允许用户对批注的内容进行修改。

第二种方式，用户可以选择批注，再选择【审阅】选项卡，在【批注】组中单击【编辑批注】按钮，同样可打开批注的编辑框进行编辑。

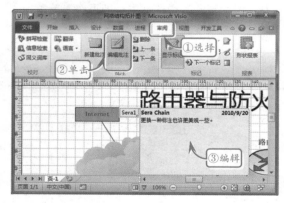

第三种方式，用户选择批注，右击并执行【编辑注释】命令，然后同样可以打开批注的编辑框，开始编辑操作。

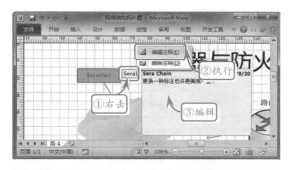

释】命令，即可将批注删除。

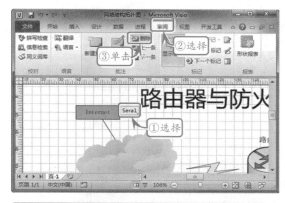

注意

在对批注的内容进行修改后，批注者和批注日期也将会自动更改。

3．删除批注

用户可通过 3 种方式删除批注。一种是选择批注，然后直接按 Delete 键，即可将批注删除。

另一种是选择批注，再选择【审阅】选项卡，在【批注】组中单击【删除】按钮，同样可将批注删除。

第三种方式是选择批注，右击并执行【删除注

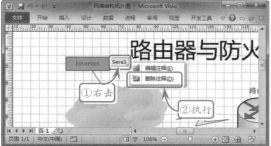

9.5 使用墨迹

墨迹工具的作用是记录用户鼠标移动的轨迹，从而方便用户对Visio形状进行圈选和标记操作。

1．直接绘制墨迹

在Visio中选择【审阅】选项卡，在【标记】组中单击【墨迹】按钮，即可开始绘制墨迹。

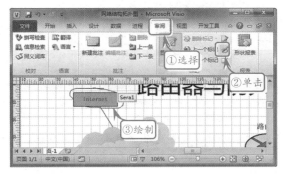

在绘制一个墨迹之后，Visio默认将所有墨迹保存在同一个形状中。

如需要拆分形状，则用户可在【笔】选项卡中

单击【创建】组中的【关闭墨迹形状】按钮，创建一个新的墨迹形状，然后再进行绘制。

2．设置墨迹颜色和宽度

在绘制墨迹之前，用户也可设置墨迹的颜色、宽度等属性。

● **设置墨迹颜色**

在【笔】选项卡中单击【笔】组中的【颜色】按钮，然后，在弹出的菜单中选择预置的【主题颜

色】或【标准色】。

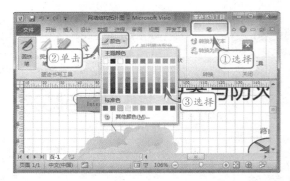

如需要绘制其他颜色的墨迹,用户可在该菜单中执行【其他颜色】命令,打开【颜色】对话框,在该对话框中选择墨迹的颜色。

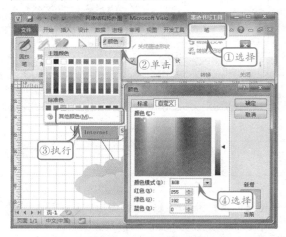

● **设置墨迹宽度**

选择【笔】选项卡,在【笔】组中单击【粗细】按钮,然后在弹出的菜单中选择墨迹的宽度。

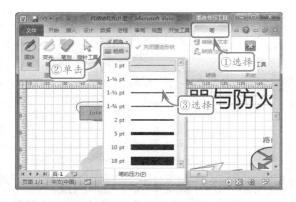

3. 绘制荧光墨迹

在默认状态下,Visio 将以"圆珠笔"模式绘制墨迹,这种墨迹是不透明的墨迹,将会覆盖已绘制的Visio形状。

用户可选择【笔】选项卡,在【墨迹书写工具】组中单击【荧光笔】按钮,然后在绘图页中绘制半透明的墨迹。

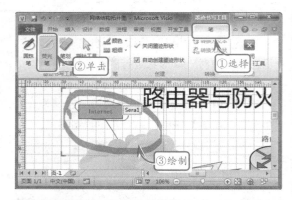

4. 擦除墨迹

如需要擦除墨迹,则用户可以选择【笔】选项卡,在【墨迹书写工具】组中单击【笔划橡皮擦】

按钮，然后将鼠标光标移动到墨迹形状的上方，当墨迹颜色消失时，即可单击鼠标，擦除墨迹形状。

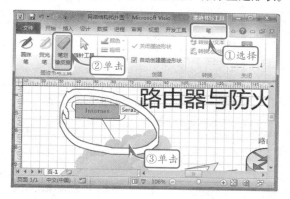

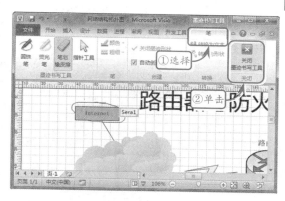

5．退出墨迹编辑模式

在【笔】选项卡中的【关闭】组中单击【墨迹书写工具关闭】按钮，然后即可退出墨迹编辑模式。

Visio 9.6 生成形状报表

形状报表是Visio自带的一种统计工具，其可以统计Visio绘图文档中包含的组件类型，以及各组件的数量。

打开Visio绘图文档，选择【审阅】选项卡，单击【报表】组中的【形状报表】按钮，打开【报告】对话框。

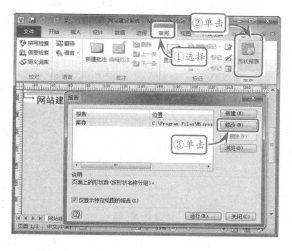

单击【修改】按钮，在弹出的【报告定义向导】对话框中选择【所有页上的形状】单选按钮，然后

单击"下一步"按钮。

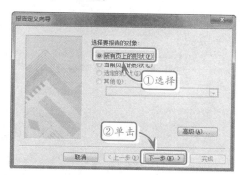

在更新的对话框中选择列的属性，然后单击【下一步】按钮。

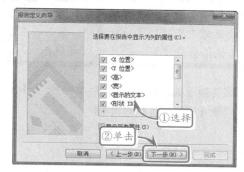

在更新的对话框中输入报告的标题，并单击【下一步】按钮。

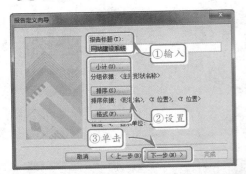

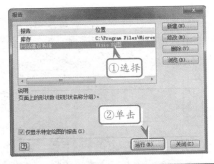

> **提示**
>
> 在该对话框中，用户可单击【小计】按钮，设置报表的分组；单击【排序】按钮，设置报表的排序顺序；单击【格式】按钮，设置各单元格数值的格式。

在更新的对话框中输入报告定义的名称以及选择保存的位置，然后单击【完成】按钮，返回【报告】对话框。

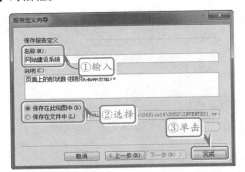

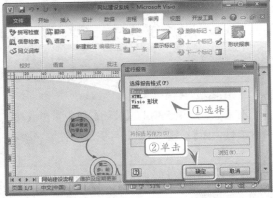

> **提示**
>
> 如果选择了 Excel 格式，则将直接打开报告的文档；如果选择了 HTML 或 XML 格式，则可设置报告存储的路径；如果选择了"Visio 形状"，则可随报告一同保存报告定义的副本，或将报告链接到报告定义文件中。

> **提示**
>
> 用户也可选择【保存在文件中】单选按钮，将报告定义存储到本地磁盘中。然后，在制作其他报告定义时，仍然可以调用。

选择新建的报表方案，然后单击【运行】按钮，即可打开【运行报告】对话框。

在该对话框中，用户可以选择报告的格式类型，然后单击【确定】按钮。

最后，Visio 将自动打开 Excel 程序，显示生成的报告文档内容。

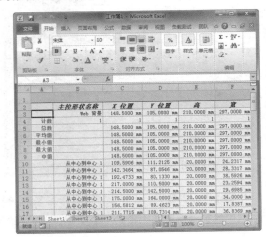

Visio 9.7　练习：系统结构示意图

　　制作一个系统需要分不同的板块，将每个板块封装到一个容器
中，可将绘图文档中的局部内容与周围内容分割开来。下面将通过制
作"系统结构示意图"来学习插入容器对象和编辑容器对象等知识。

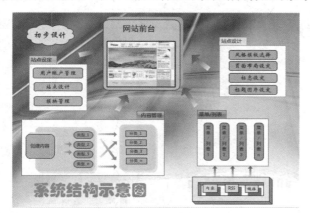

练习要点

- 插入容器对象
- 编辑容器样式
- 插入标注
- 插入形状
- 设置形状格式
- 插入图片

提示

用户可以在【页面属性】
对话框中的【打印设置】
选项卡中设置"打印机
纸张"为"A4"；选择
"横向"单选按钮。

提示

设置【圆角矩形】形状
的填充颜色为"线条，
淡色80%"；阴影颜色为
"白色，深色25%"。

操作步骤 >>>>

STEP|01 启动Visio 2010 组件，创建【基本流程图】模板并设置页
面属性。然后，插入图片，将图片铺满整个绘图区，并创建名称为"背
景"的图层，设置该图层锁定。

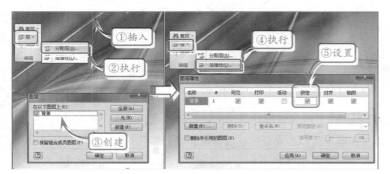

STEP|02 将【基本形状】模具中的【圆角矩形】形状拖至文档中，
设置其填充颜色和阴影选项。然后，插入横排文本框，输入文本"网
站前台"；插入图片，放置在圆角矩形上，并设置图片的边框。

STEP|03 在【图部分】组中单击【容器】下拉按钮，在下拉菜单中
选择【容器4】选项。然后，在标题中输入文本"站点设定"，并设

提示

设置图片的线条颜色为"黑色","粗细"为"2.8pt"。

注意

在该文档中插入容器后,在【排列】组中单击【上移一层】按钮,才能显示出该容器。

提示

设置"站点设定"容器中的【圆角矩形】形状的颜色填充为"强调文字颜色3,淡色40%"。

提示

设置"内容管理"容器的颜色填充为"强调文字颜色5,深色25%"。

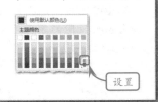

置该容器的填充颜色为"浅绿"。

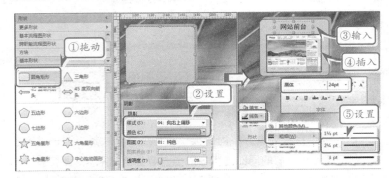

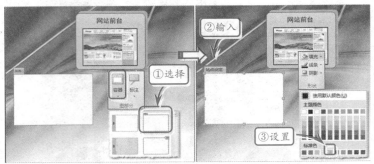

STEP|04 将【基本形状】模具中的【圆角矩形】形状拖至文档中,设置其填充颜色,并输入文本"用户账户管理",设置文本格式。然后,复制该形状两次,分别修改文本为"站点设计"和"模块管理"。

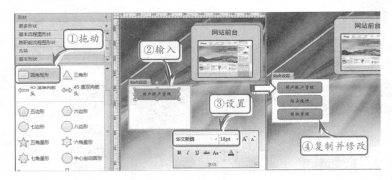

STEP|05 单击【容器】下拉按钮,选择【容器8】选项。然后,选择【容器工具】选项卡,在【容器样式】组中选择【样式4】选项并应用,单击【标题样式】下拉按钮,在下拉菜单中选择【标题样式17】选项,最后输入标题为"内容管理"。

STEP|06 将【基本形状】模具中的【圆角矩形】形状拖至文档中,设置其填充颜色和阴影选项,并复制两次。然后,修改放置在大的【圆角矩形】形状上的【圆角矩形】形状的填充颜色和阴影选项,并输入文本"创建内容"。

STEP|07 将【基本形状】模具中的【45度单向箭头】形状拖至容器

中，调整方向，设置填充选项并复制一次，平行放置。然后，插入【圆角矩形】形状，设置其填充颜色并输入相应的文本。

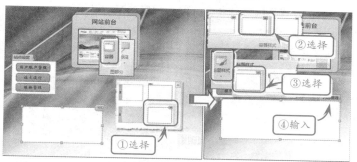

提示

在"内容管理"容器中，设置第一种【圆角矩形】形状的颜色填充颜色为"白色，深色 25%"；"透明度"为"65%"；阴影颜色为"强调文字颜色1，淡色 80%"，"透明度"为"70%"。

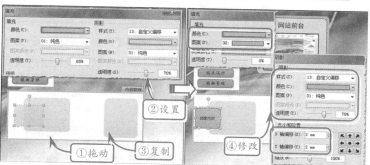

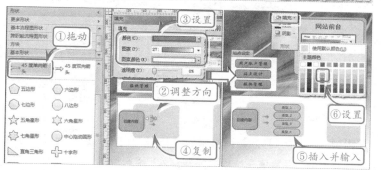

提示

设置【45 度单向箭头】形状的填充颜色为"桃红色"，RGB 值为 255,51,153。

STEP|08 复制【45 度单向箭头】形状，调整其大小和位置，将其平行和交叉放置在【圆角矩形】形状之间。然后，将【基本形状】模具中的【矩形】形状拖至"内容管理"容器中，设置其填充颜色，并输入相应的文本。

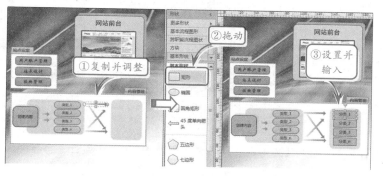

技巧

在调整箭头方向时，用户可以单击箭头周围的控制点，然后移动鼠标即可。

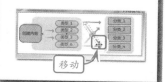

STEP|09 单击【容器】下拉按钮，在下拉菜单中选择【容器 4】选项，设置填充颜色，并输入标题为"菜单/列表"。然后，插入【圆角矩形】形状，设置其填充颜色，并输入相应的文本。

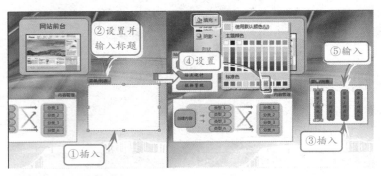

STEP|10 将【具有凸起效果的块】模具中的【框架】形状拖至文档中，并设置其填充为"黄色"。然后，将【基本形状】模具中的【阴影框】形状拖至【框架】形状中，设置其填充颜色和阴影选项，最后输入相应的文本。

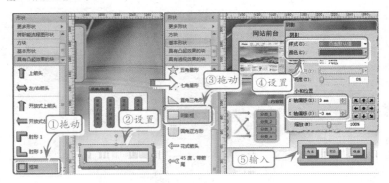

STEP|11 将【基本形状】模具中的【45 度单向箭头】形状拖至容器中，调整方向，设置填充选项并复制两次，平行放置。然后，单击【容器】下拉按钮，在下拉菜单中选择【容器 4】选项，设置填充颜色为"黄色"，并输入标题文本为"站点设计"。

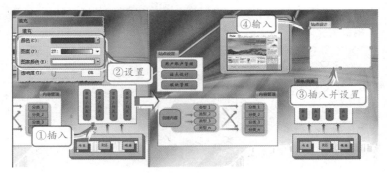

STEP|12 插入【圆角矩形】形状，将其拖至"站点设计"容器中，设置填充颜色为"浅绿"，并以此输入相应的文本。然后，插入【45

度单向箭头】形状，设置其填充颜色并调整方向。

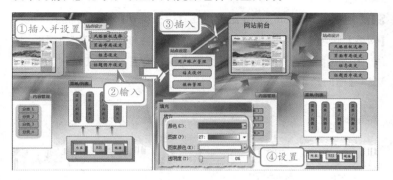

STEP|13 插入横排文本框，输入文本"系统结构示意图"，并设置文本格式。然后，在【图部分】组中单击【标注】下拉按钮，在下拉菜单中选择云形标注选项，设置该标注的填充颜色，并输入文本"初步设计"。

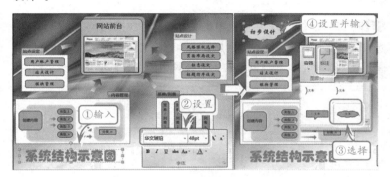

> **提示**
>
> 选择箭头将箭头的顶点粘附到"列表/菜单"容器的连接点上。

> **提示**
>
> 设置文本"初步设计"的字体为"华文行楷"；颜色为"黑色"；大小为"24pt"。

9.8 练习：网上营业信息安全保密解决方案

为了保证安全性，营业网采用了TIPTOP安全隔离与信息交换系统，该系统支持用户名与密码、IP地址、MAC地址的绑定等认证方式。下面通过插入容器、插入标注等工具，制作"网上营业信息安全保密解决方案"图。

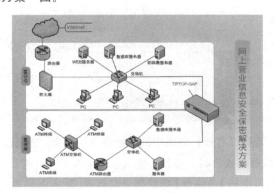

> **练习要点**
>
> ● 插入标注
> ● 插入容器
> ● 设置容器样式
> ● 应用主题
> ● 添加形状

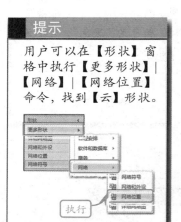
操作步骤 ▶▶▶▶

STEP|01 启动 Visio 2010 组件，在【模板类别】任务窗格中，选择【网络】选项卡内的【详细网络图】图标，并单击【创建】按钮。然后，在【页面设置】组中单击【页面设置】按钮，在弹出的对话框中，选择【横向】单选按钮。

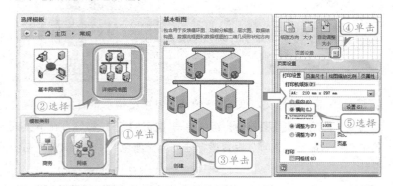

STEP|02 在【背景】组中，单击【背景】下拉按钮，在下拉菜单中选择【世界】背景，并在【主题】组中选择【地铁颜色，柔和光线效果】主题。然后，将【网络位置】模具中的【云】形状拖至文档中。

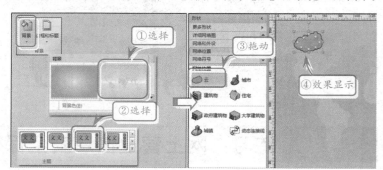

STEP|03 单击【标注】下拉按钮，选择【完整方括号】标注，在标注框中输入文本 Internet。然后，在【主题】组中，单击【效果】下拉按钮，选择【玩具】效果选项。

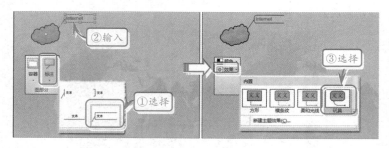

STEP|04 选择【容器】列表中的"容器 3"选项，并更改【标题样式】为"标题样式 14"。然后，输入标题文本"办公网"，并将【网络符号】模具中的【路由器】形状拖至文档中，输入名称为"路由器"。

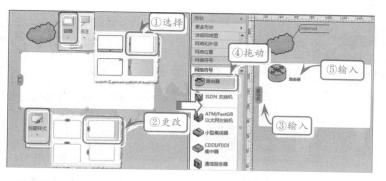

STEP|05 单击【连接线】按钮，将【云】形状和【路由器】形状连接；将【网络和外设】模具中的【防火墙】形状拖至文档中，输入名称为"防火墙"并进行连接。然后，按照相同的方法，将【网络符号】模具中的【工作组交换机】形状拖至文档中，输入名称为"交换机"并进行连接。

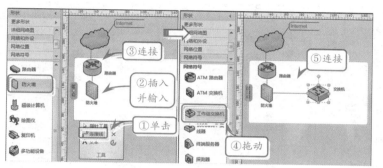

STEP|06 依次将【服务器】模具中的【Web 服务器】、【数据库服务器】、【服务器】形状拖至容器中，并输入相对应的文本"WEB 服务器"、"数据库服务器"和"防病毒服务器"。然后，单击【折线图】按钮，将这 3 个形状分别与【交换机】形状相连。

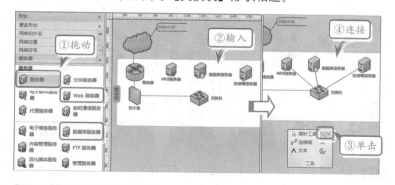

STEP|07 依次将【计算机和显示器】模具中的 PC 形状拖至文档中，输入文本 PC 并与【交换机】形状连接。然后，插入一个与"办公网"容器相同的容器，输入标题名称为"营业网"。

注意

用户可以直接双击图片输入文本，也可以通过插入横排文本框输入文本。

技巧

用户可以单击【云】形状周围的蓝色三角形，自动设置连接线。

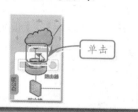

提示

使用【折线图】工具依次连接【服务器】与【交换机】形状的连接点。

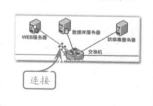

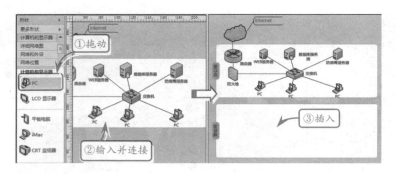

STEP|08 依次将【网络符号】模具中的【ATM 交换机】、【ATM 路由器】、【工作组交换机】形状拖至容器中，并输入文本 "ATM 交换机"、"ATM 路由器"、"交换机"。然后，依次将【计算机和显示器】模具中的【终端】形状拖至容器中，并输入文本 "ATM 终端"，设置相应连接。

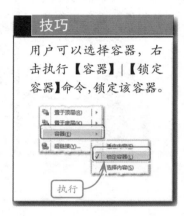

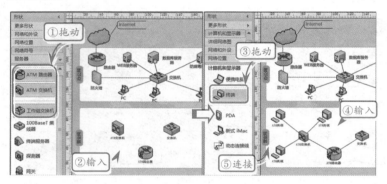

STEP|09 依次将【服务器】模具中的【服务器】、【数据库服务器】形状拖至容器中，输入文本并连接【交换机】形状。然后，依次选择容器，在【成员资格】组中单击【锁定容器】按钮。

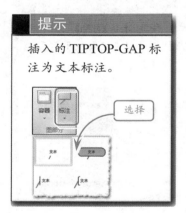

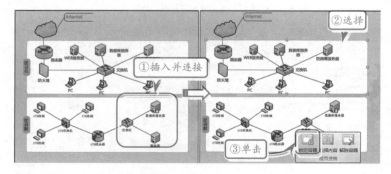

STEP|10 将【网络和外设】模具中的【网桥】形状拖至两容器上方，插入标注并输入文本 TIPTOP-GAP，连接【交换机】形状。然后，插入【圆角矩形】形状，设置其填充颜色和线条属性，并输入文本 "网上营业信息安全保密解决方案"。

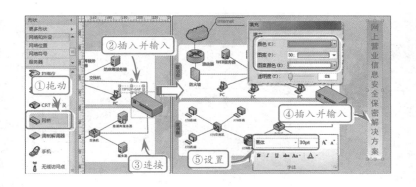

Visio 9.9　高手答疑

Q&A

问题 1：如何快速切换选择批注内容？

解答：在添加了多条批注后，用户可选择【审阅】选项卡，在【批注】组中单击【上一条】或【下一条】按钮，快速切换选择批注。

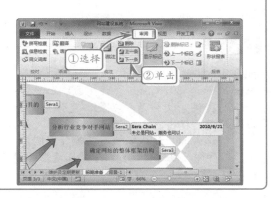

Q&A

问题 2：如何设置各种批注内容的显示和隐藏？

解答：在添加批注内容后，在默认状态下这些批注将直接显示于绘图页上。如需要隐藏所有批注，则用户可选择【审阅】选项卡，在【标记】组中单击【显示标记】按钮，取消其激活状态。此时，即可自动隐藏所有批注内容。

　　同理，如用户需要显示批注内容，则可选择【审阅】选项卡，单击【标记】组中的【显示标记】按钮将其激活。此时，即可显示所有批注。

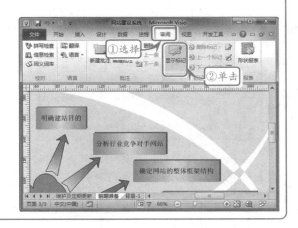

Q&A

问题 3：如何快速翻译绘图文档中的文本？

解答：Visio 提供了快速翻译功能，可调用互联网中的微软翻译网站内容，将选择的文本内容

翻译为其他语言。

　　选择文本，然后选择【审阅】选项卡，单击【语言】组中的【翻译】按钮，打开【信息

检索】面板。

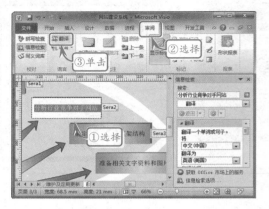

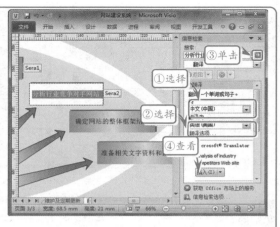

在【信息检索】面板中，用户可在【翻译】列表框中选择源语言和目标语言，然后再单击【搜索】按钮➡，进行翻译操作。

用户可单击【插入】按钮，将翻译结果替换原绘图文档中的文本。

Q&A

问题4：如何添加注释内容？

解答：Visio 2010 除了允许用户添加批注内容外，还提供了文档注释功能，允许审阅 Visio 形状的用户提出自己的意见。

打开 Visio 形状文档，选择【审阅】选项卡，然后即可在【标记】组中单击【跟踪标记】按钮 。

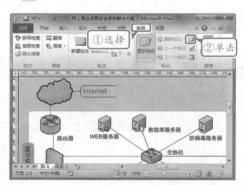

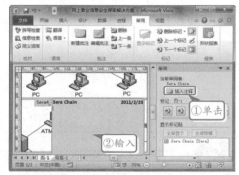

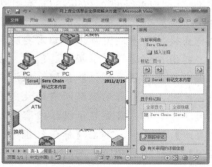

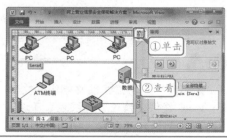

在弹出的【审阅】窗格中，单击【插入注释】的链接，即可在文档编辑窗格中输入注释的文本内容。

在【审阅】窗格中，用户可单击【上一个标记】按钮 和【下一个标记】按钮 等，在多个注释文本中切换。也可以单击【删除标记】按钮 ，将当前选择的注释删除。

单击【审阅】窗格的【跟踪标记】按钮后，即可退出注释模式。此时，所有的注释图标都将隐藏起来。

第 2 篇

Visio 2010 实例篇

　　随着社会的发展，在 Visio 中制作教学课件已成为老师必不可少的教学工具。在教学课件制作过程中，通过使用对象、形状等工具，可以将书本上的知识形象地展示在课堂上，因此，Visio 制作的课件深受广大教师的喜爱。本章主要介绍通过插入对象、插入形状等方法，来制作不同学科的教学课件图。

Visio 10.1 练习：相交线与平行线

练习要点

- 插入容器
- 插入标注
- 插入公式对象
- 插入形状
- 设置形状格式

　　同一个平面内两条直线间有一个交点为相交线，同一个平面内两条直线永不相交为平行线。知道概念后，可以通过绘制形状和插入公式对象来对相交线和平行线进行讨论和证明。

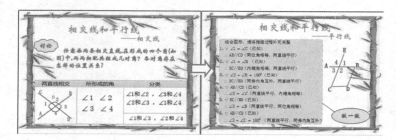

提示

设置页面属性的【页面方向】为"横向"；大小为"A4"。

操作步骤 >>>>>

STEP|01 打开 Visio 组建，执行【文件】|【新建】|【空白绘图】命令，并单击【创建】按钮。然后，设置页面属性和背景图片，将图片铺满整个绘图区。

提示

设置文本"相交线和平行线——相交线"的文本颜色为"强调文字颜色 5，深色 25%"，RGB 值为 234,112,13。

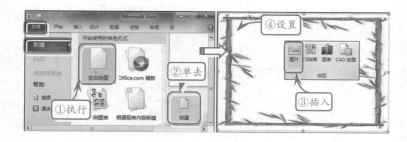

STEP|02 插入横排文本框，在文本框中输入文本"相交线和平行线——相交线"，并设置文本格式。然后，按照相同的方法再插入横排文本框，输入文本，并选择该文本框，添加【云形标注】，输入"讨论"。

STEP|03 插入一个"容器 5"容器,设置填充颜色为"浅绿",并在标题框中输入"两直线相交",设置文本属性。然后,单击【折线图】按钮,在该容器中绘制两条相交直线,并设置线条的颜色和粗细属性。

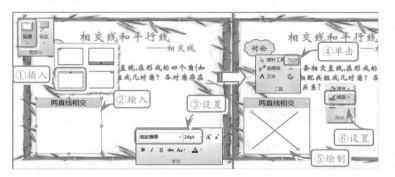

STEP|04 单击【弧线】按钮,在相交的直线上绘制弧线,设置弧线的线条属性,并插入横排文本框,输入文本标出相交线的线段和角名称。然后,再插入一个相同的容器,在标题框中输入文本"所形成的角"。

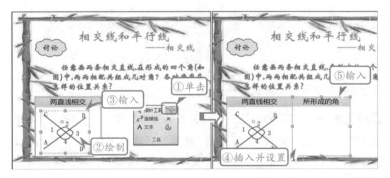

STEP|05 单击【对象】按钮,在弹出的【插入对象】对话框中选择【Microsoft 公式 3.0】选项,单击【确定】按钮,将弹出【公式】对话框,在该对话框中单击【其他符号】按钮,在弹出的菜单中选择"角"符号,并输入文本,依次类推。然后,插入容器,在标题框中输入文本"分类"。

STEP|06 按照相同的方法,在"分类"容器中插入相应的公式对象,并绘制一条直线,将"分类"的内容绘制区分域。然后,在页标签栏中,单击【插入页】按钮，创建新的页面,并在该页面中插入横排文本框,输入文本"相交线和平行线——平行线"。

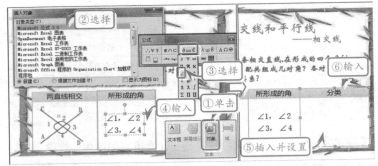

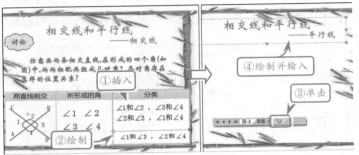

STEP|07 单击【折线图】按钮，绘制一个多边形形状，并插入横排文本框，输入文字，标出该多边形的边和角。然后，插入【Microsoft 公式 3.0】对象，在【公式编辑器】中输入文本，并插入相应的符号。

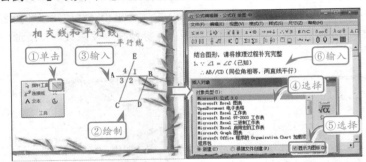

STEP|08 按照相同的方法，在【公式编辑器】窗口中，依次输入推理过程，完成后关闭该窗口。然后，在绘图区选择图标，右击执行【公式对象】|【转换】命令，在弹出【转换】对话框中，取消选择【显示为图标】复选框。

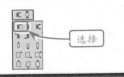

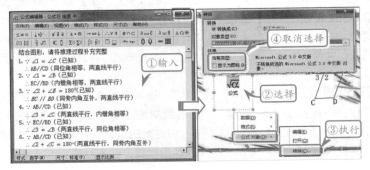

STEP|09 选择公式对象，设置填充颜色为"强调文字颜色 2，淡色 80%"，然后，执行【线条】|【线条选项】命令，在弹出的【线条】对话框中，设置虚线类型、颜色、圆角的属性。

提示

设置公式对象的"虚线类型"为"04"；"颜色"为"浅绿"；"线端"为"圆形"；"圆角大小"为"4mm"。

STEP|10 选择该公式对象，插入【椭圆形标注】，将其拖至右下方。然后，设置该标注的填充颜色为"黄色"，并输入文本"做一做"，设置文本格式。

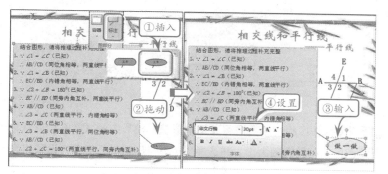

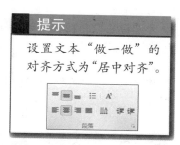

提示

设置文本"做一做"的对齐方式为"居中对齐"。

10.2 练习：光的折射与反射

在日常生活中分为光的直线传播、光的反射、光的折射、全反射、光的散射这 5 种情况，下面将在 Visio 中通过使用形状工具来学习制作前 3 种光的折射与反射现象。

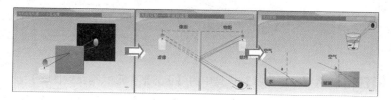

操作步骤 ▶▶▶▶

STEP|01 启动 Visio 2010 组件，创建【基本框图】模板并设置页面属性。然后，单击【背景】下拉按钮，在下拉菜单中选择"溪流"背景。

练习要点

● 设置背景
● 设置边框和标题
● 插入形状
● 设置形状格式

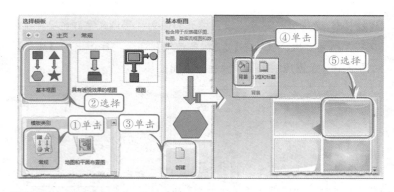

STEP|02 单击【边框和标题】下拉按钮,在弹出的下拉菜单中,选择"平铺"样式,在页标签栏中单击【背景-1】标签,在标题中输入文本"光的直线传播——小孔成像"。然后,返回【页-1】选项卡,将【基本形状】模具中的【矩形】形状拖至绘图区。

提示

选择矩形和两个椭圆,执
行【组合】|【组合】命
令后,组合成为一个"圆
柱体"。设置该组合形状
的填充选项,其中"颜色"
为"白色";"图案"为
30;"图案颜色"为"白
色,深色15%"。

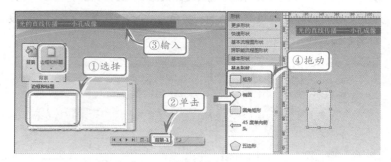

STEP|03 按照相同的方法将【基本形状】模具中的【椭圆】形状拖至绘图区,调整椭圆大小,并选择"矩形"形状进行组合,设置组合形状的颜色填充。然后,再绘制【矩形】和【椭圆】形状,并设置填充和线条选项。

提示

设置绘制的第二个矩形
的填充颜色为"黑色";
设置椭圆的填充颜色为
"红色";"图案"为25;
"图案颜色"为"黄色"。
然后,选择绘制的所有形
状执行【组合】|【组合】
命令,组合成一个"蜡烛"
形状,设置蜡烛的"虚线
类型"为"无"。

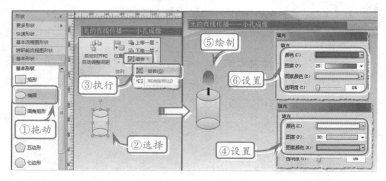

STEP|04 将【基本形状】模具中的【正方形】形状拖至绘图区,设置其填充颜色为"浅蓝";执行【阴影】|【阴影选项】命令,在【阴影】对话框中,设置颜色为"蓝色";"X 轴偏移"为"0.04in";"Y轴偏移"为"-0.04in"。然后执行【线条】|【线条选项】命令,设置其线条属性。

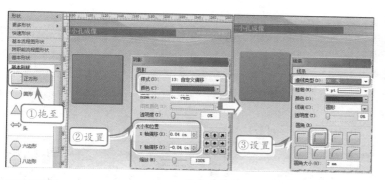

STEP|05 将【基本形状】模具中的【圆形】形状拖至绘图区，设置其填充颜色为"浅绿"；"虚线类型"为"无"，并执行【阴影】|【阴影选项】命令，设置其阴影选项。然后，按照相同的方法，将【正方形】形状拖至绘图区，设置其相应的填充、线条、阴影属性。

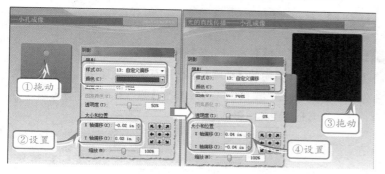

STEP|06 单击【折线图】按钮，绘制两条直线，并设置线条属性，然后，再绘制两条相同样式的直线，使其分别延续刚绘制的两条直线，选择"蜡烛"组合形状中的火焰，复制并旋转，将其放置在交叉线的另一端。

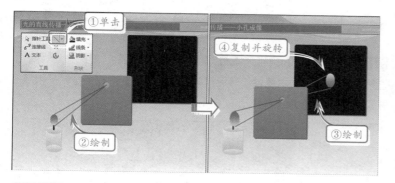

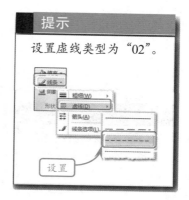
STEP|07 在页标签栏中，单击【插入页】按钮，创建新的页面，添加相同的边框和标题，并在标题栏中输入文本"光的反射——平面镜成像"。然后，单击【折线图】按钮，绘制线条并设置线条属性。

STEP|08 将【基本形状】模具中的【矩形】形状拖至绘图区，移动至虚线线段的中间，并设置其填充选项和线条属性。然后，将【页-1】绘图区中的"蜡烛"形状复制，并粘贴到【页-2】绘图区的虚线两侧。

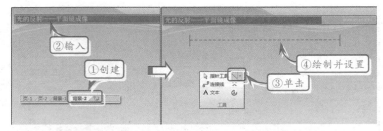

提示

设置填充的"颜色"为"浅蓝";"图案"为"25";"图案颜色"为"白色"。

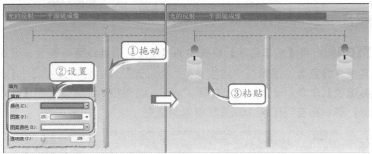

提示

设置"圆形"形状的填充颜色为"黑色";"图案"为"40";"图案颜色"为"灰色",RGB 值为 64,64,64。

设置阴影的"颜色"为"灰色";"透明度"为"50%";"X 轴偏移"为"0.02in";"Y 轴偏移"为"-0.02in"。

STEP|09 单击【弧线】按钮,绘制两条弧线组合成"眼睛轮廓"。将【基本形状】模具中的【椭圆】形状拖至眼睛轮廓中,设置填充颜色为"黑色",然后,按照相同的方法将【圆形】形状拖至眼睛轮廓中,设置其填充选项和阴影选项。

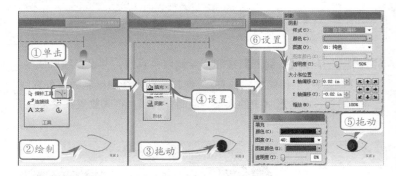

STEP|10 依次插入横排文本框,输入文本"像距"、"物距"、"蜡烛"、"虚像",并设置文本属性。然后,单击【折线图】按钮,绘制反射线,并设置线条颜色为"红色"。

提示

"眼睛"形状的最高点和最低点分别作为反射线的起点。

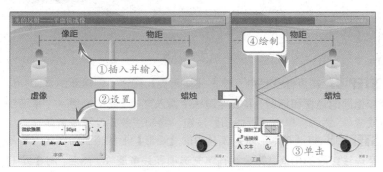

STEP|11 按照相同的方法再绘制反射线并设置线条颜色为"红色"。然后，单击【折线图】按钮，绘制虚像的延长线，并设置线条颜色为"红色"；线条为虚线。

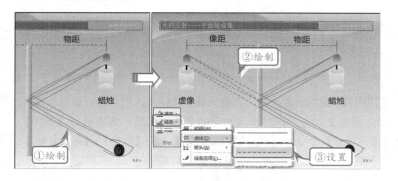

注意

平面镜成像特点：等大、正立、虚像。
成像作图法：反射定律、像物对称。
像的意义：实际光线或光线的反向延长线的交点。

STEP|12 在页标签栏中，单击【插入页】按钮，创建新的页面，添加相同的边框和标题，并在标题栏中输入文本"光的折射"。然后，将【基本形状】模具中的【矩形】形状拖至绘图区域，并设置该形状的填充选项。

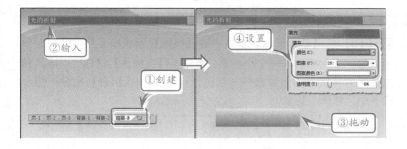

提示

设置填充颜色为"浅蓝"；"图案"为"28"；"图案颜色"为"白色"；线条为"无线条"。

注意

设置线条粗细时，单击【粗细】下拉菜单，执行【自定义】命令，在弹出的【自定义线条粗细】对话框中，输入【线条粗细】值，单击【确定】按钮即可。

STEP|13 单击【折线图】按钮，绘制一个"U"形形状，并设置线条属性。然后，绘制折射光线、入射光线、法线及入射角、折射角，最后，插入横排文本框，标出介质和角的名称。

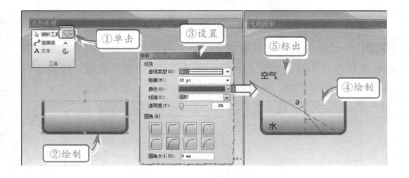

提示

绘制的折线图是连续的，然后执行【线条】|【线条选项】命令，在弹出的【线条】对话框中，设置"粗细"为"10pt"；"线端"为"圆形"；"圆角大小"为"8mm"。

STEP|14 执行【选择】|【全选】命令，再执行【组合】|【组合】命令。然后，将【基本形状】模具中的【矩形】形状拖至绘图区域，并设置该形状的填充选项。

Visio

技巧

执行【全选】命令时，按 Ctrl+A 键也可全部选择。如果选择部分形状时，按住 Shfit 键，再用鼠标单击形状，执行连续选择命令。

注意

执行【选择区域】命令是将对象拖进矩形区域框中进行选择的。

提示

使用【折线图】将线条的端点粘附在椭圆形状的连接点上。

提示

设置"杯子"上下椭圆的填充颜色为"白色"；"图案"为"28"；"图案颜色"为"白色，深色25%"。中间的椭圆颜色为"白色，深色25%"。最后绘制的两个小椭圆的填充颜色为"黑色"。

提示

选择"杯子"组合形状后，设置填充颜色为"白色"；"图案"为"30"；"图案颜色"为默认颜色。

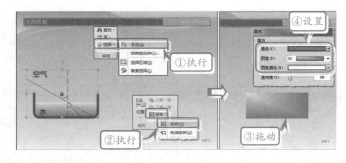

STEP|15 绘制折射光线、入射光线、法线及入射角、折射角，最后，插入横排文本框，标出介质和角的名称。然后，依次执行【选择】|【选择区域】命令，选择绘制的形状，再执行【组合】|【组合】命令。

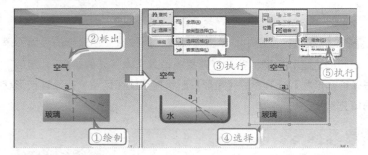

STEP|16 将【基本形状】模具中的【椭圆】形状拖至绘图区域，分别调整一个大椭圆和一个小椭圆，再单击【折线图】按钮，连接两椭圆之间的连接点，然后选择形状执行【组合】|【组合】命令，组合成一个"杯子"形状。

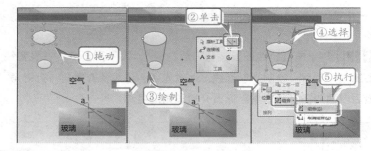

STEP|17 绘制椭圆，并设置填充颜色，再依次设置"杯子"形状中的椭圆和组合形状的填充。然后，将【页-2】中的"眼睛"形状复制到【页-3】绘图页中，并依次绘制折射光线、入射光线。

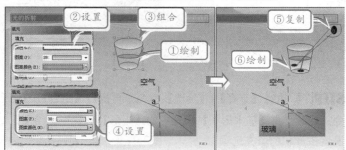

10.3 练习：实验室制取乙烯和乙炔

　　乙烯是一种最简单的烯烃；乙炔俗称风煤、电石气，是炔烃化合物系列中体积最小的一员。下面将学习在 Visio 中通过绘制实验装置图和书写化学反应方程式，了解如何实验室中制取乙烯和乙炔。

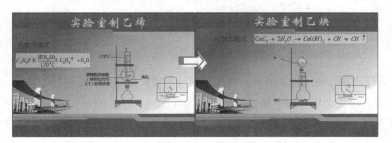

练习要点

● 设置背景
● 插入公式对象
● 插入模具
● 插入形状

操作步骤 >>>>

STEP|01 启动 Visio 2010 组件，创建【基本流程图】模板并设置页面属性。然后，单击【背景】下拉按钮，选择【实心】背景，单击【背景-1】页标签，插入图片，将图片铺满整个画布。

技巧

用户可以在页标签栏中单击【插入页】按钮，在创建的【页-2】中，插入图片并将图片铺满整个画布，并执行【页面设置】命令，在弹出的【页面设置】对话框中，选择【页属性】选项卡，选择"背景"单选按钮。

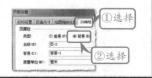

STEP|02 在页标签栏中单击【页-1】标签，插入横排文本框，输入文本"实验室制乙烯"。然后，分别将【基本形状】模具中的【矩形】和【直角三角形】形状拖至文档中，并分别设置填充颜色。

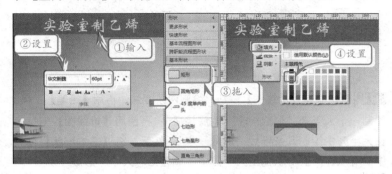

提示

设置【直角三角形】形状的填充颜色为"白色，深色 25%"；并设置该形状旋转。

STEP|03 拖动一个【矩形】形状，将其与下面的【矩形】形状垂直。然后，单击【折线图】按钮，绘制一个与"3"相似的形状，复制一

次并水平旋转，组合后，设置其线条选项。

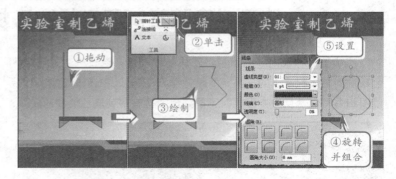

STEP|04 将【基本形状】模具中的【椭圆】形状拖至绘图区，并设置其填充选项和线条属性。然后，选择该形状组合成一个"酒精灯"形状，将其放置在水平的【矩形】形状上。

STEP|05 将【基本形状】模具中的【圆角矩形】形状拖至绘图区，设置其填充颜色，并分别水平放置和垂直放置，然后，选择该形状并组合、复制、调整大小后将其放置在上方。

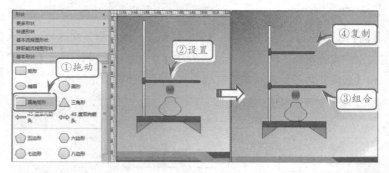

STEP|06 单击【折线图】按钮，绘制两条竖线，再用【铅笔】工具，绘制一个大半圆，形成一个"圆底烧瓶"，再使用【折线图】工具，在大半圆中绘制几条横线，形成"水"。然后，将【基本形状】模具中的【八边形】形状拖至大半圆中，调整形状大小，形成"沸石"。

STEP|07 分别将【基本形状】模具中的【矩形】和【圆形】形状拖至圆底烧瓶中，调整大小，设置其填充选项的"透明度"为"40%"，

提示

绘制"酒精灯"的示意图如下。

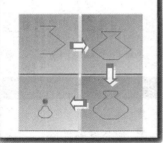

提示

设置"酒精灯"上的椭圆的填充选项，其中，"颜色"为"黄色"；"图案"为"26"；"图案颜色"为"红色"；线条为"无线条"。

提示

选择绘制的形状，执行【组合】|【组合】命令，形成一个"铁架台"形状。

提示

绘制"圆底烧瓶"的示意图如下。

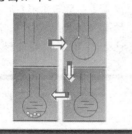

组合后形成一个"温度计"。然后，再拖入一个【矩形】形状，设置其填充颜色为"橙色"，放置烧瓶口。

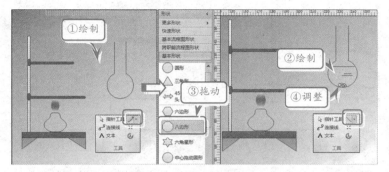

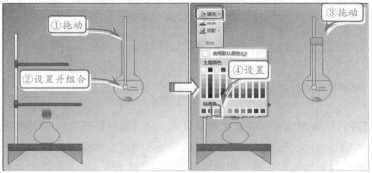

STEP|08 将【圆角矩形】拖至圆底烧瓶颈部，并调整大小，然后，组合放置在铁架台上，单击【下移一层】按钮。再将【矩形】形状拖至圆底烧瓶底部。

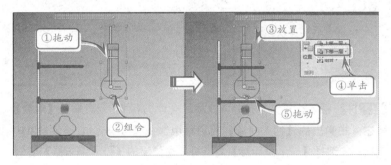

STEP|09 使用【折线图】和【铅笔】工具，绘制线条，设置其线条颜色为"橙色"；"粗细"为"3pt"；组合形成一个"排气管"。然后，将【矩形】形状拖至绘图区，设置其填充颜色的"透明度"为"80%"，并使用【折线图】工具，绘制线条，并设置线条选项。

STEP|10 使用【折线图】工具在【矩形】形状下方绘制线条，并组合形状，形成一个"水槽"。然后，使用【折线图】、【铅笔】工具绘制成一个"集气瓶"，并将【圆角矩形】形状拖至绘图区，调整大小放置在集气瓶上，形成一个"瓶口"。

提示

设置组合的"温度计"形状中，【矩形】形状的"透明度"为"40%"；【圆形】形状的"透明度"为"15%"。

提示

放置在圆底烧瓶下方的【矩形】形状的线条为"无线条"。

提示

绘制"排气管"示意图，并设置"排气管"的线条颜色为"橙色"。

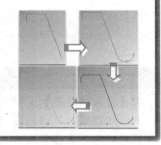

提示

绘制"集气瓶"形状的基本示意图如下。

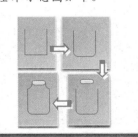

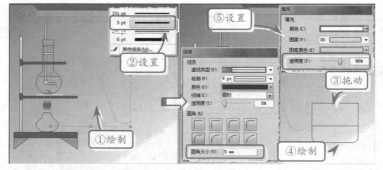

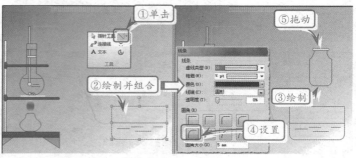

STEP|11 将集气瓶旋转放置在水槽中,将【圆形】形状拖至集气瓶中,调整大小,形成"气泡"。然后,插入横排文本框,输入文本,并使用【折线图】工具,绘制线条指向特定位置。

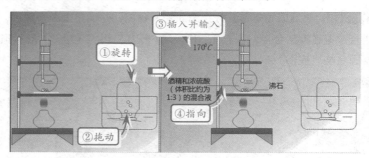

STEP|12 插入横排文本框输入文本"化学方程式",再单击【对象】按钮,在弹出的【插入对象】对话框中选择【Microsoft 公式 3.0】选项,并选择【显示为图标】复选框。在弹出的【公式编辑器】窗口中,输入公式。

STEP|13 关闭【公式编辑器】窗口后，单击显示的公式对象，右击执行【公式对象】|【转换】命令，在弹出的【转换】对话框中取消选择【显示为图标】复选框。然后，选择公式对象，设置其填充选项和线条选项。

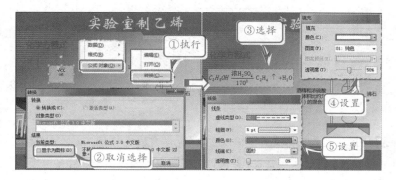

STEP|14 在页标签栏中单击【插入页】按钮，在创建的绘图页中，插入横排文本框，输入文本"实验室制乙炔"。然后，将【页-1】中的"铁架台"、"圆底烧瓶"、"集气管"、"水槽"形状复制到【页-2】中，并将不需要的部分去掉。

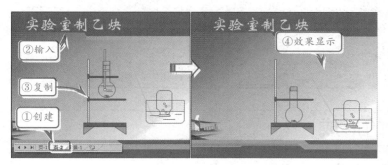

STEP|15 分别将【基本形状】模具中的【圆形】、【矩形】形状拖至绘图区，并设置其填充颜色的"透明度"为"50%"。然后，将【圆角矩形】形状拖至绘图区，设置其填充颜色，并选择所绘制的形状，组合形成一个"分液漏斗"，插入圆底烧瓶中。

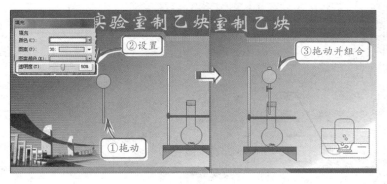

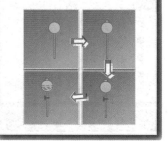
STEP|16 使用【折线图】工具，绘制线条，并设置线条属性，然后，

插入横排文本框，输入文本，并使用【折线图】工具，绘制线条指向特定位置。

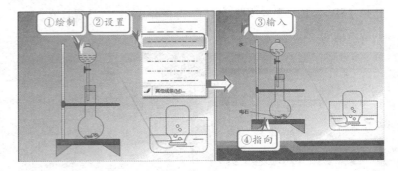

STEP|17 插入横排文本框输入文本"化学方程式"，插入对象，在【公式编辑器】窗口输入公式，并设置公式对象的填充颜色和线条选项与前面的设置相同。

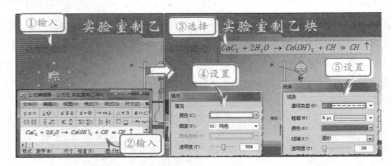

10.4 练习：风的形成

风是大家最熟悉的自然现象，要了解风的形成必须了解包围着地球的大气层的运动。常见的风种类分为"城市风"、"海路风"、"山谷风"，下面将在 Visio 中使用模具、形状等工具绘制这些"风的形成"过程。

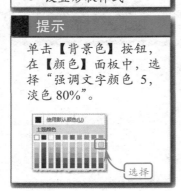
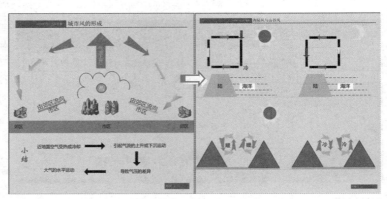

操作步骤 ▶▶▶▶

STEP|01 启动 Visio 2010 组件，新建【空白绘图】模板，并设置页面属性。然后，单击【背景】下拉按钮，在下拉菜单中选择"实心"背景，并设置背景色为"强调文字颜色 5，淡色 80%"。

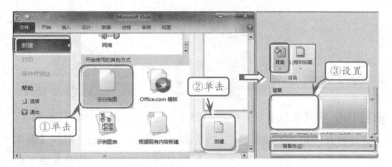

STEP|02 在【形状】窗格中，执行【更多形状】|【地图和平面布置图】|【地图】|【路标形状】命令。然后，依次将【路标形状】模具中的【城市】、【市内住宅】、【郊外住宅】形状拖至绘图区域，其中，选择【郊外住宅】形状复制一次，并【水平翻转】放置。

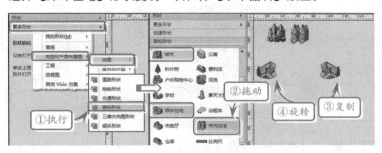

STEP|03 使用【矩形】工具，绘制一个矩形，设置该形状的填充颜色为"绿色"，线条为"无线条"，并在相应的形状下方输入文本"郊区"和"市区"。然后，绘制一个正圆形状，设置填充选项并输入文字"热"。

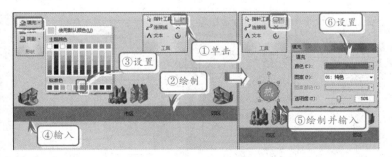

STEP|04 使用【铅笔】工具，在【正圆】形状上方绘制"云"形。然后，将【基本形状】模具中的【45 度单向箭头】形状拖至绘图区，并设置填充颜色为"桃红色"；线条为"无线条"；再插入垂直文本框，

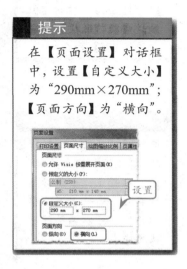
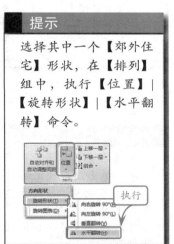

输入文本"气流上升"并放置在【45度单向箭头】形状上。

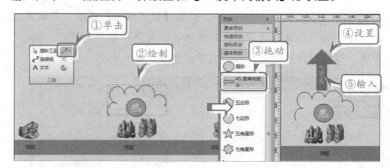

STEP|05 将【基本形状】模具中的【可变箭头 1】形状拖至绘图区，并设置填充颜色为"桃红色"；线条为"无线条"；然后，再将【基本形状】模具中的【45度单向箭头】形状拖至绘图区，并设置填充颜色为"蓝色"；"图案"为"28"；"图案颜色"为"白色"；线条为"无线条"。

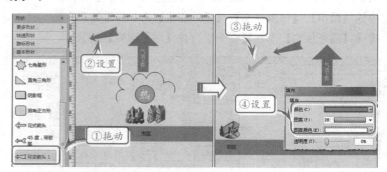

STEP|06 将【基本形状】模具中的【可变箭头 1】形状拖至绘图区，调整箭头形状，并设置填充颜色为"蓝色"；"图案"为"32"；"图案颜色"为"白色"；线条为"无线条"。然后，将【45度单向箭头】形状拖至绘图区设置与前面相同的填充，并输入文本"由郊区流向市区"。

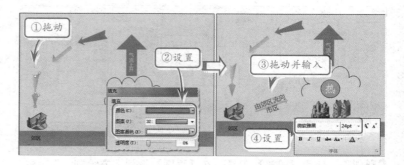

STEP|07 按照相同的方法，绘制右侧的城市风流向，形状设置与左侧相同。然后，插入垂直文本框输入文本"小结"，并设置文本属性。

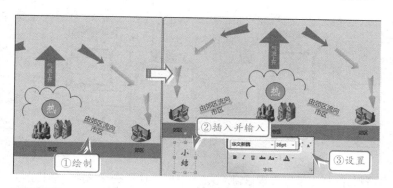

注意

右侧的形状和左侧的形状设置相同,并且位置对称。

STEP|08 通过插入横排文本框和【45 度单向箭头】形状,输入文本并设置形状属性,完成"小结"内容。然后,在【边框和标题】下拉菜单中,选择"简朴型"边框和标题,并切换到【背景-1】选项卡中输入标题为"城市风的形成"。

提示

设置"小结"内容中的文本,字体为"微软雅黑";大小为"18pt";颜色为"黑色"。

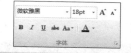

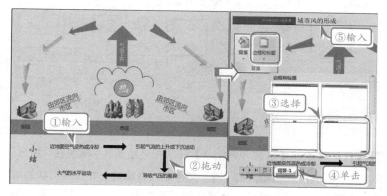

STEP|09 在页标签栏中,单击【插入页】按钮,将创建【页-2】,添加相同的边框和标题,切换到【背景-2】中,输入标题名称为"海路风和山谷风"。然后,打开【页-2】,依次将【矩形】形状拖至绘图区,组合成一个不封闭的正方形,并设置填充颜色为"黑色"。

提示

设置【七角星形】形状的颜色填充为"黄色";【圆形】形状的填充颜色为"红色";线条均为"无线条",然后将圆形形状放置在七角星形形状上,并组合。

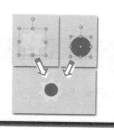

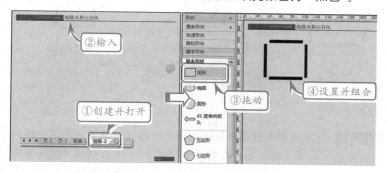

STEP|10 分别将【七角星形】和【圆形】形状拖入绘图区并分别设置填充颜色和线条属性,组合后形成一个"太阳"。然后,依次将 3 个【三角形】形状拖至绘图区中,组合成一个"梯形"形状,并设置填充颜色和线条属性。

提示

绘制"梯形"形状示意图如下。

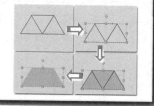

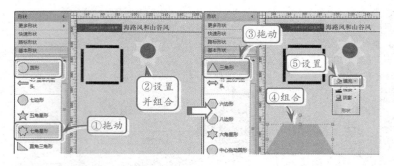

STEP|11 插入横排文本框输入文字"陆",放置在"梯形"形状上,
再拖出一条水平参考线。然后,使用【折线图】工具,绘制线条并设
置线条的颜色为"蓝色","虚线类型"为"02";并插入横排文本框,
输入文本"海洋",设置文本框的填充颜色为"白色"。

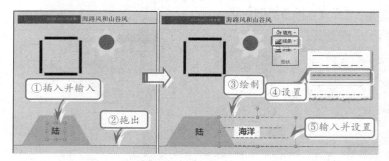

STEP|12 依次将【45 度单向箭头】形状拖至绘图区,放置在"矩形"
形状上,箭头方向随输入的"冷"文字顺时针旋转,并设置形状的填
充颜色和线条属性。然后,将组合的"正方形"形状、"陆"和"海
洋"形状复制一次,放置在绘图区右侧。

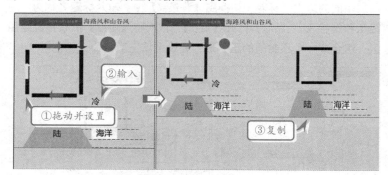

STEP|13 依次将两个【圆形】形状拖至绘图区,其中一个填充颜色
和背景颜色相同,另一个填充颜色为"黄色",线条均为"无线条",
组合形状后形成一个"月亮"。然后,在将【45 度单向箭头】形状拖
至绘图区,放置在矩形形状上,箭头方向为逆时针旋转。

STEP|14 拖出一条水平参考线,使用【矩形】工具绘制一个矩形,
设置填充颜色为"白色,深色 25%";线条为"无线条"。然后,依
次将【三角形】形状拖至绘图区放置在矩形形状上,设置填充颜色。

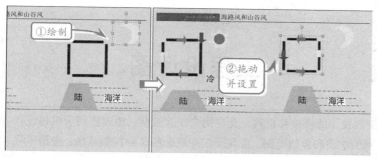

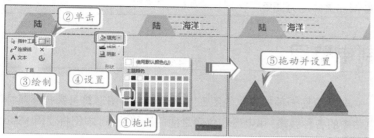

STEP|15 选择"太阳"形状进行复制，再依次将 4 个【可变箭头 1】形状拖至绘图区设置相应的填充颜色，输入"暖"文字，箭头方向为逆时针旋转。然后，按照相同的方法，再输入"暖"文字，将 4 个【可变箭头 1】形状顺时针旋转。

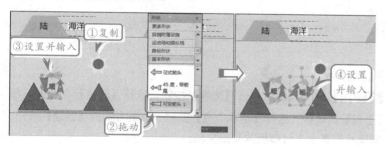

STEP|16 选择绘制的"山谷"组合形状，复制一次放置在绘图区的右侧，然后将前面绘制的第二个"暖"字修改为"冷"，放置在山谷的左侧；按照相同的方法将第一个"暖"字修改为"冷"，放置在山谷的右侧。

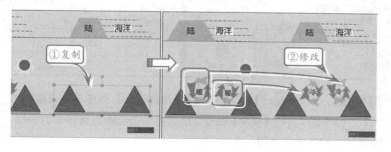

工程设计图

Visio 2010 提供了诸多应用于工程设计的模板和模具，允许用户快速绘制、创建应用于机械设计的部件和组件绘图、应用于电工技术的电路和逻辑电路、应用于工业装配的工业控制系统、应用于化学工业的工艺流程图、管道仪表设备图和流体动力图等。

Visio 11.1 练习：绘制电路图

练习要点

- 应用模板
- 设置页面属性
- 增加连接点
- 插入公式
- 分配层

提示

"基本电气"模板和"电路和逻辑电路"模板均可绘制电路图，其区别在于"基本电气"模板用于绘制抽象的电路原理图，而"电路和逻辑电路"模板则用于绘制具体的弱电电路设计图。

提示

"基本电气"模具提供了"基本项"、"限定符号"、"半导体和电子管"、"开关和继电器"以及"传输路径"等类型的形状供用户快速调用。

电路图是一种抽象化的图形，其通过各种图形符号来描述具体电路中的各种线路、用电器和仪表之间的连接关系，本例将使用 Visio 2010 绘制双控开关和多控开关电路的示意图。

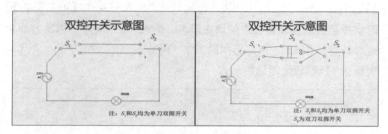

操作步骤 >>>>

STEP|01 在 Visio 中单击【文件】按钮，执行【新建】命令，选择【工程】类模板，选择【基本电气】图标，单击右侧的【创建】按钮，创建基于基本电气模板的绘图文档。

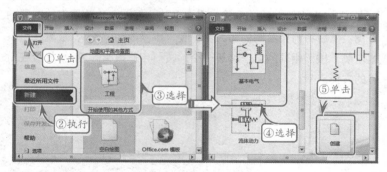

STEP|02 选择【设计】选项卡，在【页面设置】组中单击【纸张方向】下拉按钮，执行【横向】命令，然后再单击绘图页选项卡的名称，输入"双控开关示意图"文本。

STEP|03 在【形状】窗格中选择【基本项】模具选项卡，选择【交流电源】形状，将其拖到绘图页中，然后即可在【大小和位置】对话

框中设置其"宽度"为"50mm";"高度"为"15mm"。

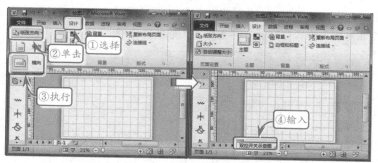

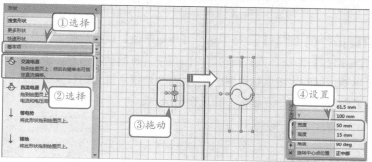

STEP|04 在【形状】窗格中选择【开关和继电器】模具选项卡，选择 SPDT 形状，将其拖到绘图页中。然后，用同样的方式在【大小和位置】对话框中设置其"高度"为"15mm"；"宽度"为"30mm"。

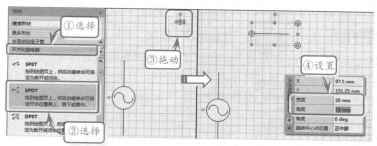

STEP|05 用同样的方式再插入一个 SPDT 形状，设置其尺寸，然后在【开始】选项卡中的【排列】组中单击【位置】下拉按钮，执行【旋转形状】|【水平翻转】命令，将其翻转。

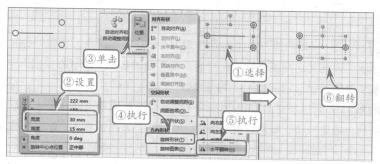

STEP|06 在【形状】窗格中选择【基本项】模具选项卡，将【灯 2】形状插入到绘图页中，然后即可在【大小和位置】对话框中设置其宽度和高度均为"15mm"，并重排 4 个形状的位置。

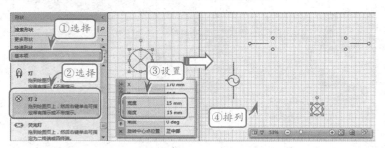

STEP|07 在【形状】窗格中选择【传输路径】模具选项卡，并选择【传输路径】形状，将其拖动到绘图页中，将形状左侧的连接点与交流电源顶端的连接点粘附到一起，当两个连接点重合的位置出现红色正方形时，即可松开鼠标，完成粘附操作。

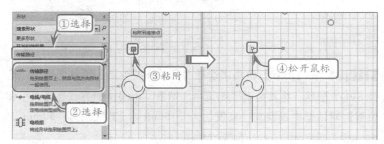

STEP|08 选中已添加的"传输路径"形状，将鼠标光标置于形状右侧的连接点上方，然后按下鼠标拖动，将其拖动到其上方 SPDT 形状左侧的连接点上，连接两个形状。

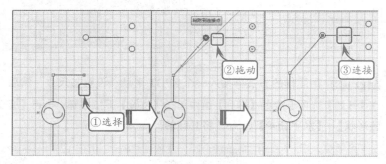

STEP|09 用相同的方式，为两个 SPDT 形状插入两条"传输路径"形状，连接其之间的连接点。然后，在右侧的 SPDT 形状右侧插入 1 条"传输路径"，并连接 SPDT 形状右侧的连接点。

STEP|10 在【形状】窗格中选择【传输路径】模具中的【接合点】形状，将其拖动到右侧"传输路径"形状的下方连接点上。然后再插入一个"传输路径"形状，连接"接合点"形状与用电器右侧的连接点。

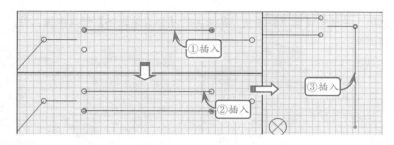

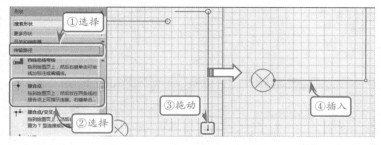

提示

在默认状态下，开关的键位在两个触点之间。如需要更改开关的位置，则可选择开关，右击执行【设置开关位置】命令。

然后，即可在弹出的【形状数据】对话框中选择开关的位置，并单击【确定】按钮。

此时，开关就会更改到指定的位置。

STEP|11 为【灯 2】形状左侧插入一条【传输路径】形状，同时为【交流电源】形状下方也添加一条【传输路径】形状，插入一个【接合点】的形状，然后即可完成基本电路图形的绘制。

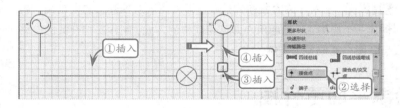

提示

在电路图绘制规范中，如需要表示两条或更多连接的线路，则需要使用接合点。

STEP|12 选择【开始】选项卡，单击【工具】组中的【文本】按钮，在电路图上方单击鼠标，插入文本，输入"双控开关示意图"文本。然后，在【开始】选项卡的【字体】组中即可设置文本的格式。

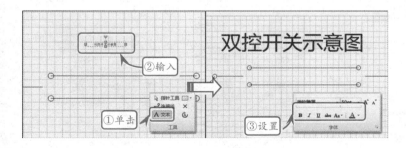

双控开关示意图

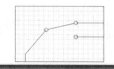

提示

在选择接合点后，右击执行【启用调整大小】命令，然后再拖动黄色的调节柄，以扩大或缩小接合点的半径。

提示

在设置文本格式后，由于文本框的宽度不足以展开所有文本，所以文本将垂直排列。此时，用户可拖动文本框两侧的调节柄，将其拉宽以使文本恢复横排状态。

STEP|13 用同样的方式添加交流电源的电压、各开关触点的编号和"用电器"等注释文本，并设置其文本格式。
STEP|14 选择【插入】选项卡，在【文本】组中单击【对象】按钮，打开【插入对象】对话框。在该对话框中，选择"Microsoft 公式 3.0"

技巧

Visio 的普通文本并不提供上标和下标功能，因此要插入带有上标文本或下标文本的内容时，需要使用【公式编辑器】编辑公式。

技巧

在默认状态下插入的公式对象会位于绘图页正中央，且尺寸较小，用户可拖动公式对象的调节柄，将其放大，以使公式内容更加清晰。

提示

三控开关与双控开关的示意图大体类似，其最大区别在于三控开关在两个单刀双掷开关之间还增加了一个双刀双掷开关或两个互相并联的单刀双掷开关。其详细的绘制方法在此不再赘述。

选项，并单击【确定】按钮，在弹出的【公式编辑器】窗口中输入注释内容。

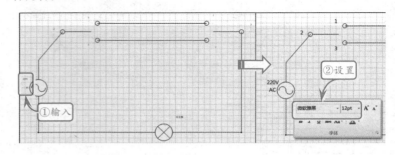

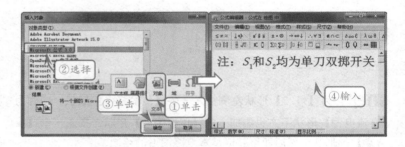

STEP|15 插入开关的名称公式后，即可完成双控开关的电路图。再创建一个绘图页，然后用户即可用同样的方式，制作三控开关的电路示意图，完成整个实例。

11.2 练习：绘制平面零件图

练习要点

- 应用模板
- 设置页面属性
- 插入标题
- 分配层

提示

"部件和组件绘图"模板的作用是创建各种机械零部件的剖面图和平面图，同时允许用户添加各种加工面的尺寸标注信息以及标题块等。

在机械设计中，用户可使用 Visio 设计和绘制各种零件图，并通过 Visio 内置的标注功能，标记零件图中各种加工面的尺寸。本例就将使用 Visio 的"部件和组件绘图"模板，绘制一个立钻钻孔的平面图。

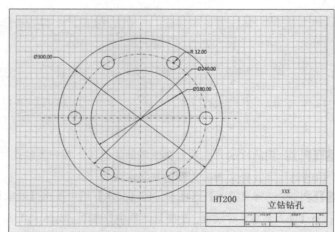

操作步骤 ▶▶▶▶

STEP|01 在 Visio 中单击【文件】按钮，执行【新建】命令，选择【工程】类模板，再选择【部件和组件绘图】图标，然后单击右侧的【创建】按钮，创建基于基本【工程】模板的绘图文档。

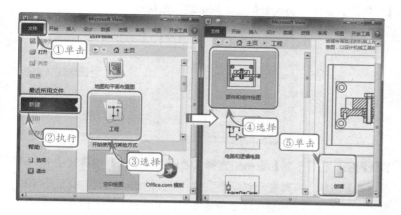

STEP|02 在新建的绘图页中选择【设计】选项卡，然后即可在【页面设置】组中单击【页面设置】按钮，打开【页面设置】对话框。在该对话框中，设置【打印机纸张】为"A4：210mm×297mm"，并选择【横向】单选按钮。

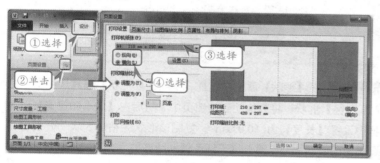

STEP|03 在【开始】选项卡中的【编辑】组中单击【层】按钮，执行【层属性】命令。然后即可在弹出的【图层属性】对话框中新建【辅助线】图层。在绘图页中绘制交叉的两条虚线辅助线，并设置辅助线的颜色和线的类型。

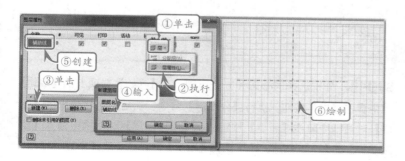

提示

"部件和组件绘图"模具提供了"批注"、"尺寸度量-工程"、"绘图工具形状"、"紧固件"、"几何尺寸度量和公差"、"弹簧和轴承"、"标题块"以及"焊接符号"等类型的形状供用户快速调用。

提示

在创建绘图文档后，用户还需要进行打印纸张的设置，以适应实际使用的打印机和打印纸尺寸。

提示

在【页面设置】对话框中的【页面尺寸】选项卡中，应选择【允许Visio 按需展开页面】单选按钮。

提示

在设置打印纸张的同时，还需要定义绘图页与实际纸张之间的比例和单位。例如，选择【页面设置】对话框中的【绘图缩放比例】选项卡，通过【预定义缩放比例】设置单位和比例。

提示

交叉的辅助线颜色为"红色"（#ff0000），线型为"单点划线"，"粗细"为"3/4pt"。

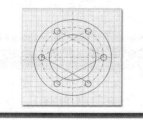
STEP|04 用同样的方式绘制一个圆形，将圆形的圆心拖至两条交叉辅助线的交点处。然后在【大小和位置】对话框中设置圆的【长度】为"0.24m"，线的线性和颜色与虚线辅助线保持一致。选择圆和交叉的辅助线，在【开始】选项卡的【编辑】组中单击【层】按钮，执行【分配层】命令，将其分配至"辅助线"图层中。

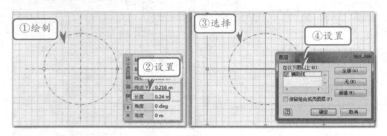

STEP|05 在【形状】窗格中选择【绘图工具形状】模具选项卡，选择【圆】形状，将其拖动到绘图页中。将圆的圆心设置与交叉十字辅助线的交点重合。然后，拖动圆最外侧的黄色调节柄，使其高度和宽度均达到"0.3m"。同时拖动圆内部小圆的调节柄，更改其大小。

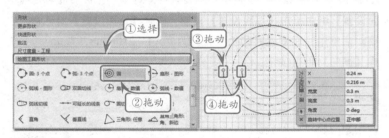

STEP|06 在【形状】窗格中选择【绘图工具形状】模具选项卡中的【圆-半径】形状，将其拖动到绘图页中，然后在【大小和位置】对话框中设置【长度】为"0.012m"。复制该形状并粘贴 5 次，分别将其置于两同心圆之间，圆心位于红色辅助线圆的六分点上，最后，设置这些圆的填充色为"无"。

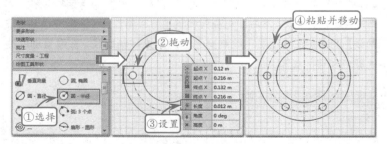

STEP|07 分别选择同心圆和 6 个小圆，在【开始】选项卡的【编辑】组中单击【层】按钮，执行【分配层】命令，然后即可在弹出的【图层】对话框中单击【新建】按钮，在【新建图层】对话框中输入【图层名称】的文本。然后，即可返回【图层】对话框，选择新建的图层，

单击【确定】按钮，将选择的内容分配到图层中。

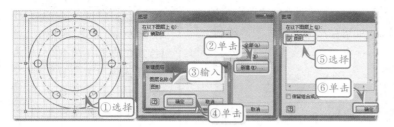

提示

选择 6 个小圆，然后即可在【开始】选项卡中的【形状】组内单击【填充】按钮，执行【无填充】命令以消除这些圆所填充的白色。

STEP|08 在绘图页标签上右击，执行【页面设置】命令，然后即可在弹出的【页面设置】对话框中打开【页属性】选项卡，设置【度量单位】为"毫米"。

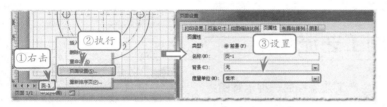

提示

在添加尺寸度量工具后，Visio 会自动计算所度量形状的尺寸值，并显示于形状中，其单位就是上一步骤所设置的度量单位。

STEP|09 在【形状】窗格中选择【尺寸度量-工程】模具选项卡，然后选择【半径】形状，将其拖到绘图页中，并将该形状的连接点设置为与右上角的小圆重合。此后，即可拖曳形状的黄色调节柄，使其与小圆的圆周相切，完成度量标记的添加。

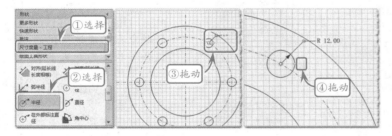

提示

在插入【尺寸度量 - 工程】模具中的形状后，Visio 会自动将这些形状放置于新建的"尺寸"图层中。

提示

在插入【直径】类的形状后，同样需要用户调节形状的黄色菱形调节柄，以更改形状量度的距离。

STEP|10 用同样的方式，在【形状】窗格的【尺寸度量-工程】模具中选择【直径】形状，为同心圆和红色的圆形辅助线添加直径尺寸度量形状。选择所有的尺寸度量形状，在【开始】选项卡的【字体】组中设置字体为"微软雅黑"；尺寸为"12pt"。

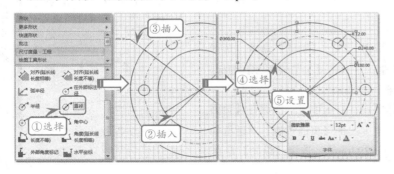

提示

标题块的作用是标识生产该零件所使用的材料、设计零件的作者以及零件的名称、编号等信息，需要采用固定的格式进行编写。

STEP|11 最后，即可在【形状】窗格中选择【标题块】模具选项卡，拖动【小标题块】形状至绘图页右下角，然后通过调节柄更改小标题块形状的尺寸，并在其中输入标题文本，即可完成平面零件图的绘制。

提示

在本例的标题块中，HT200为零件的制作材料，"立钻钻孔"为零件的名称。Visio会自动在标题块中添加零件图的比例尺等信息。

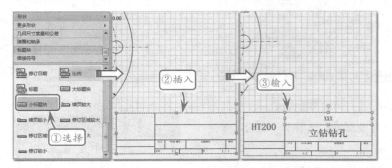

Visio

11.3 练习：绘制工艺流程图

工艺流程图是描述通用化学工业生产工艺流程的一种示意图，其可以展示化工生产时所需用的设备及配套工艺之间的关系，以及其中的操作过程等，帮助用户了解某种加工工艺的大体过程。本例就将使用Visio的"工艺流程图"模板，绘制"精馏操作流程"示意图。

练习要点

- 应用模板
- 设置页面属性
- 插入标题
- 插入背景

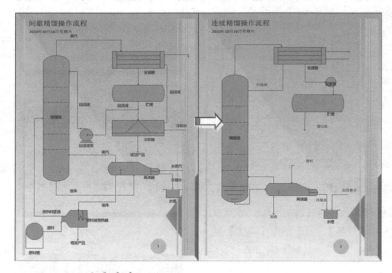

提示

工艺流程图（Process Flow Diagram，PFD）的特点在于通过简化的设备形状标志和文本表述通用化学品生产的工艺流程。在Visio的【工艺流程图】模板中，用户无需考虑具体的各种设备型号和反应的具体参数。

提示

在【工艺流程图】模板中，包括了4种类型的设备模具组，即"设备-常规"、"设备-热交换器"、"设备-泵"以及"设备-容器"。除此之外，还包括了"仪表"、"管道"、"工序批注"和"阀门和管件"等模具组，可适应各种化学工业工艺流程的制作。

操作步骤 ▶▶▶▶

STEP|01 在 Visio 中单击【文件】按钮，执行【新建】命令，选择【工程】类模板，然后即可在更新的窗口中双击【工艺流程图】图标，创建基于工艺流程图模板的绘图文档。

STEP|02 在新建的绘图文档中选择【设计】选项卡，然后在【页面设置】组中单击【页面设置】按钮，在弹出的【页面设置】对话框中设置【打印机纸张】为"A4：210mm×297mm"，选择【纵向】单选

按钮，定义打印的纸张与方向。

提示

在绘制工艺流程图之前，同样需要先设置流程图的打印尺寸和文档尺寸等数据。

提示

在【页面设置】对话框中选择【页面尺寸】选项卡，设置【页面尺寸】为"预定义的大小"，并选择"公制（ISO）"单选按钮和"A4：210mm×297mm"选项。

提示

在【页面设置】对话框中选择【页属性】选项卡，然后设置【名称】为"间歇精馏操作流程"，同时设置【度量单位】为"毫米"。

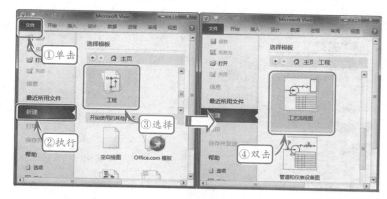

STEP|03 在【形状】窗格中选择【设备-容器】模具选项卡，选择【多层塔】形状，将其拖至绘图页中。然后，在【大小和位置】对话框中设置该形状的坐标和尺寸，其 X 值为"45mm"，Y 值为"170mm"，【宽度】为"30mm"，【高度】为"150mm"。

STEP|04 在【设备-容器】模具中选择名为【储料球】形状，将其拖至绘图页中。然后，在【大小和位置】对话框中设置该形状的坐标和尺寸，其 X 值为"20mm"，Y 值为"30mm"，【宽度】为"20mm"，【高度】为"30mm"。

STEP|05 用同样的方式，依次插入【设备 - 热交换器】模具中的【冷凝器】、【致冷器】、【釜式重沸器】、【燃烧式加热器】形状，与【设备-泵】模具中的【离心泵】形状，【设备-容器】模具中的【容器】和【敞口箱】等形状之后，即可分别通过【大小和位置】对话框，设置这些设备的尺寸和坐标，将其分布到绘图页中。

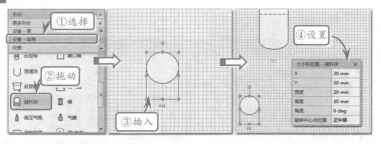

提示

各种设备的插入方式和位置、尺寸的设置方式与之前插入的"多层塔"和"冷凝器"的方式大同小异，在此不再赘述。

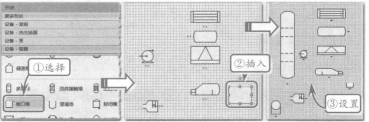

提示

用同样的方式，连接"燃烧式加热器"和"多层塔"、"多层塔"和"冷凝器"、"冷凝器"和"容器"、"容器"和"致冷器"、"釜式重沸器"和"燃烧式加热器"、"多层塔"和"釜式重沸器"，即可完成主管道的绘制。

STEP|06 在【形状】窗格中选择【管道】模具组，选择【主管道 R】形状，将其拖至绘图页中。然后，分别拖动其两个连接点，连接"储料球"和"燃烧式加热器"等两个设备。

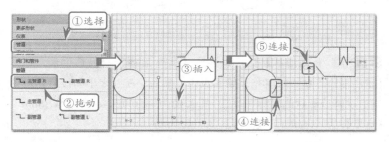

提示

在默认状态下插入的"离心泵"其管道流动方向为自左至右。在本图中，需要选择该形状，在【开始】选项卡中单击【形状】组中的【位置】按钮，执行【旋转形状】|【水平翻转】命令，将其修改为自右向左流动。

STEP|07 在【形状】窗格中选择【副管道 R】形状，将其拖至绘图页中。然后，分别拖动其两个连接点，连接"离心泵"和"多层塔"形状。用同样的方式，连接"容器"和"离心泵"、"致冷器"和"冷凝器"形状。

提示

其中，【冷凝器】形状添加的为出口管，"致冷器"和"釜式重沸器"形状添加的为入口管。

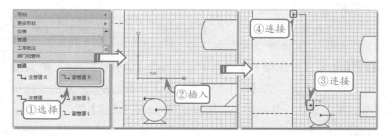

提示

如不需要为某个管道或设备输入名称，则用户可以选择该管道或设备，右击执行【隐藏标记】命令，将其标记隐藏起来。

STEP|08 再次插入 3 个【副管道 R】形状，分别为"冷凝器"、"致冷器"和"釜式重沸器"，添加出口管和入口管，完成所有管道的绘制。

STEP|09 分别选择工艺流程图中设备或设备形状，双击修改其标记，将其标记修改为设备的实际名称或设备的类型。然后，选择所有形状，在【开始】选项卡的【字体】组中设置字体为"微软雅黑"；

字号为"12pt"。

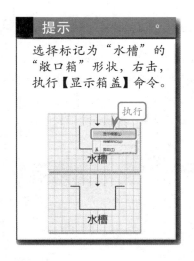

提示

选择标记为"水槽"的
"敞口箱"形状，右击，
执行【显示箱盖】命令。

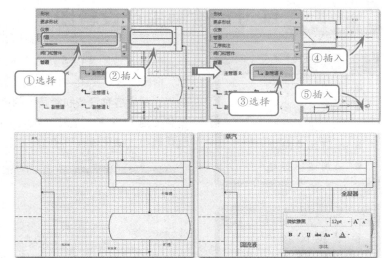

STEP|10 选择【设计】选项卡，在【主题】组中单击【其他】按钮，
在弹出的菜单中选择【办公室 颜色，简单阴影 效果】的主题。然后
在【背景】组中单击【背景】按钮，在弹出的菜单中选择【活力】背
景预设。

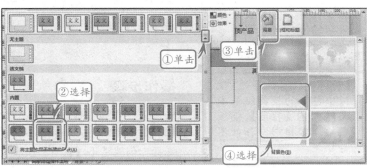

提示

在【设计】选项卡的【背
景】组中单击【边框和
标题】按钮，然后即可
在弹出的菜单中选择
"凸窗"选项，应用边框
和标题，并在背景页中
输入标题的名称。

STEP|11 在绘图页标签栏中单击【插入页】按钮，然后即可创建一
个新的绘图页，并用同样的方式绘制【连续精馏操作流程】的工艺流
程图，并设置其主题、背景，应用边框和标题后，即可完成整个文档
的制作。

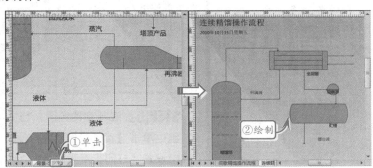

Visio 11.4 练习：绘制生产设备图

练习要点

- 应用模板
- 设置页面属性
- 插入工序批注
- 编辑工序批注
- 应用边框标题

提示

管道和仪表设备图（Piping & Instrument Diagram，PID）是在工艺流程图的基础上进一步细化，反映具体设备内容的一种工业设计图，是工艺设计流程、设备设计、设备和管道布置设计、自控仪表设计的综合设计。

提示

【管道和仪表设备图】模板中包含的模具组基本与【工艺流程图】模板内的内容相同，在此不再赘述。

提示

【管道和仪表设备图】通常包括 3 个部分，即图纸部分、管道列表部分和设备列表部分。对于设备和管道较少的图纸，可直接在设备和管道附近标注其名称，然后在列表中描述详细的参数；而对于一些设备和管道较多的图纸，则可用替代编号标注图纸，并在列表中进行注释。

生产设备图是描述具体化工产品生产过程的一种设备装配示意图，相比工艺流程图，生产设备图的内容更加具体化，其通常以符号的形式标注各种设备和管路中的流体，从而辅助化工工艺设计。本例就将使用 Visio 的"管道和仪表设备图"模板，创建一个简要的"三氧化硫膜式磺化流程"图。

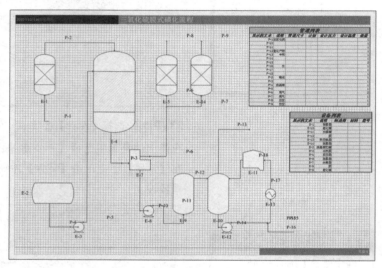

操作步骤 >>>>

STEP|01 在 Visio 中单击【文件】按钮，执行【新建】命令，选择【工程】类模板，然后即可在更新的窗口中双击【管道和仪表设备图】图标，创建基于【管道和仪表设备图】模板的绘图文档。

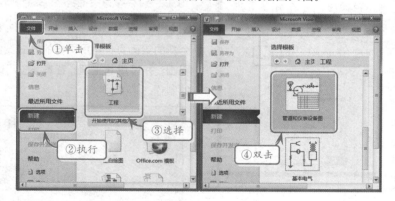

STEP|02 在新建的绘图文档中选择【设计】选项卡，在【页面设置】组中单击【页面设置】按钮，然后在弹出的【页面设置】对话框中设置【打印机纸张】为"A3：297mm×420mm"，并设置纸张方向

为【横向】。选择【页面尺寸】选项卡，设置【页面尺寸】为【预定义的大小】，并选择"公制（ISO）"、"A3：297mm ×420mm"。

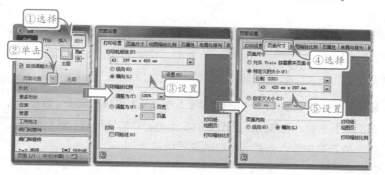

STEP|03 在【形状】窗格中选择【设备-容器】模具选项卡，将【流体接触塔】形状拖至绘图页中。然后，选择该形状，在【大小和形状】对话框中设置其坐标和尺寸，其中 X 值为"40mm"；Y 值为"220mm"；【宽度】为"24mm"；【高度】为"48mm"。

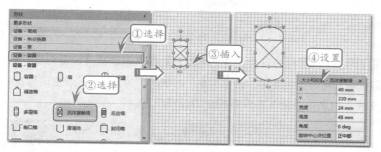

STEP|04 用同样的方式，为绘图页依次插入一个"容器"、三个"离心泵"、一个"反应塔"、两个"流体接触塔"、一个"配量泵"、两个"塔"、一个"热交换器"和一个"封闭箱"形状，并在【大小和位置】对话框中设置其位置和尺寸信息，然后即可完成设备的绘制。

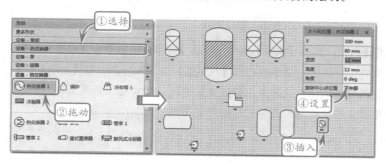

STEP|05 在【形状】窗格中选择【管道】模具选项卡，然后依次为绘图页中各种设备添加"主管道 R"形状，将这些设备连接起来。选择所有形状，在【开始】选项卡的【字体】组中设置标注的【字体】为 Times New Roman，【字号】为"16pt"。

提示

在【页面设置】对话框中选择【页属性】选项卡，然后即可输入绘图页的【名称】，并设置【度量单位】为"毫米"。

提示

在默认状态下，Visio 会自动按照插入的顺序为各种设备添加编号信息。

提示

选择"封闭箱"形状，然后右击执行【显示贮槽】命令和【尖顶】命令，更改其顶部形状并添加贮槽。

提示

"主管道 R"形状和"主管道 L"形状的区别在于箭头的方向，在使用过程中，其效果是完全相同的。

注意

在绘制管道时，应时刻留意这些管道中液体流动的方向箭头。

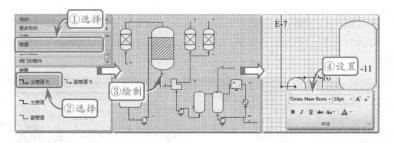

STEP|06 在【形状】空格中选择【工序批注】模具选项卡，选择【管道列表】形状，将其拖至绘图页的右上方。双击该形状，然后即可在嵌入的表格中输入各管道相应的说明信息。

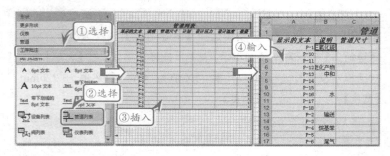

STEP|07 用同样的方式在【工序批注】模具中选择【设备列表】形状，将其拖至绘图页中"管道列表"形状的下方。然后，双击该形状，在嵌入的表格中输入各设备相应的说明信息。

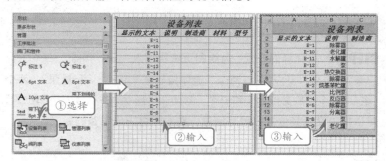

STEP|08 选择【设计】选项卡，在【背景】组中单击【边框和标题】按钮，在弹出的菜单中选择【飞越型】边框和标题。在【主题】组中选择【基础颜色，基本阴影效果】选项，切换至"背景1"绘图页，更改文档的标题，即可完成生产设备图的绘制。

12

软件开发图

Visio 2010 支持大量的软件和数据流图表，可以帮助设计者快速制作软件 UI 界面、UML 模型、程序结构、数据库模型图和网站图等。本章通过 4 个实例介绍线框图表、UML 模型、数据流和网站图模板，使用户熟练掌握软件 UI 界面、UML 模板、数据流图和网站图的设计方法。

Visio 12.1 练习：即时通信软件 UI 界面图

在软件正式发布之前，通常都会为软件设计 UI 界面，即人机交互的操作界面。因为好的 UI 设计不仅让软件变得有个性、有品味，而且让软件的操作变得舒适、简单、自由，并且可以体现软件的定位和特点。本练习将设计一款即时通信软件的 UI 界面。

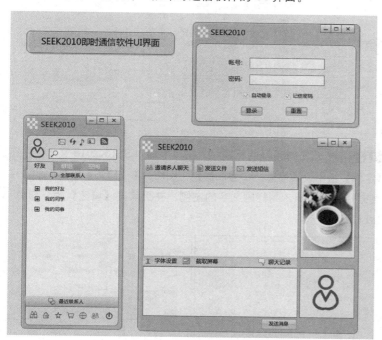

练习要点

- 页面设置
- 设置页面背景
- 插入外部图像
- 使用控件模具
- 使用装饰模具
- 使用 Web 和媒体图标模具
- 使用对话框模具

提示

在【模板类别】任务窗格中，单击【软件和数据库】图标，即可显示【线框图表】图标。

操作步骤 >>>>

STEP|01 在 Microsoft Visio 的【模板类别】任务窗格中，选择【软件和数据库】选项卡内的【线框图表】图标，并单击【创建】按钮。然后，在【页面设置】对话框的【页面尺寸】选项卡中，选择【自定义大小】单选按钮，输入"210mm×200mm"，并选择【页面方向】选项区域中的【横向】单选按钮。

提示

打开【页面设置】对话框后，选择【页面尺寸】选项卡，即可显示设置页面尺寸的相关参数。

提示

在【设计】选项卡中，单击【主题】组右下角的【其他】按钮，即可查看所有主题样式。

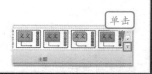

提示

在【字体】组中设置标题文字的字体为"微软雅黑"；字号为"12pt"；颜色为"黑色"（#000000）。

提示

在【字体】组中设置文本的字体为"微软雅黑"；大小为"10pt"。

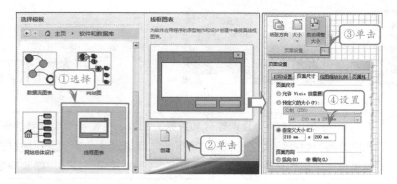

STEP|02 选择【设计】选项卡，选择【主题】样式为"波形 颜色，简单阴影 效果"选项。单击右侧的【效果】按钮，在弹出的菜单中选择"突出显示斜角"选项。然后，选择【对话框】模具中的【对话框窗体】形状，并拖入到绘图页中。

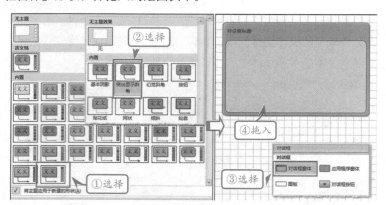

STEP|03 双击对话框的标题栏，在其中输入 SEEK2010 文本，并在【字体】组中设置字体、字号和颜色。然后，将【修饰】模具中的【棋盘方格饰段】拖入到标题文字的左侧，并更改其【填充】为"白色"（#FFFFFF）。

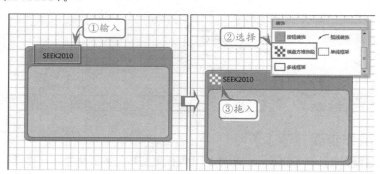

STEP|04 单击工具栏中的【文本】按钮，在窗体上输入"账号："和"密码："文本，并设置字体和字号。然后，将【对话框】模具中的【面板】形状拖入到绘图页中，并更改其大小。

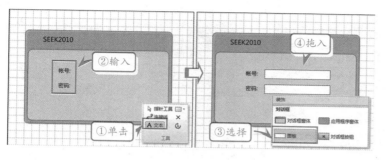

提示

将【面板】形状拖入到绘图页后，使用【指针工具】选择该形状，即可通过四周的控制点调整其大小。

STEP|05 打开【控件】模具，将【复选框】形状拖入到窗体上。单击工具栏中的【文本】按钮，输入"自动登录"文本。使用相同的方法，创建"记住密码"复选框。然后，将【按钮】控件拖入到复选框的下面，并分别输入"登录"和"重置"。

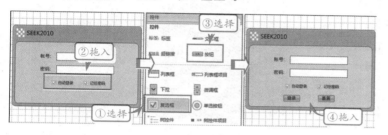

提示

在【字体】组中设置"自动登录"和"记住密码"文本的字体为"微软雅黑"；字号为"8pt"，"登录"和"重置"文本的字体为"微软雅黑"；【字号】为"9pt"。

STEP|06 选择【对话框】模具中的【对话框按钮】形状，将其拖入到窗体的右上角，在弹出的【形状数据】对话框中选择【类型】为"关闭"。然后，继续向窗体的右上角拖入【对话框按钮】形状，并选择【类型】分别为"最大化"和"最小化"。

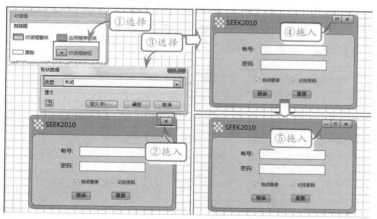

提示

单击【形状数据】对话框中的【定义】按钮，可以打开【定义形状数据】对话框。

提示

软件主体 UI 界面的设计与登录界面基本相同，只是窗体形状不同而已。

STEP|07 选择【对话框】模具中的【对话框窗体】形状，将其拖入到绘图页中，并使用【指针工具】更改其形状为竖长形。然后，在窗体的顶部输入标题，并添加 Logo 图标和对话框按钮。

STEP|08 打开【Web 和媒体图标】模具，将【用户】形状拖入到窗体的顶部，并更改其大小。然后，将【邮件】、【刷新】、【音乐】、【联系人】和 RSS 形状拖入到其右侧。

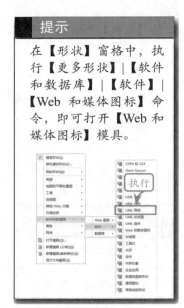
提示

在【形状】窗格中，执行【更多形状】|【软件和数据库】|【软件】|【Web 和媒体图标】命令，即可打开【Web 和媒体图标】模具。

技巧

将"面板"形状和"搜索"形状组合在一起，可以制作成一个搜索框。

提示

第二个"面板"形状的宽度与窗体的浅蓝色区域相同。可以在【大小和位置】对话框中设置具体的参数值。

	X	28.6167 mr
	Y	53 mm
	宽度	53 mm
	高度	80 mm
	角度	0 deg
	旋转中心点位置	正中部

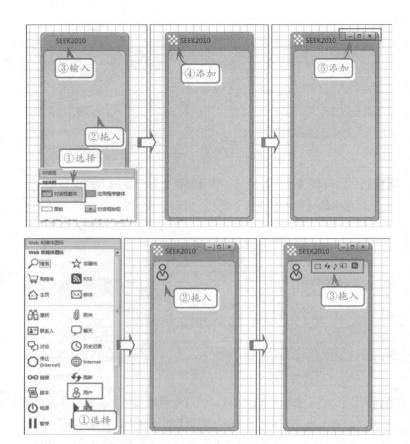

STEP|09 打开【对话框】模具，将【面板】形状拖入到窗体的顶部，并调整其大小。打开【Web 和媒体图标】模具，将【搜索】形状拖入到"面板"形状内部的左侧。然后，在窗体的中间部分再拖入一个【面板】形状，并调整其大小。

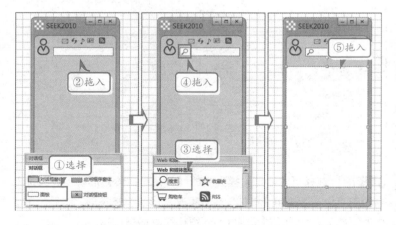

STEP|10 在【对话框】模具中，将【选项卡】形状拖入中间面板的顶部，更改其中的文字为"好友"、"群组"和"空间"。然后选择各个选项，设置其【填充】颜色分别为"深蓝"、"浅蓝"、"浅蓝"。

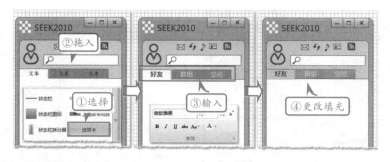

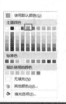

STEP|11 将【状态栏项目】图标拖入到"选项卡"的下面，更改其中的文字为"全部联系人"。打开【Web 和媒体图标】模具，将【聊天】图标拖入到文字的左侧。打开【控件】模具，将【树控件】形状拖入到"状态栏"的下面，并更改其中的文字。使用相同的方法，制作底部的"最近联系人"状态栏。

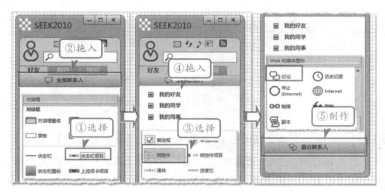

STEP|12 在【Web 和媒体图标】模具中，将【查找】、【主页】、【收藏夹】、【购物车】、【Internet】、【电源】图标拖入到窗体的底部。然后，打开【通用】模具，将【用户】图标同样拖入到窗体的底部。

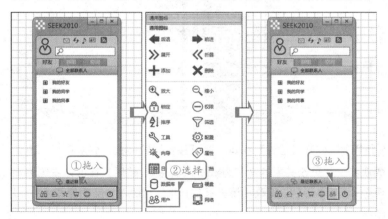

STEP|13 在【对话框】模具中，将【应用程序窗体】形状拖入到绘图页中，并输入标题文字，以及添加 Logo 图标和对话框按钮。然后，在窗体中拖入两个【面板】形状，并调整其大小。

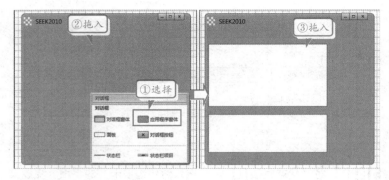

STEP|14 在窗体的顶部拖入 3 个【状态栏项目】形状，更改其中的文字为"邀请多人聊天"、"发送文件"和"发送短信"，并在其左侧添加小图标。然后，在第一个【面板】形状的顶部，再拖入一个【面板】形状，并更改【填充】颜色为"浅蓝色"。

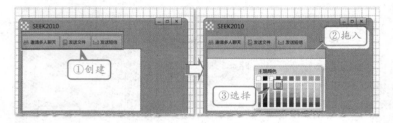

STEP|15 在上下两个【面板】之间拖入一个【状态栏项目】形状，并更改其填充颜色为"浅蓝色"。然后，使用【文本】工具在上面输入"字体设置"、"截取屏幕"和"聊天记录"文字，并插入外部的小图标素材。

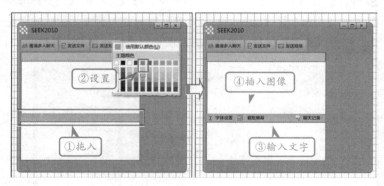

STEP|16 打开【控件】模具，将【按钮】控件拖入到应用程序窗体的底部，并更改其中的文字为"发送消息"。然后，在窗体右侧添加两个【面板】形状，更改其填充颜色，并分别插入外部图像和【用户】形状。

STEP|17 选择【设计】选项卡，在【背景】组中选择【背景】为"垂直渐变"，设置【背景色】为"浅蓝色"。然后，在【基本形状】模具中，将【矩形】形状拖入到绘图页的左上角，并在其中输入标题文字。

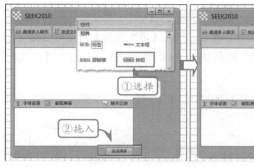

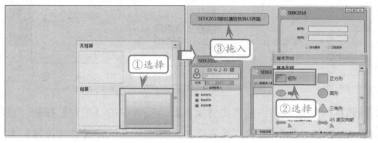

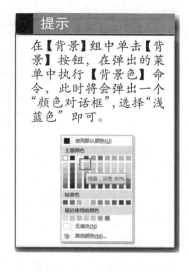

Visio 12.2　练习：发票申请用例分析图

在企业中，申请发票就是一个流程，它需要经过多个管理层人员的层层审核才能通过。本练习将运用 Visio 中的【UML 模型图】模板以及在该模板的基础上添加"用例"形状等来制作一个发票申请用例分析图。

练习要点

● UML 模型图
● UML 用例
● 参与者
● 使用【折线图】工具
● 设置 UML 角色属性
● 设置 UML 用例属性
● 使用 UML 构造型

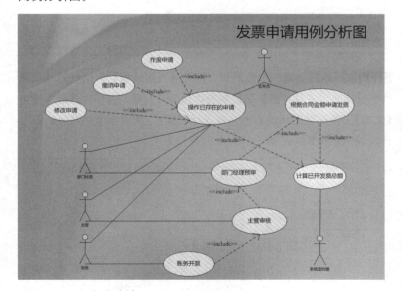

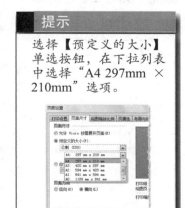

操作步骤 >>>>

STEP|01 在 Microsoft Visio 窗口中选择【模板类别】任务窗格中的

提示

在【页面设置】组中，单击【大小】按钮，在弹出的菜单中选择"A4"选项，也可以设置页面的尺寸。

提示

为 Visio 文档添加背景图像需要两步：第一步，新建一个绘图页，插入作为背景的图像，设置该页面为"背景"类型；第二步，将该包含背景图像的绘图页定义为其他绘图页的背景。

提示

在【字体】组中设置标题文字的字体为"微软雅黑"；字号为"30pt"。

提示

在【大小和位置】对话框中，设置用例的"宽度"为"50mm"；"高度"为"25mm"。

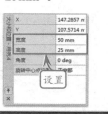

【软件和数据库】选项卡，并选择其中的【UML 模型图】图标，然后单击"创建"按钮创建 UML 模板。打开【页面设置】对话框，在【页面尺寸】选项卡中设置页面尺寸为"A4 297mm×210mm"，【页面方向】为"横向"。

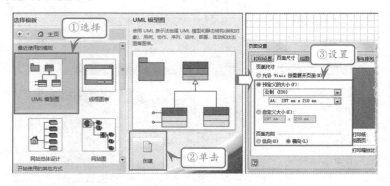

STEP|02 新建绘图页，单击【插入】选项卡中的【图片】按钮，选择外部的"bg.jpg"图像，并调整其大小。然后打开【页面设置】对话框，选择【页属性】选项卡，选择【类型】为"背景"，输入【名称】为"背景"。

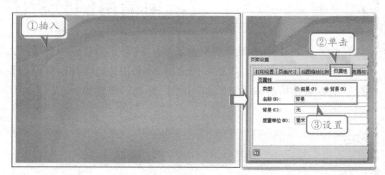

STEP|03 返回到第一个绘图页，打开【页面设置】对话框的【页属性】选项卡，在【背景】下拉列表中选择"背景"选项。然后，使用【文本】工具在绘图页的右上角输入标题文字"发票申请用例分析图"，并设置文字样式。

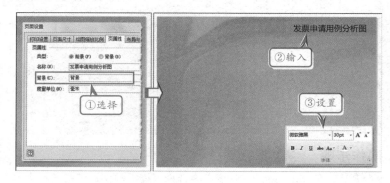

STEP|04 打开【UML 用例】模具，选择【用例】形状，并将其拖入到绘图页中。在【填充】对话框中，选择【图案】为 16，设置【图案颜色】为"橙色"。然后双击该用例，在弹出的【UML 用例属性】对话框中输入【名称】为"操作已存在的申请"。

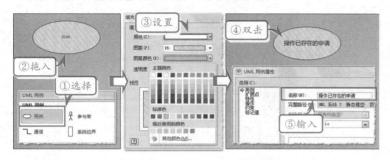

STEP|05 使用相同的方法，在该用例的左上角再添加 3 个用例，在【填充】对话框中设置相同的图案，并更改【图案颜色】为"淡蓝色"。然后，在【UML 用例属性】对话框中设置【名称】分别为"作废申请"、"撤销申请"和"修改申请"。

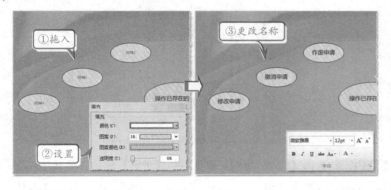

STEP|06 在"操作已存在的申请"用例的右侧添加两个用例，设置填充图案和颜色，并定义名称为"根据合同金额申请发票"和"计算已开发票总额"。然后，在该用例的下方添加 3 个用例，定义名称为"部门经理预审"、"主管审核"和"账务开票"。

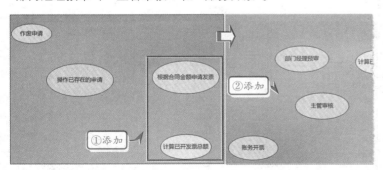

STEP|07 选择【UML 用例】模具的【参与者】形状，并将其拖入到

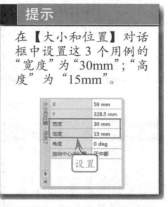

绘图页的右上方。选择该形状，在【UML 主角属性】对话框中输入"参与者"的名称为"业务员"。然后，打开【填充】对话框，设置【颜色】为"粉红色"。

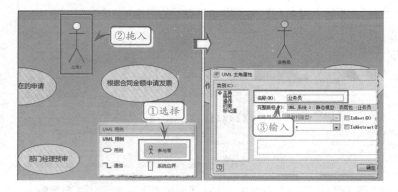

STEP|08 使用相同的方法，在绘图页的左下方和右下方添加"参与者"形状，并定义名称分别为"部门经理"、"主管"、"财务"和"系统定时器"，其大小和填充样式均相同。

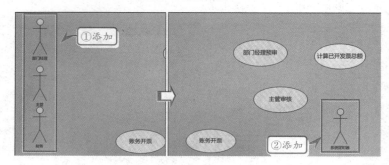

STEP|09 选择【UML 用例】模具中的【扩展】形状，将其插入绘图页并连接"撤销申请"和"操作已存在的申请"用例。打开【UML 构造型】对话框，单击【新建】按钮，在【构造型】文本框中输入 include，选择【基类】为"归纳"。然后，右击"扩展"形状，执行【属性】命令，在【UML 归纳属性】对话框的【构造型】下拉列表中选择 include 选项。

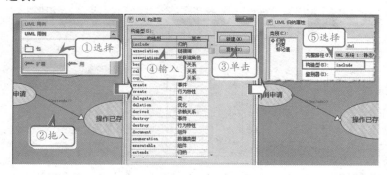

STEP|10 选择"扩展"形状，打开【线条】对话框，在【虚线类型】

下拉列表中选择 "02" 选项；【起点】下拉列表中选择 "01" 选项；【始端大小】下拉列表中选择 "极大" 选项；【末端大小】下拉列表中选择 "超大" 选项。

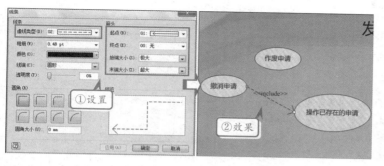

提示

右击 "扩展" 形状，在弹出的菜单中执行【直线连接线】命令，使其变成直线。

STEP|11 在【开始】选项卡的【工具】组中，选择【拆线图】工具，在 "业务员" 参与者和 "操作已存在的申请" 用例之间绘制 "直线" 形状。然后使用相同的方法，在 "业务员" 参与者和 "根据合同金额申请发票" 用例之间绘制 "直线" 形状。

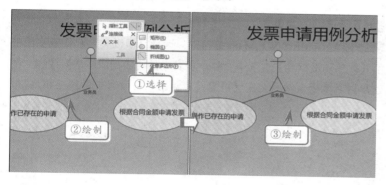

提示

选择【拆线图】工具后，将光标移动到用例或者参与者的连接点时，其周围将会出现一个红色的正方形。

STEP|12 根据上述步骤，使用【扩展】形状和【拆线图】工具连接其他用例和参与者。

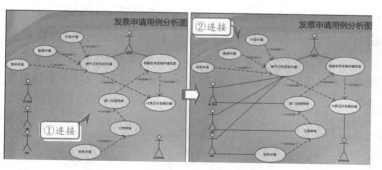

提示

使用 "扩展" 形状连接用例和参与者之后，可以在【文本】对话框的【段落】选项卡中设置 "扩展" 形状中文字的位置，以免影响线条。

Visio 12.3 练习：网站访问数据流图表

在当今社会中，数据流模型已经引起了广泛的关注，它能够应

练习要点

- 创建数据流模板
- 使用数据流程形状
- 使用动态连接线
- 使用数据存储形状
- 使用实体 1 形状

提示

选择标题文字，在字体组中设置字体为"微软雅黑"；字号为"30pt"。

提示

选择标题文字，在【文本】对话框中，选择【文本块】选项卡，选择【竖排文字】复选框，即可以使文字竖排。

提示

在【形状】组中单击【填充】按钮，在弹出的菜单中执行【其他选项】命令。

用到各种数据类型中，如电话记录、Web 文档、网络流量管理等。下面将通过【数据流模型图】模板来制作一个"网站访问数据流图表"，从而使用户能够熟练掌握设置形状格式的方法。

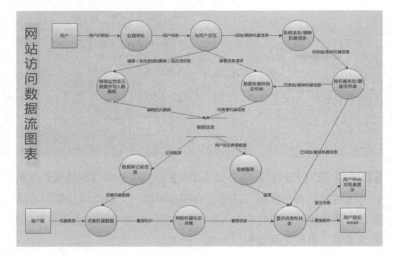

操作步骤 >>>>>

STEP|01 在 Microsoft Visio 窗口中，选择【模板类别】任务空格中的【软件和数据库】选项卡，并单击其中的【数据流图表】按钮，创建数据流模板。然后，在【页面设置】对话框设置页面尺寸和方向。

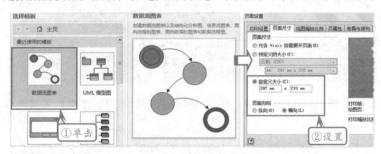

STEP|02 选择【设计】选项卡，单击【背景】组中的【背景】按钮，在弹出的界面中选择"实心"选项，并设置【背景色】为"浅紫色"。然后，在绘图页的左侧输入标题文字，设置为竖排文字，并填充背景色。

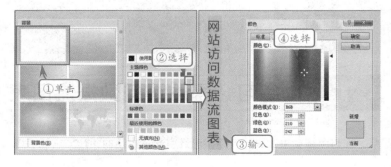

STEP|03 打开【数据流图表形状】模具，选择【实体 1】形状，将其拖入到绘图页的左上方，并输入"用户"文字。然后，打开【填充】对话框，设置填充颜色、填充图案、图案颜色，以及阴影样式、阴影颜色等。

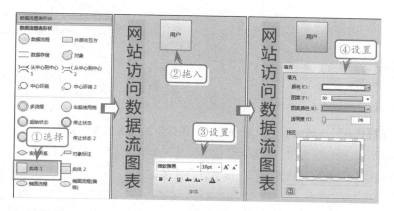

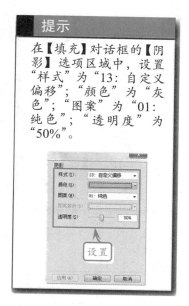

STEP|04 在【数据流图表形状】模具中，选择【数据流程】形状并将其拖入到"用户"实体 1 的右侧，在其中输入"处理密码"文字。然后，打开【填充】对话框，除【图案颜色】为"浅蓝色"外，其他均设置为相同的参数。

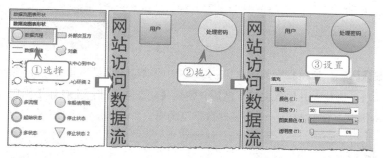

STEP|05 选择【动态连接线】形状，使用其连接"用户"实体 1 和"处理密码"数据流程形状。然后，使用【文本】工具在连接线上输入"用户 ID 密码"文字，并设置文字样式。

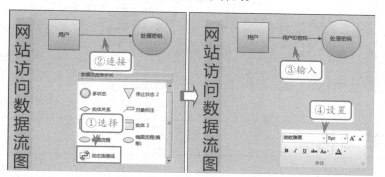

STEP|06 根据上述步骤，添加"与用户交互"、"系统添加/删除机器

信息"、"数据库提供指定信息"等"数据流程"形状，并使用【动态连接线】连接各个"数据流程"形状。

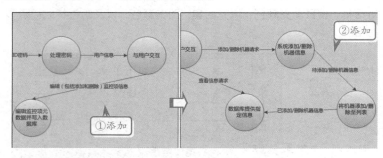

STEP|07 选择【数据流图表形状】模具中的【数据存储】形状，将其拖入到绘图页中，并输入"数据信息"文字。然后，使用【动态连接线】工具与"数据流程"形状进行连接。

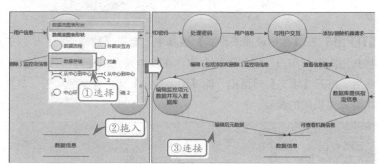

STEP|08 使用相同的方法，在绘图页中添加其他"数据流程"和"实体 1"形状，并输入文字。然后，使用【动态连接线】工具连接相应的形状，使其成为一个完整的数据流图表。

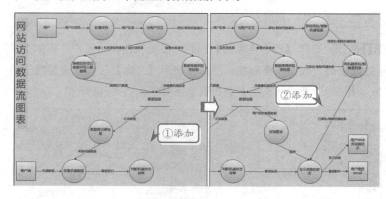

注意

在【大小和位置】对话框中，设置"数据存储"形状的"宽度"为"30mm"；"高度"为"15mm"。

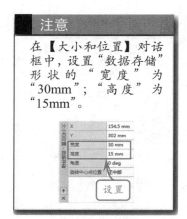

提示

由于绘图页中添加的"数据流程"和"实体 1"形状较多，因此在排列的时候注意各个形状之间的距离，不要太拥挤，使页面看起来整齐大方。

Visio 12.4 练习：网站结构图

Visio 2010 专门为用户提供了【网站图】模板，包含了页面设计中所需的各个元素，可以帮助用户快速制作网站的结构示意图。本练习就利用该模板以及【网站图形状】模具中的形状，来制作一个网站结构图。

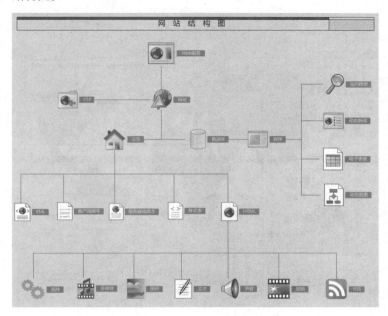

操作步骤 >>>>

STEP|01 在 Microsoft Visio 窗口中，选择【模板类别】任务空格中的【软件和数据库】选项卡，选择其中的【网站图】图标，并单击"创建"按钮，创建网站图模板。然后，在【页面设置】对话框设置页面尺寸和方向。

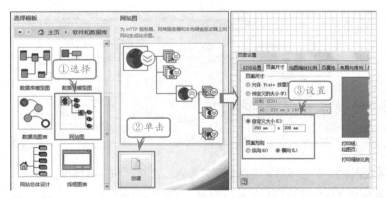

STEP|02 选择【设计】选项卡，单击【背景】组中的【背景】按钮，在弹出的界面中选择"世界"选项，并设置【背景色】为"淡蓝色"。然后，单击【边框和标题】按钮，在弹出的界面中选择"方块"选项，并在标题栏输入标题文字。

STEP|03 选择【网站图形状】模具中的【Web 服务】形状，将其拖入到绘图页中，并更改形状的大小。然后，使用【文本】工具输入"Web

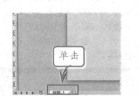

服务"文本，并设置文字样式、背景填充和阴影颜色。

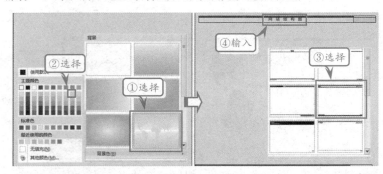

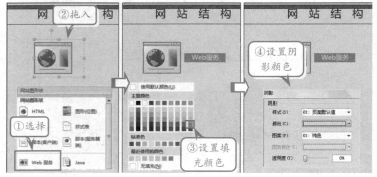

STEP|04 使用相同的方法，将 FTP 和【网站】形状拖入到"Web 服务"形状的下方。然后，选择【动态连接线】形状，用于连接"Web 服务"、FTP 和"网站"形状，并在【线条】对话框中设置线条的颜色为紫色。

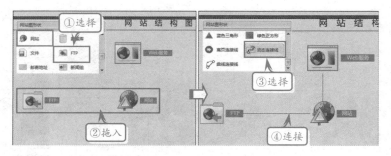

STEP|05 在"网站"形状的下方拖入"主页"和"数据库"形状，并使用【动态连接线】工具分别与"网站"形状连接。然后，在"数据库"形状的右侧添加【程序】、【站内搜索】、【动态新闻】等形状，并相互连接。

STEP|06 在绘图页的底部拖入 XML、"客户端脚本"、"服务器端脚本"、"样式表"和 HTML 形状，然后使用【动态连接线】工具将各个形状与"主页"形状进行连接。

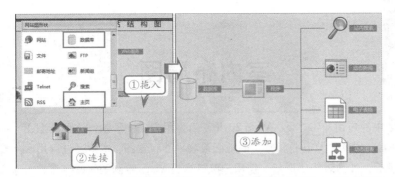

提示

"站内搜索"、"动态新闻"、"电子表格"、"动态图表"4 个形状与"程序"形状连接，需要使用 4 条动态线。

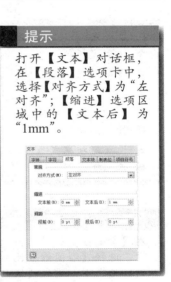

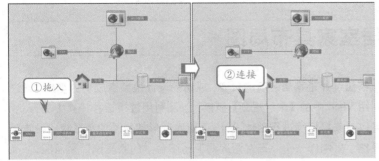

提示

打开【文本】对话框，在【段落】选项卡中，选择【对齐方式】为"左对齐"；【缩进】选项区域中的【文本后】为"1mm"。

STEP|07 使用相同的方法，在 HTML 形状的下方拖入【插件】、【多媒体】、【图形】、【文本】、【声音】、【视频】和 RSS 形状，然后使用【动态连接线】进行连接。

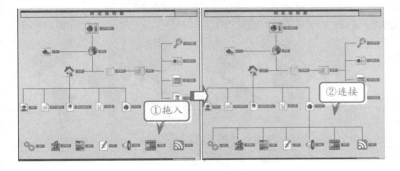

室内布局图

地图与平面布置图在实际生活中的应用非常广泛。Visio 2010 专门为用户提供了制作这种类型图表的模板，运用这些模板，可以快捷、方便地绘制各种类型的地图或者平面布置图。本章通过运用家居规划、空间规划、平面布置等模板，并通过编辑形状，使用户熟练掌握 Visio 绘制图表的方法。

Visio 13.1 练习：三居室家具布局图

练习要点

- 运用模板
- 页面设置
- 添加背景
- 添加边框和标题
- 插入形状
- 设置形状格式
- 添加文本

提示

在【页面设置】对话框中，选择【绘图缩放比例】选项卡，设置【预定义缩放比例】值为"1:50"。

家居设计是家居装潢的灵魂，成功的设计是装潢成功的基础。通过利用 Visio 中的【家居规划】模板，以及利用该模板各模具中的形状，可以对家居环境进行整体设计。下面通过形状的添加及形状的设置等操作，来制作一个"三室两厅两卫一阳台"的家居设计平面图。

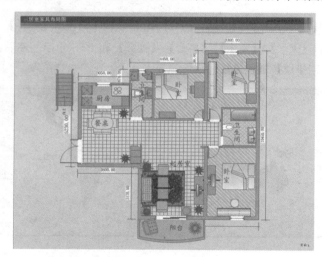

操作步骤 ▶▶▶▶

STEP|01 启用 Visio 2010 组件。在【模板类别】任务窗格中，选择【地图和平面布置图】模板内的【家居规划】图标，并单击【创建】按钮。然后，在【页面设置】对话框中，选择【页面尺寸】选项卡，在该选项卡中，设置【预定义的大小】为"A3"，并选择【横向】单选按钮。

STEP|02 单击【背景】下拉按钮，选择"地图"背景。在【主题】组中应用"复合颜色，突出显示斜角效果"主题。然后，再在【背景】组中，单击【背景色】按钮，选择"强调文字颜色 4，淡色 80%"颜色。

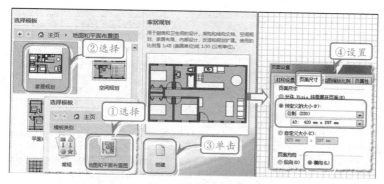

技巧

用户可以在页标签栏中，选择【页-1】选项卡，右击执行【页面设置】命令，即可弹出【页面设置】对话框。

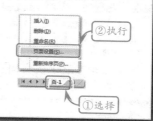

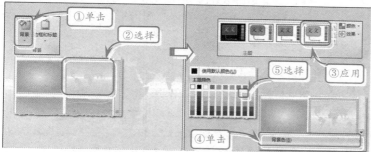

提示

设置【背景色】可以通过执行【其他颜色】命令，在【颜色】对话框中，自定义颜色。

STEP|03 单击【边框和标题】下拉按钮，选择【都市】边框和标题样式，并在【背景-1】页的标题栏中输入标题为"三居室家具布局图"。然后，返回【页-1】绘图页中，将【墙壁、外壳和结构】模具中的【空间】形状拖动至绘图页中，并在【大小和位置】对话框中调整其"宽度"为"3600mm"；"高度"为"3730mm"，直到其面积达到"13平方米"。

提示

将鼠标置于"空间"形状的选择手柄上，当光标变成双向箭头时，拖动调整其大小。

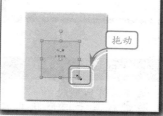

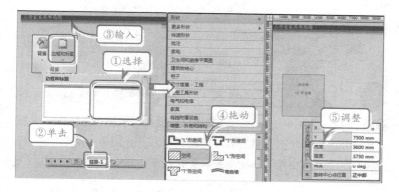

STEP|04 按照相同的方法，分别将【墙壁、外壳和结构】模具中的【空间】形状拖动至绘图页中，并在【大小和位置】对话框中调整其宽度、高度和位置，其中一个为"6平方米"，另一个为"18平方米"。

STEP|05 再分别将【墙壁、外壳和结构】模具中的【空间】形状拖至绘图页中，并在【大小和位置】窗口中调整其宽度、高度和位置，其中一个为"34平方米"，另一个为"20平方米"。然后，选择全部【空间】形状，右击执行【联合】命令。

技巧

选择"空间"形状，在状态栏单击【宽度】、【高度】或【角度】按钮，即可弹出【大小和位置】对话框。

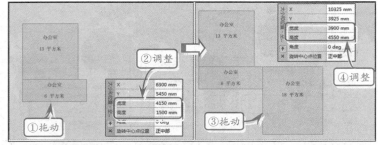

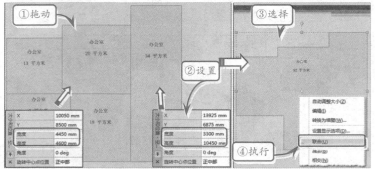

STEP|06 选择【计划】选项卡，单击【转换为背景墙】按钮，在弹出的【转换为墙壁】对话框中选择【墙壁形状】列表中的【外墙】选项，并选择【设置】选项区域中的【添加尺寸】复选框。然后将【墙壁、外壳和结构】模具中的【墙壁】形状拖至绘图区，并"粘附"在【外墙】形状上。

STEP|07 按照相同的方法，依次将【墙壁】形状拖至绘图区，并粘附在【外墙】形状上。然后，在绘图页下方，分别添加两个"外墙"形状和一个"弯曲墙"形状，并调整其长度，置于合适的位置。

 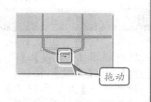
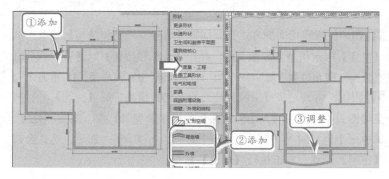

STEP|08 分别将【墙壁、外壳和结构】模具中的【窗户】形状和【门】
形状拖至绘图区的墙壁上，并分别调整其方向、大小和位置。

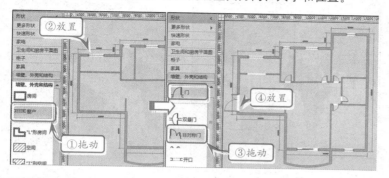

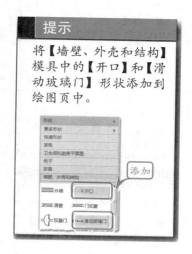

STEP|09 使用【矩形】工具绘制一个矩形，并填充颜色为"橙色"，
放置在相应的位置。然后，再绘制一个矩形，设置其填充选项，其中
"颜色"为"白色，深色 5%"；"图案"为"04"；"图案颜色"为"强
调文字颜色 3，淡色 40%"；"透明度"为"25%"，并单击【下移一
层】按钮。

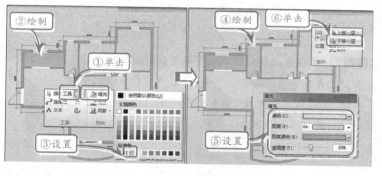

STEP|10 按照相同的方法，通过绘制【矩形】形状并设置填充选项，
依次设置其他房间。

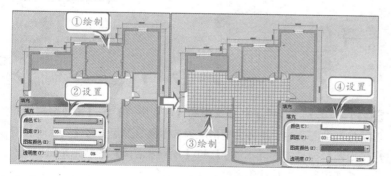

STEP|11 再绘制一个矩形，设置其填充选项和线条选项。然后，将
【家电】模具中的【洗碗机】形状拖至绘图页中并调整该形状的位置。

STEP|12 分别将【家电】模具中的【壁式烤箱】、【炉灶】、【微波炉】
形状拖至绘图页中，并设置其填充、方向、位置。然后，插入横排文

提示
在【填充】对话框中设置"颜色"为"水绿色"，RGB 值为 155,207,213；"图案"为"04"；"图案颜色"为"橙色"，RGB 值为 242,200,176。在【线条】对话框中，设置"虚线类型"为"00：无"；"圆角大小"为"400mm"。

提示
选择"炉灶"形状，执行【位置】|【旋转形状】|【向右旋转 90°】命令。

提示
选择"椭圆形餐桌"形状，填充颜色为"线条，淡色 80%"；设置"室内植物"的填充颜色为"红色"。

技巧
用户可以选择"方角淋浴间"形状周围的旋转柄，当鼠标箭头变为"逆时针"环绕箭头时，调整该形状的方向。设置其他形状方向位置以此类推。

本框，输入文本"厨房"，并设置文本格式。

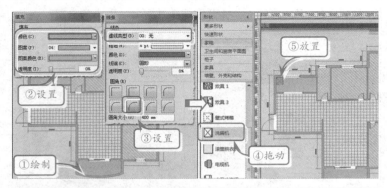

STEP|13 将【家具】模具中的【椭圆形餐桌】形状拖至绘图页中，设置其填充颜色为"线条，淡色 80%"，并插入横排文本框输入文本"餐桌"。然后，再将【家具】模具中的【室内植物】形状拖至绘图页中，设置其填充颜色为"红色"。

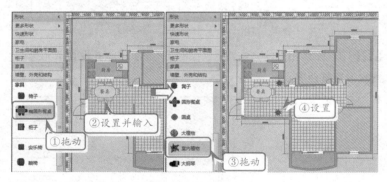

STEP|14 分别将【柜子】模具中的【落地厨 1】和【落地厨端架】形状拖至绘图页中，并将这些形状对齐放置。然后，将【卫生间和厨房平面图】模具中的【水池 1】和【方角淋浴间】形状拖至绘图区，并调整其方向、大小和位置。

STEP|15 将【卫生间和厨房平面图】模具中的【带基座水池 2】、【坐浴盆】和【毛巾架】形状拖至绘图区，调整其方向、大小和位置并输入文本"卫生间"。然后，将【家具】模具中的【可调床】形状拖入绘图页中，旋转后设置其填充选项。

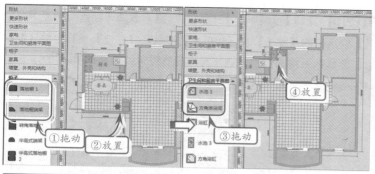

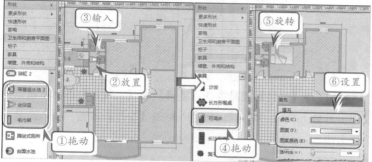

STEP|16 将【家具】模具中的【书柜】和【书桌】形状拖入绘图页中，并输入文本"卧室"。然后，再将【家具】模具中的【可调床】形状拖入绘图页中，旋转后设置填充选项并输入文本"卧室"。

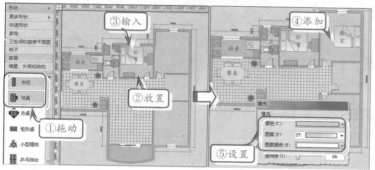

STEP|17 将【家具】模具中的【柜子】、【三联梳妆台】和【床头柜】形状拖入绘图页中，并设置【三联梳妆台】形状的填充选项。然后将【卫生间和厨房平面图】模具中的【浴缸1】、【抽水马桶】和【双水盆】形状拖至绘图页中，设置其位置、填充选项，并输入文本"卫生间"。

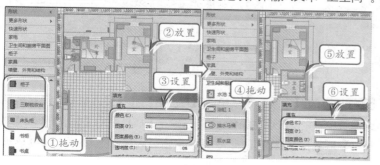

STEP|18 复制【可调床】、【三联梳妆台】和文本"卧室"。然后将【家具】模具中的【凳子】和【矩形桌】形状及【家电】模具中的【电视机】形状拖至绘图页中并调整其相应的位置和填充选项。

> **提示**
>
> 设置"电视机"形状的填充颜色为"白色"，RGB 值为 165,165,165；"图案"为"25"；"图案颜色"为"白色"。
> 设置"凳子"形状的填充颜色为"黄色"。

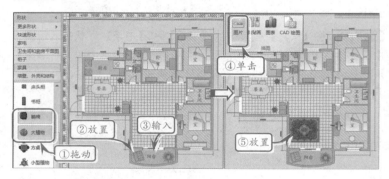

STEP|19 将【家具】模具中的【躺椅】和【大植物】形状拖至绘图页中，并输入文本"阳台"。然后，单击【图片】按钮，插入图片并调整大小。

> **提示**
>
> 设置"长沙发椅"的填充颜色为"紫色"，RGB 值为 226,202,225；设置"椅子"形状的填充颜色为"橙色"。

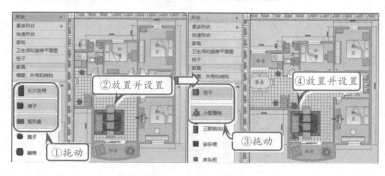

STEP|20 将【家具】模具中的【长沙发椅】、【椅子】、【矩形桌】形状拖至绘图页中，并设置填充颜色。然后，再将【柜子】和【小型植物】形状拖至绘图页，调整位置并设置填充颜色。

> **提示**
>
> 先将"柜子"形状拖至绘图页中，再将"小型植物"形状放置在柜子上，并设置小型植物的填充颜色为"红色"。

STEP|21 将【家具】模具中的【矩形桌】和【室内植物】形状拖至绘图页中，并设置填充颜色。再将【家电】模具中的【饮水机】和【电视机】形状拖至绘图页中，并输入文本"起居室"。然后，将【建筑

物核心】模具中的【直楼梯】形状拖至绘图页，并调整该形状的方向。

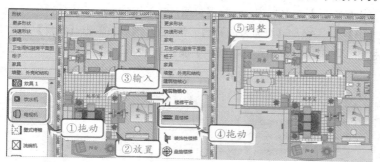

提示

添加的"矩形桌"、"室内植物"和"电视机"形状，设置的属性与前面相同。

Visio 13.2 练习：创意公司布局图

公司的布局体现了该公司的整体面貌和核心，因此公司布局显得尤为重要。利用 Visio 中的【空间布局】模板，以及通过拖动模具中的各种形状，调整不同的布局结构，可设计出协调、舒适的公司环境。下面利用 Visio 中的各种功能来设计公司的布局。

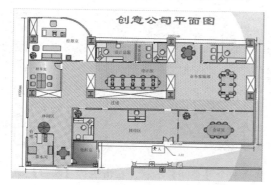

练习要点

● 运用模板
● 页面设置
● 添加形状
● 设置形状格式
● 添加文本

注意

在弹出【空间规划启用向导】对话框中，单击【下一步】按钮，将弹出【插入图片】对话框。如果不需要添加平面布置图的类型选项，即可关闭该对话框。

操作步骤 >>>>

STEP|01 启用 Visio 2010 组件。在【模板类别】任务窗格中，选择【地图和平面布置图】模板内的【空间规划】图标，并单击【创建】按钮。然后，在弹出的【空间规划启用向导】对话框中单击【关闭】按钮。

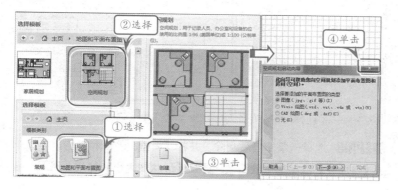

提示

在【页面设置】对话框中，选择【绘图缩放比例】选项卡，选择【自定义缩放比例】单选按钮。

技巧

用户可以在【页标签】栏中，选择【页-1】，右击执行【页面设置】命令，即可弹出【页面设置】对话框。

STEP|02 在【页面设置】组中，单击【页面设置】按钮，在弹出的【页面设置】对话框中，选择【页面尺寸】选项卡，设置【预定义的大小】为"A4"；【页面方向】为"横向"。然后，单击【背景】下拉按钮，在下拉菜单中选择【技术】背景选项。

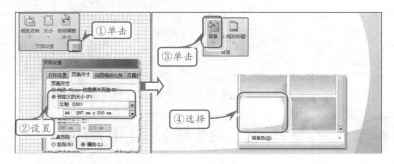

STEP|03 将【资源】模具中的【空间】形状拖至绘图页中，并设置大小为"157 平方米"；然后，按照相同的方法，再添加一个【空间】形状，设置大小为"230 平方米"。

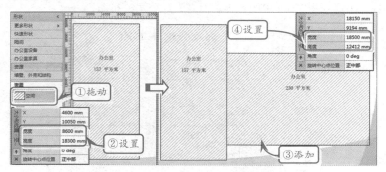

技巧

用户选择已联合的形状后，选择【设计】选项卡，在【形状】组中单击【转换为背景墙】按钮，即可打开【转换为背景】对话框。

STEP|04 选择两个【空间】形状，右击执行【联合】命令；然后，再右击执行【转换为墙壁】命令，在弹出的【转换为墙壁】对话框中设置【墙壁形状】为"外墙"，并选择【设置】内的"添加尺寸"复选框。

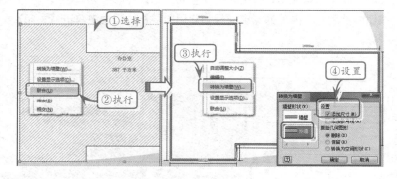

提示

添加"弯曲墙"形状的示意图如下。

STEP|05 选择一条外墙后删除，并将【墙壁、外墙和结构】模具中的【弯曲墙】形状拖至绘图区，调整该形状的大小和位置。然后，拖

出一条水平参考线，再将【墙壁、外墙和结构】模具中的【矩形支柱】
形状拖至绘图页中。

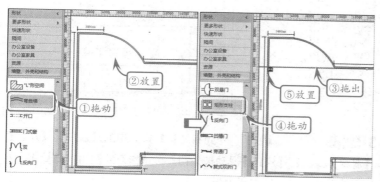

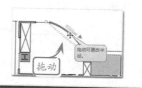

STEP|06 按照相同的方法，依次将【墙壁、外墙和结构】模具中的
【矩形支柱】形状拖至绘图页中，并对齐放置。然后，在绘图页的下
方，添加两个【外墙】和一个【矩形支柱】形状，调整其长度，并置
于适合的位置。

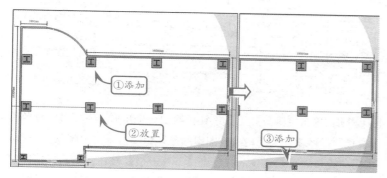

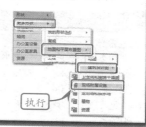

执行

STEP|07 将【现场附属设施】模具中的【安全亭】形状拖入绘图页
中，并调整该形状的大小。然后，按照相同的方法，依次添加【安全
亭】形状，并放置在相应的位置。

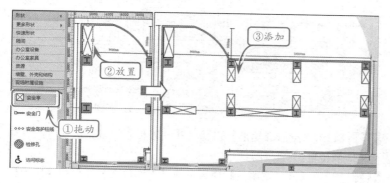

STEP|08 将【墙壁、外壳和结构】模具中的【墙壁】形状拖至绘图
页中，并粘附在外墙上。然后，按照相同的方法依次添加【墙壁】形
状，调整大小并放置在相应的位置。

提示

调整"门"形状大小时，单击"门"形状上的红色控制点，然后拖动鼠标即可调整该形状大小。

STEP|09 分别将【墙壁、外壳和结构】模具中的【窗户】、【开口】、【滑窗】、【门】、【双】、【滑动玻璃门】形状拖至绘图页的墙壁上，并分别调整其方向、位置和大小。

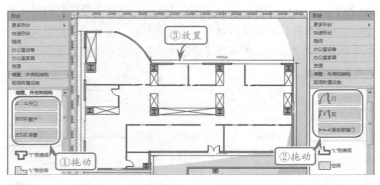

提示

设置第二个"矩形"形状的填充颜色为"强调文字颜色5，淡色60%"；"图案"为"04"；"图案颜色"为"填充，淡色80%"。

STEP|10 单击【矩形】工具按钮，绘制一个矩形，设置填充颜色为"黄色"；"图案"为"17"；"图案颜色"为"强调文字颜色1，淡色60%"；线条为"无线条"并单击【下移一层】按钮。然后，按照相同的方法再绘制一个矩形，设置填充选项并单击【下移一层】按钮。

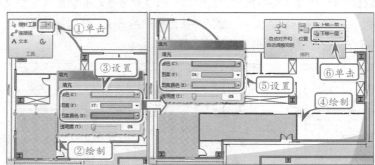

提示

设置其他"矩形"形状的填充效果如下。

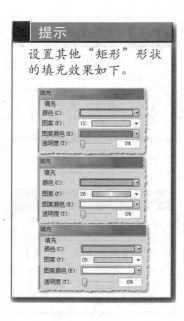

STEP|11 依次绘制【矩形】形状，并设置相应的填充选项，然后放在相应的位置。

STEP|12 将【办公室家具】模具中的【工作台面】形状和【椅子】形状拖至绘图页中，并分别设置其填充颜色。然后，再将【办公室家具】模具中的【文件】形状和【办公室设备】模具中的【电话】和PC形状拖至【工作台面】形状上。

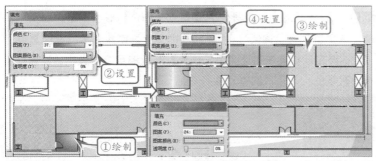

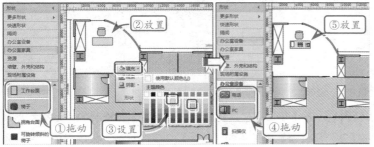

STEP|13 将【办公室家具】模具中的【桌子】、【椅子】、【带两个座位的沙发】形状拖至绘图页中,调整位置并分别设置其填充颜色。然后,分别将【家电】模具中的【饮水机】和【家具】模具中的【室内植物】形状拖至绘图页中,设置填充颜色并输入文本"经理室"。

STEP|14 将【办公室家具】模具中的【桌子】形状拖至绘图页中,设置填充颜色为"浅绿",并将 4 个形状进行组合。然后,再将该模具中的【椅子】形状拖至绘图页中,设置该形状的位置和填充颜色,并输入文本"财务室"。

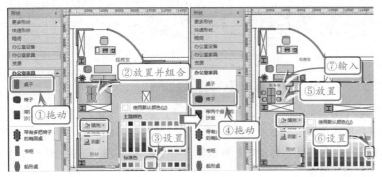

STEP|15 将【隔间】模具中的【立方工作台】形状拖至绘图页中，设置填充颜色为"黄色"，并插入横排文本框输入文本"设计总监"。然后，再在该模具中将【议事工作台】形状拖至绘图页中，设置相同的填充颜色，并输入文本"业务总监"。

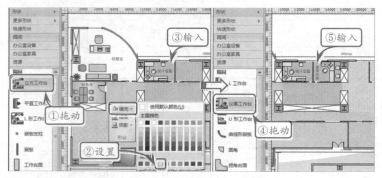

STEP|16 将【办公室家具】模具中的【带多把椅子的矩形桌】形状和【办公室设备】模具中的【电话】、PC 形状拖至绘图页中，并分别输入文本"设计部"和"业务客服部"。

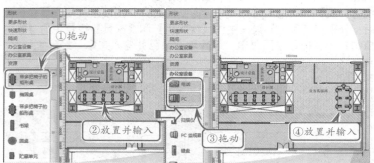

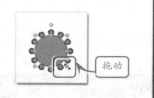
STEP|17 将【办公室家具】模具中的【带有多把椅子的圆桌】形状拖至绘图页中，调整形状大小，并设置填充颜色。然后，将【隔间】模具中的【议事工作台】形状拖至绘图页中，并设置填充颜色为"黄色"。

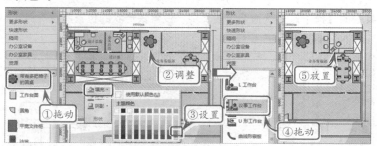

STEP|18 将【带有多把椅子的椭圆桌】形状和【室内植物】形状拖至绘图页中，并输入文本"会议室"。然后，将【立方工作台】、【平直工作台】和【室内植物】形状拖至绘图页中，并设置填充颜色及输入文本"接待区"。

STEP|19 将【隔间】模具中的【嵌板】形状和【墙壁、外壳和结构】模具中的【窗口】形状拖至绘图区,并调整这些形状的位置。然后,将【带有多把椅子的圆桌】形状添加到绘图页中,设置形状的大小和填充颜色,并输入文本"休闲区"。

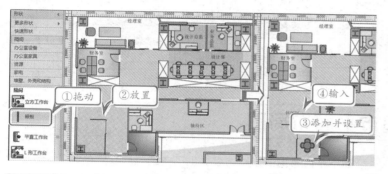

STEP|20 将【家电】模具中的【自动售货机】和【食品冷冻柜】形状拖至绘图页中,设置填充颜色并输入文本"茶水间"。然后,将【工作台面】和【凳子】形状添加到绘图页中并分别设置相应的填充颜色。

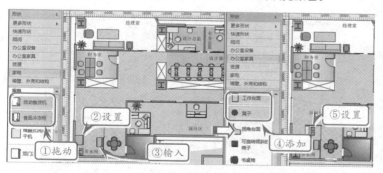

STEP|21 选择【工作台面】形状,添加【文本标注】,在标注框中输入文本"台吧"。然后,将【现场附属设施】模具中的【伞】形状拖至绘图页中,设置填充颜色,并在绿色渐变填充绘图区输入文本"资料室"。

STEP|22 将【现场附属设施】模具中的【垃圾桶】和【现场照明灯2】形状和【资源】模具中的【人】形状拖至绘图页中。然后,使用【折线图】工具,绘制一条直线,指向【门】形状并输入文本"入口",最后插入横排文本框输入文本"创意公司平面图",并设置文本格式。

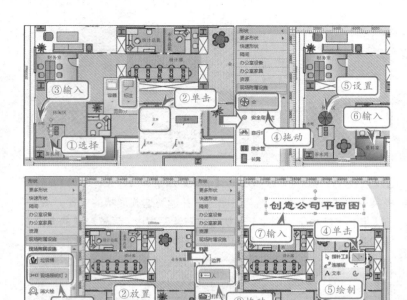

提示

选择绘制的直线和输入的文本，右击执行【组合】|【组合】命令。

选择并组合

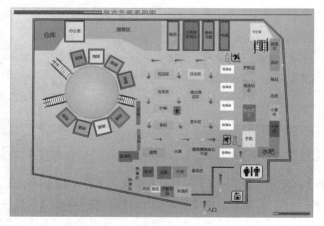

13.3 练习：超市平面布局图

练习要点

- 添加形状
- 设置形状格式
- 添加背景
- 添加边框和标题
- 运用模板

超市平面布局图为购物者提供了详细的产品分布信息，方便购物者有目的地选购商品，从而节省顾客很多时间。本例利用 Visio 中的【平面布置图】模板，以及添加形状等操作对空间进行布局设计，逐步完成"超市平面布局图"的制作。

提示

用户可以单击【大小】下拉按钮，在下拉菜单中选择"A3"选项。

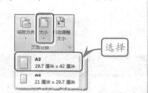

选择

操作步骤 ▶▶▶▶

STEP|01 启用 Visio 2010 组件。在【模板类别】任务窗格中，选择【地图和平面布置图】模板中的【平面布置图】图标，并单击【创建】按钮。然后，在【页面设置】对话框中，选择【页面尺寸】选项卡，在该选项卡中，设置【预定义的大小】为"A3"，并选择【横向】单

选按钮。

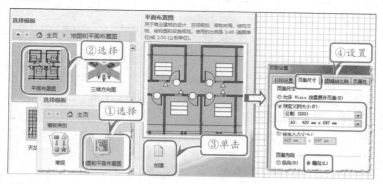

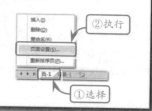

STEP|02 单击【背景】下拉按钮，选择"角部渐变"背景。然后，单击【边框和标题】下拉按钮，选择【简朴型】边框和标题样式，并在【背景-1】的标题栏中输入标题为"超市平面布局图"。

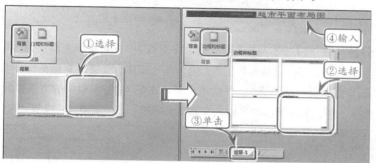

STEP|03 切换到【页-1】绘图页中，将【墙壁、外壳和结构】模具中的【墙壁】形状拖至绘图页中，并设置该形状的"长度"为"16000mm"；"角度"为"0deg"。然后，再添加一个【墙壁】形状，并设置"长度"为"1383mm"；"角度"为"-45deg"。

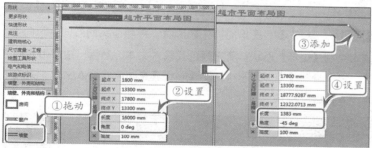

STEP|04 按照相同的方法，添加其他【墙壁】形状并设置相应的长度和角度。然后，组合形状并设置填充颜色为"浅蓝"。

STEP|05 将【基本形状】模具中的【45 度单向箭头】形状拖至绘图页中，调整该形状的方向；设置填充选项，并输入文本"入口"。然后，复制【45 度单向箭头】形状，将【旅游点标识】模具中的【行李存放柜】形状拖至绘图页中，并设置填充颜色。

设置"45度单向箭头"
形状的填充颜色为"深
红";"图案"为"27";
"图案颜色"为"白色"。
设置"行李存放柜"形
状的填充颜色为"强调
文字颜色1，淡色80%"。

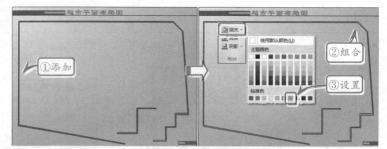

绘制"水吧"组合形状
示意图如下。

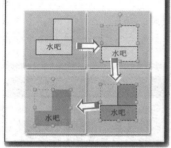

STEP|06 将【抽水马桶】形状拖至绘图页中，并设置填充颜色为"黄
色"；然后，使用【矩形】工具，绘制两个矩形，设置填充颜色为"浅
蓝"；线条为"无线条"，并输入文本"水吧"，按照相同的方法以此
类推，分别在矩形形状中输入文本"十字绣"、"小家电"、"皮具"等。

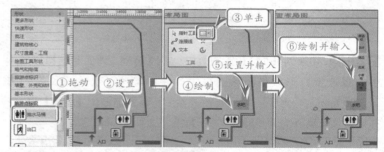

STEP|07 复制【45度单向箭头】形状，再随箭头的方向从下向上，
依次绘制【矩形】形状，填充颜色及输入文本。然后，按照相同的方
法，依次绘制【矩形】形状，设置形状填充颜色并输入文本，完成下
方"食品区"板块。

设置"护肤品"填充颜
色为"浅蓝"；"铂金钻
石"填充颜色为"浅绿"；
"金石美玉"填充颜色为
"桃红色"；"手机"填充
颜色为"黄色"。

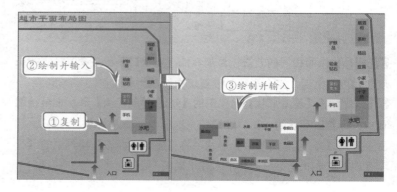

STEP|08 通过复制【45 度单向箭头】形状，绘制【矩形】形状，并设置这些形状的位置、大小、填充颜色及输入文本，完成"日化区"、"清洁用品区"、"酒水区"等板块。然后将【旅游点标识】模具中的【出口】形状拖至绘图页中，设置填充为"无填充"，并添加【文本标注】，输入文本"出口"。

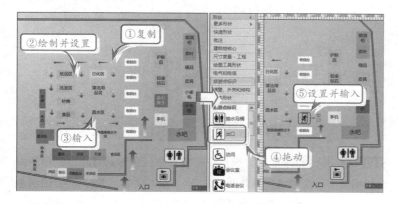

提示

设置"纸品区"填充颜色为"强调文字颜色5，淡色 40%"；"洗发区"填充颜色为"强调文字颜色 2，淡色 40%"；"针棉"填充颜色为"橙色"；"食品"填充颜色为"强调文字颜色 4，淡色 40%"。

STEP|09 使用【椭圆】工具绘制一个正圆形状，并设置填充选项。然后，依次将【墙壁、外壳和结构】模具中的【房间】形状和【建筑物核心】模具中的【直楼梯】形状拖至绘图页中，并通过绘制【矩形】形状，设置填充颜色，输入文本"店铺"，放置在【房间】形状中。

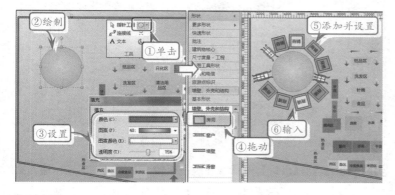

提示

设置"商铺"形状的填充颜色分别为"强调文字颜色 1，淡色 40%"、"黄色"、"浅绿"、"线条，淡色 60%"。

STEP|10 添加一个【矩形】形状，设置填充颜色为"白色，深色 35%"；再添加一个【直角三角形】形状，设置填充颜色为"白色，深色 5%"，输入文本"仓库"并组合形状。然后添加一个【房间】形状，设置填充，并输入文本。

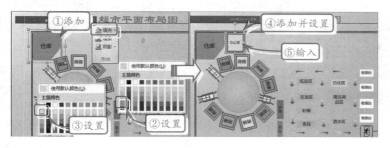

提示

绘制"仓库"形状的示意图如下。

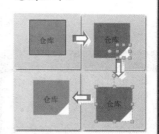

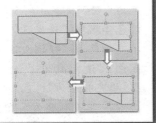

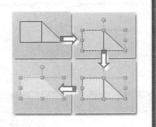

STEP|11 将【基本形状】模具中的【直角三角形】、【矩形】形状拖至绘图页中，设置填充颜色为"强调文字颜色3，淡色40%"，输入文本"服务区"并组合形状。然后，添加【空间】形状并设置相应填充及输入文本。

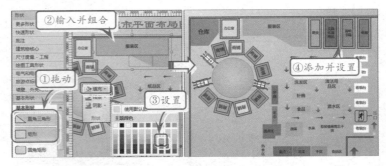

STEP|12 将【基本形状】模具中的【直角三角形】、【矩形】形状拖至绘图页中，设置填充颜色为"黄色"，输入文本"办公室"，组合成一个"梯形"形状，并单击【下移一层】按钮。然后，将【建筑物核心】模具中的【剪式楼梯】形状拖至绘图页中并设置该形状大小和位置。

STEP|13 复制【出口】形状，并进行旋转，添加文本标注，输入文本"入口"。然后，将【您的位置1】形状拖至绘图页中，并设置填充选项。

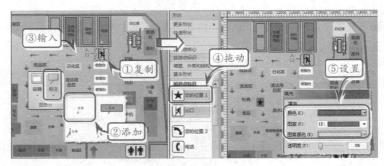

14 城市规划图

城市规划是对城市的空间和实体发展进行的预先考虑，其对象偏重于城市的物质形态部分，涉及城市中产业的区域布局、建筑物的区域布局、道路及运输设施的设置、城市工程的安排等。为了直观形象地反映出城市的规划面貌，规划部门都会先借助软件将其设计成规划图。

本章将借助 Visio 软件的【地图和平面布置图】模板以及其中的模具形状，设计几类常见的城市规划图，使读者可以对城市规划设计图的绘制具有初步的了解和认识。

Visio 14.1 练习：小区建筑规划图

在建设居民小区之前，开发商首先都会通过规划部门将小区的整体规划设计为图纸或模型，这样可以直观地反映给建设者以及客户。本练习主要使用【路标形状】模具中的形状设计某小区的建筑规划图。

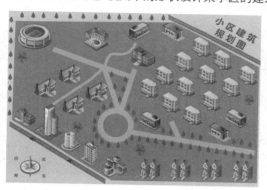

练习要点

- 创建三维方向图
- 使用路标形状模具
- 使用道路形状模具
- 绘制圆形
- 输入和设置文字
- 对齐形状

提示

在【页面属性】对话框中选择【页面尺寸】选项卡，再选择【自定义大小】单选按钮，并输入尺寸"297mm × 210mm"。然后，选择【页面方向】选项区域中的【横向】单选按钮。

操作步骤 >>>>

STEP|01 在 Microsoft Visio 窗口中，选择【模板类别】任务空格中的【地图和平面布置图】选项卡，并选择其中的【三维方向图】图标，单击【创建】按钮，创建三维方向模板。然后，打开【页面设置】对话框设置页面尺寸和方向。

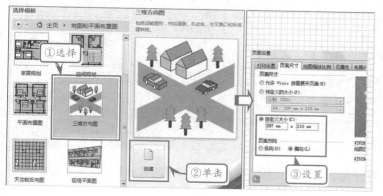

提示

三维方向图模具主要包含运输图形，例如道路、机动车、交叉路口和标志建筑物。

STEP|02 选择【设计】选项卡，单击【背景】组中的【背景】按钮，在弹出的界面中选择"实心"选项，并设置【背景色】为"浅绿色"。然后，打开【路标形状】模具，将【指北针】形状拖入到绘图页的左下角，并在其周围输入"东"、"南"、"西"和"北"文字。

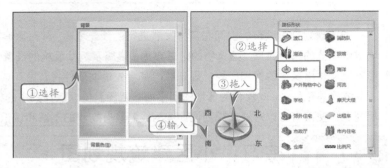

STEP|03 打开【基本形状】模具，选择【六边形】图形并将其拖入到绘图页中，使用【铅笔工具】调整其形状，并填充为"深绿色"。然后，打开【三维方向图形状】模具，将【道路 4】图形拖入到绘图页的南北角。

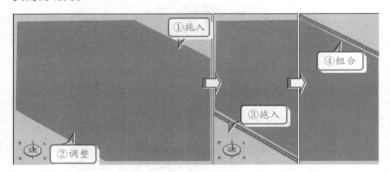

STEP|04 打开【路标形状】模具，将【针叶树】形状拖入到绘图页的左上角，更改其大小，并沿右、下两个方向复制该形状。然后，在绘图页内部的顶端拖入【体育场】、【旅馆】、【便利店】和【仓库】形状，并更改其大小。

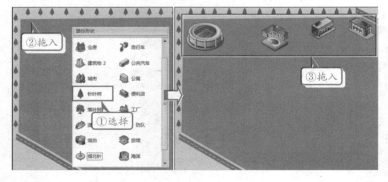

STEP|05 打开【路标形状】模具，将【落叶树】形状拖入"体育场"

形状的下方，并设置其【宽度】为"12.5mm"。然后，在绘图页右侧拖入【学校】和【公寓】形状。

STEP|06 在"落叶树"形状的右下方拖入 4 个【郊外住宅】形状和 1 个【落叶树】形状，并水平翻转"郊外住宅"形状。然后，在"公寓"形状的周围拖入【便利店】、【仓库】和【落叶树】形状。

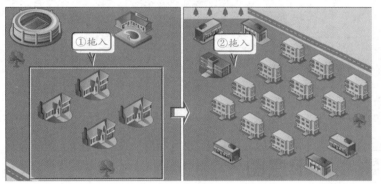

STEP|07 在绘图页的左下方拖入【市政厅】、【摩天大楼】、【建筑物 2】、【建筑物 1】和【户外购物中心】形状，并排列在"道路"的北侧。然后，在绘图页的底部拖入 4 个【市区住宅】形状，并使它们之间的距离相等。

STEP|08 打开【道路形状】模具，使用【方端道路】和【可变道路】形状创建"小区"内的道路，并结合使用【基本形状】模具中的【圆形】形状制作环形道路。然后，在"道路"的两侧放置"针叶树"形状。

提示

在【大小和位置】对话框中，设置"体育场"形状的"宽度"为"41mm"。

大小和位置·详细	
X	-252.5 mm
Y	-18 mm
宽度	41 mm
高度	33.0645 mr
角度	0 deg
旋转中心点位置	正中部

设置"旅馆"形状的"宽度"为"30mm"。

大小和位置·回路	
X	-180 mm
Y	-20 mm
宽度	30 mm
高度	30 mm
角度	0 deg
旋转中心点位置	正中部

提示

选择"便利店"形状，单击【排列】组中的【位置】按钮，在弹出的菜单中执行【旋转形状】|【水平翻转】命令。

提示

选择所有"市区住宅"形状，单击【排列】组中的【位置】按钮，在弹出的菜单中执行【空间形状】|【横向分布】命令。

STEP|09 打开【三维方向图形状】模具，将【小轿车 1】和【小轿车 2】形状拖入到绘图页左下方的"道路"上面。然后，使用【文本】工具，在右上方输入"小区建筑规划图"文字，旋转其方向并设置文字样式。

Visio 14.2 练习：地铁线路示意图

在 Visio 中，使用【地铁形状】模具中的形状，可以快速创建直线地铁、环线地铁、可变地铁等线路，以及线路中的站、站标注和弯道。本练习就通过这些形状制作广州地铁示意图。

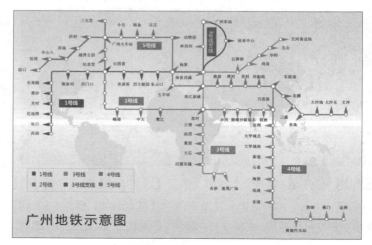

操作步骤 ▶▶▶▶

STEP|01 在 Microsoft Visio 窗口中，选择【模板类别】任务空格中的【地图和平面布置图】选项卡，并选择其中的【方向图】图标，单击【创建】按钮，创建方向图模板。然后，打开【页面设置】对话框设置页面尺寸和方向。

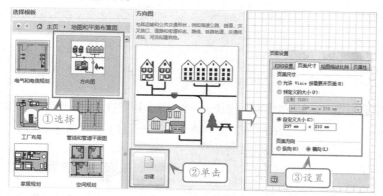

提示

打开【页面设置】对话框，选择【页面尺寸】选项卡，再选择【自定义大小】单选按钮，并输入 " 297mm × 210mm"。然后，选择【页面方向】选项区域中的【横向】单选按钮。

STEP|02 选择【设计】选项卡，单击【背景】按钮，在弹出的菜单中选择【世界】选项。然后，使用【文本框】工具在绘图页的左下方输入"广州地铁示意图"文字，设置文字样式并添加"浅灰色"阴影效果。

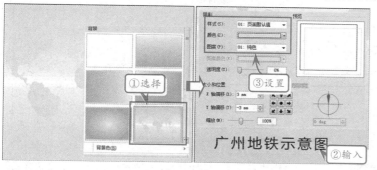

提示

选择标题文字，在【字体】组中设置字体为"微软雅黑"；字号为"30pt"。

STEP|03 打开【地铁形状】模具，选择【地铁线路】形状并将其拖入到绘图页中。然后，打开【形状数据】对话框，在【地铁宽度】文本框中输入"0.5mm"。使用相同的方法，再绘制两条线路，并连接在一起。

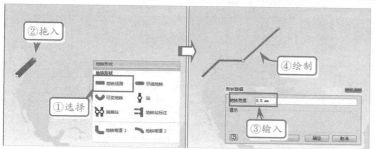

提示

右击绘图页中的"地铁线路"形状，在弹出的菜单中执行【属性】命令，即可打开【形状数据】对话框。

提示

在地铁线路连接后，使用鼠标拖动线路的一端，即可以调整线路的倾斜方向。

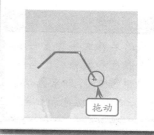

STEP|04 创建一个相同宽度的水平"地铁线路"形状，并在其右端拖入【地铁弯道 1】形状，调整其角度。然后，使用相同的方法，绘

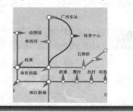
制整条地铁线路。

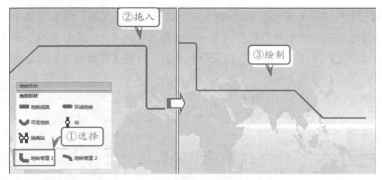

STEP|05 在【地铁形状】模具中，将【站】形状拖入到"地铁线路"形状上面，作为地铁站。然后，再将【地铁站标注】形状拖入到"站"形状的上面，并输入地铁站名。

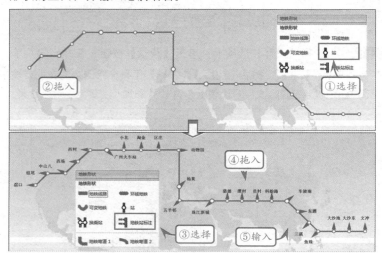

STEP|06 使用【地铁线路】形状创建其他地铁线路图，设置【宽度】为"0.5mm"，并更改线条颜色分别为"紫色"、"蓝色"、"橙色"和"绿色"。然后，使用【可变地铁】形状再次连接"体育西路"和"广州东站"，并在线路上面添加"体育中心"站。

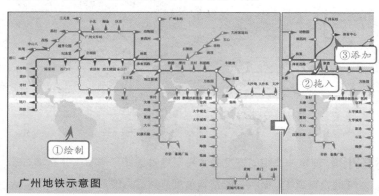

STEP|07 使用【文本】工具在"地铁线路"的旁边输入名称，设置字体为"微软雅黑"；字号为"12pt"，并更改背景的填充颜色和线条颜色与线路相同。然后，在绘图页的左下方绘制多个矩形，并输入提示地铁线路的文字。

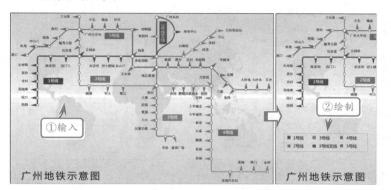

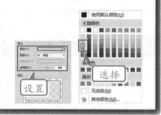

提示

大矩形的填充颜色为"浅灰色"；"透明度"为"65%"。

单击【线条】按钮，在弹出的界面中选择"白色，深度25%"。

14.3　练习：城市公园规划图

在 Visio 中，使用【现场平面图】模板可以用于设计商业、庭院、住宅风景、园林、灌溉系统等二维平面图。本练习通过该模板设计城市公园的平面规划图。

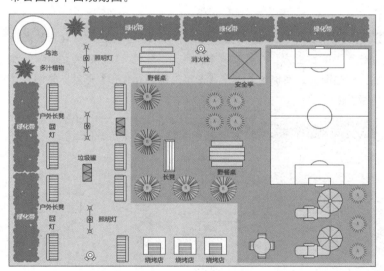

练习要点

● 创建现场平面图
● 使用运动场和娱乐场模具
● 使用现场附属设施模具
● 使用植物模具
● 输入和设置文字

提示

现场平面图用于商业和住宅风景、园林规划、院落布局、平面图、户外娱乐设施，以及灌溉系统。使用的比例是 1：120（美国单位）或 1：200（公制单位）。

操作步骤 ▶▶▶▶

STEP|01 Microsoft Visio 窗口中，选择【模板类别】任务空格中的【地图和平面布置图】选项卡，并选择其中的【现场平面图】图标，单击【创建】按钮，创建现场平面图模板。然后，打开【页面设置】对话框设置页面尺寸和方向，并设置缩放比例为 1：1。

STEP|02 选择【设计】选项卡，单击【背景】按钮，在弹出的界面

中选择【实心】选项，并设置背景色为"米黄色"。然后，单击【工具】组中的【矩形】按钮，在绘图页中绘制不规则形状，并填充为绿色。

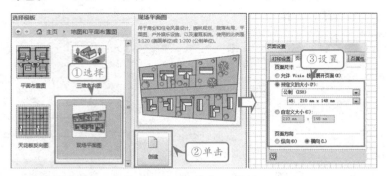

提示

打开【页面设置】对话框，选择【预定义的大小】单选按钮，并选择"A5：210mm×148mm"选项。然后，选择【页面方向】选项区域中的【横向】单选按钮。

提示

在【页面设置】对话框中，选择【绘制缩放比例】选项卡，选择其中的【无缩放(1:1)】单选按钮。

提示

选择左侧拖入的【多年生植物绿化带】形状，单击【开始】选项卡中的【位置】按钮，在弹出的菜单中执行【旋转形状】|【向右旋转90°】命令。

提示

选择右侧竖排的"户外长凳"形状，单击【排列】组中的【位置】按钮，在弹出的菜单中执行【旋转形状】|【水平翻转】命令。

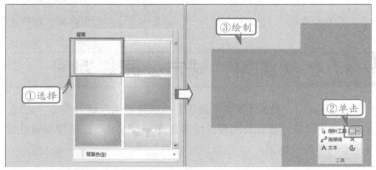

STEP|03 打开【植物】模具，拖入3个【多年生植物绿化带】形状到绘图页的右上方，并更改填充颜色为"绿色"；线条为"灰色"。然后，在绘图页的左侧拖入两个【多年生植物绿化带】形状，并调整其角度。

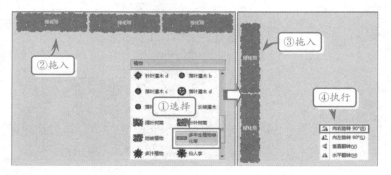

STEP|04 【现场附属设施】模具，选择【鸟池】形状并将其拖入到绘图页的左上角。打开【植物】模具，将【多汁植物】形状拖入到"水池"形状的旁边。然后，从【现场附属设施】模具中将【户外长凳】形状拖入到绘图页的左侧。

STEP|05 将【灯】、【现场照明灯】、【垃圾罐】、【消火栓】形状拖入到绘图页中，放置在"户外长凳"形状的周围，并填充为淡蓝色和灰

色。然后，在右侧的绿色矩形上面拖入【长凳】和【野餐桌】形状，以及【植物】模具中的【针叶树 A】和【针叶树 B】形状。

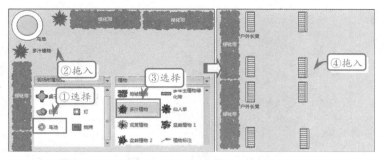

提示

选择绘图页上的形状，单击【文本】按钮，即可以输入形状的文字名称。

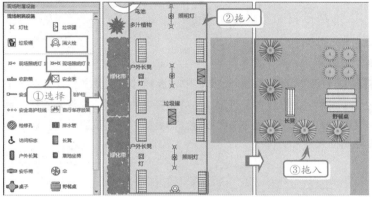

提示

将【垃圾罐】形状拖入到绘图页中，在【大小和位置】对话框中设置"宽度"为"10mm"。

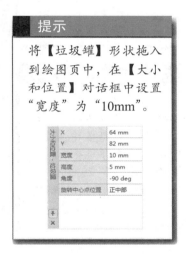

STEP|06 打开【运动场和娱乐场】模具，将【足球场】形状拖入到绘图页的右侧，并在【大小和位置】对话框中设置【宽度】为"56mm"。然后，打开【现场附属设施】模具，拖入【桌子】、【安乐椅】和【伞】等形状到绘图页中。

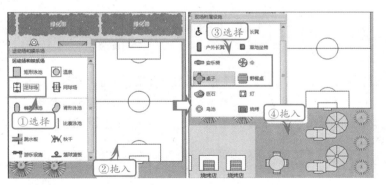

提示

根据绘图页的布局，适当地调整形状的大小和位置。

14.4 练习：城市道路规划图

在为城市设计道路规划图时，也可以使用到 Visio 软件。利用该软件中的【交通形状】模具，可以快速在绘图页中添加道路、路标等图形。本练习将制作北京东城区部分道路的地图。

练习要点

- 创建方向图
- 使用模具
- 使用现场附属设施模具
- 使用植物模具
- 输入和设置文字

提示

方向图包括运输和公共交通形状，例如高速公路、园道、交叉路口、道路和街道标志、路线、铁路轨道、交通终点站、河流和建筑物等。

提示

打开【页面设置】对话框，选择【页面尺寸】选项卡，再选择【自定义大小】单选按钮，并输入"297mm × 210mm"。然后，选择【页面方向】选项区域中的【横向】单选按钮。

提示

选择【插入】选项卡，单击【文本框】按钮，在弹出的菜单中执行【垂直文本框】命令。然后，在绘图页中输入文字即可显示为竖排。

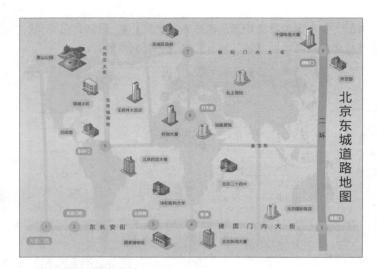

操作步骤 》》》

STEP|01 在 Microsoft Visio 窗口中，选择【模板类别】任务空格中的【地图和平面布置图】选项卡，并选择其中的【方向图】图标，单击【创建】按钮，创建方向图模板。然后，打开【页面设置】对话框设置页面尺寸和方向。

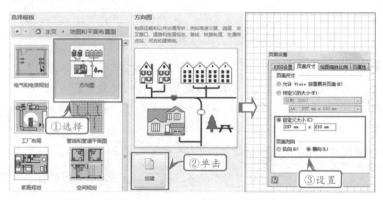

STEP|02 选择【设计】选项卡，单击【背景】按钮，在弹出的菜单中选择【世界】选项，并设置背景色为"浅棕色"。然后，使用【文本框】工具在绘图页的右侧输入"北京东城道路地图"竖排文字。

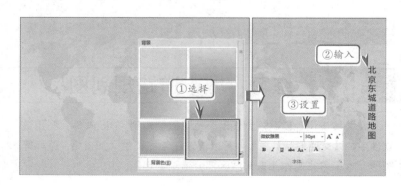

STEP|03 打开【交通形状】模具，选择【弯曲道路 1】形状并将其拖入到绘图页的左侧。然后右击该形状，执行【配置路口】命令，在弹出的对话框中设置【路宽】为"3mm"，并设置填充颜色为"淡蓝色"。使用鼠标调整"弯曲道路"的形状。

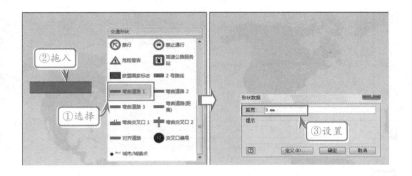

提示

选择"弯曲道路 1"形状，在【开始】选项卡中，设置填充颜色均为"淡蓝色"；线条为无颜色。

STEP|04 选择【弯曲道路 3】形状，将其拖入到绘图页中，设置相同的参数并与"弯曲道路 1"形状相连接。然后使用相同的方法，在其右侧拖入【弯曲道路 1】形状，并调整其形状。

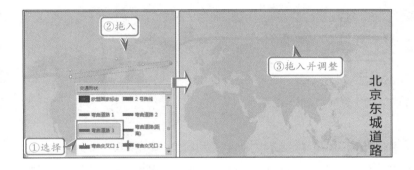

提示

"弯曲道路 1"形状包含有 1 个变形点，而"弯曲道路 3"形状包含有 3 个变形点。

STEP|05 根据以上步骤，使用【弯曲道路 1】和【弯曲道路 3】形状创建其他较窄的道路。然后，使用【文本】工具在"道路"形状上面输入名字，并设置文字的样式和间距。

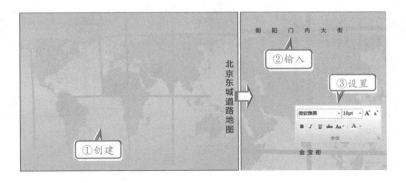

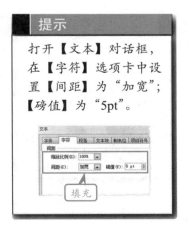

提示

打开【文本】对话框，在【字符】选项卡中设置【间距】为"加宽"；【磅值】为"5pt"。

STEP|06 沿垂直方向拖入一个【弯曲道路 1】形状，沿水平方向插

入一个【弯曲道路 3】形状，并设置【路宽】为"5mm"。然后，在绘图页右侧拖入【弯曲道路 3】形状，并设置填充颜色为"深蓝色"。

提示

设置"北河沿大街"和"东环城南街"文字的字号为"10pt"；"东长安街"和"建国门内大街"文字的字号为"14pt"；"二环"文字的字号为"16pt"。

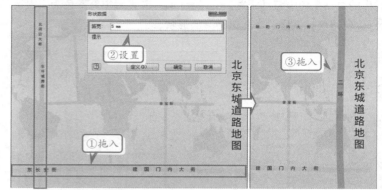

STEP|07 将【交叉口编号】形状拖入到"道路"上面，并更改填充颜色为"绿色"。然后，在其上面输入编号，并设置文字样式。

提示

选择绘图页中的"交叉口编号"形状，在【颜色】窗口中选择"绿色"。

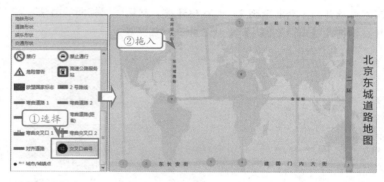

STEP|08 使用【文本】工具在"交叉口编号"形状的旁边输入路口的名称，设置文字的字体为"微软雅黑"；字号为"10pt"；颜色为"白色"，并单击【粗体】按钮。然后，在【形状】组中设置填充颜色为"红色"；线条颜色为无。

提示

输入路标文字后，在【字体】组中设置字体为"微软雅黑"；字号为"10pt"；颜色为"黑色"。

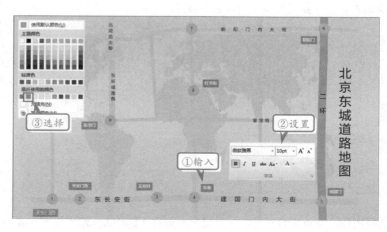

STEP|09 打开【路标形状】模具，将【公园】、【建筑物 1】、【建筑物 2】、【公寓】等形状拖入到绘图页中，并放置在相应的位置。使用【文本】工具在形状的旁边输入名字，并设置文字的样式及填充颜色。然后，在【主题】组中更改主题样式。

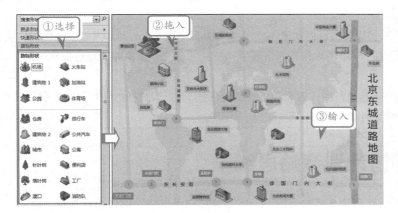

提示

在【主题】组中，选择【颜色】为"铸造-浅"；【效果】为"突出显示斜角"。

15

商务流程图

Visio 软件具有丰富的商业模板和模具，可以用来制作商务流程图。在 Visio 2010 中，用户可以快速地创建商务图形、图表和流程图，以清晰地结构来表现复杂的商业信息，使商业信息可视化，使其更容易进行管理和沟通。

本章通过 4 个实例向读者介绍灵感触发图、因果图、价值流图和 ITIL 图模板的使用方法，使读者在日后工作中可以制作与这些相关的商业图形、图表以及流程图。

Visio 15.1 练习：行销计划策略思维

练习要点

- 创建灵感触发图
- 使用灵感触发形状模具
- 使用图例形状模具
- 使用主标题
- 使用多个标题
- 使用动态连接线

提示

选择【页面设置】对话框的【页面尺寸】选项卡，再选择【自定义大小】单选按钮，并输入"297mm×210mm"。然后，选择【页面方向】选项区域中的【横向】单选按钮。

创建灵感触发图可以将思维过程图形化，以便进行规划、解决问题、制定决策和触发灵感。本练习就使用【商务】模板中的【灵感触发图】制作行销计划策略思维图。

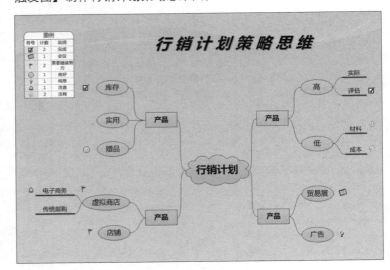

操作步骤 ▶▶▶▶

STEP|01 在 Microsoft Visio 窗口中，选择【模板类别】任务空格中的【商务】选项卡，并选择其中的【灵感触发图】图标，单击【创建】按钮，创建灵感触发图模板。然后，打开【页面设置】对话框设置页面尺寸和方向。

STEP|02 选择【设计】选项卡，单击【背景】组中的【背景】按钮，在弹出的界面中选择"溪流"选项。然后，打开【颜色】对话框并设置【背景色】为"淡蓝色"。

STEP|03 使用【文本】工具在绘图页的顶部输入"行销计划策略思

维"标题文本，并设置文字的字体、字号和间距等。然后，单击【形状】组中的【阴影】按钮，在弹出的菜单中选择"深蓝色"。

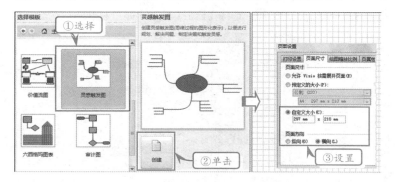

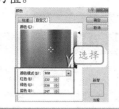

STEP|04 打开【灵感触发形状】模具，选择【主标题】形状并将其拖入到绘图页中。然后，使用【文本】工具在形状中输入"行销计划"文字，并设置文字的样式。

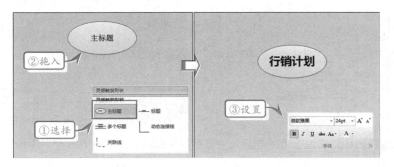

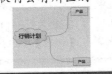
STEP|05 选择绘图页中的"主标题"形状，单击【形状】组中的【填充】按钮，在弹出的界面中选择【主题颜色】为"淡蓝色"。然后，打开【更改形状】对话框，选择【云形】选项，即可将其更改为云形。

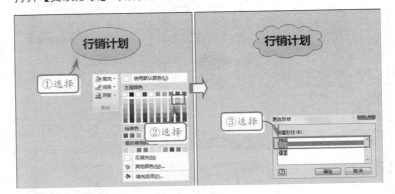

STEP|06 将【主标题】形状拖入到"行销计划"形状的 4 个角，在其中输入"产品"文字，并设置填充颜色为"浅红色"。然后，分别右击这 4 个形状，执行【更改主题形状】命令，在打开的【更改形状】对话框中选择【矩形】选项，将其形状更改为矩形。

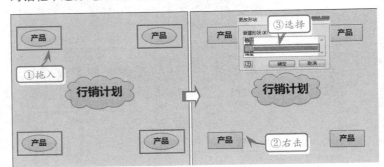

STEP|07 选择【动态连接线】形状并拖入到绘图页中，将其一端连接到左上方的"产品"主标题，将其另一端连接到"行销计划"主标题。然后使用相同的方法，将其他 3 个"产品"主标题与"行销计划"主标题相连接。

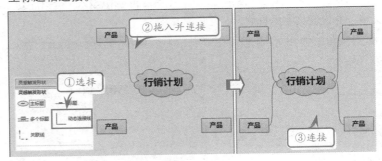

STEP|08 在左上方"产品"主标题的左侧从上至下拖入 3 个"主标题"形状，在其中输入"库存"、"实用"和"赠品"文字，并设置文

字样式。然后，选择"主标题"形状，更改其填充颜色为"淡绿色"，并使用【动态连接线】与"行销计划"主标题相连接。

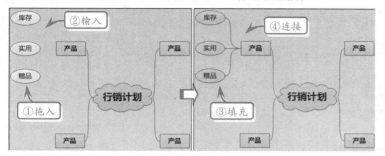

STEP|09 使用相同的方法，在其他"产品"主标题的旁边分别拖入两个【主标题】形状，并输入"虚拟商店"、"店铺"、"高"、"低"、"贸易展"和"广告"文字。然后，使用【动态连接线】进行连接。

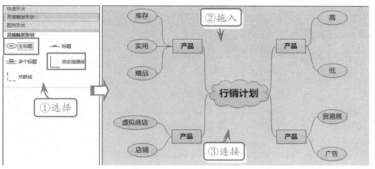

STEP|10 选择【多个标题】形状，将其拖入到"虚拟商店"主标题的左侧，在弹出的【添加多个标题】对话框中输入"电子商务"和"传统邮购"文字。然后，在【字体】组中设置文字的样式，并使用【动态连接线】与"产品"主标题进行连接。

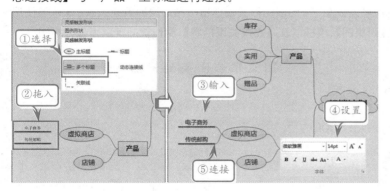

STEP|11 使用相同的方法，在"高"和"低"主标题的右侧拖入【多个标题】形状，并输入标题名称。然后打开【图例形状】模具，将【完成】形状拖入到"库存"主标题的左侧；【良好】形状拖入到"赠品"主标题的左侧。

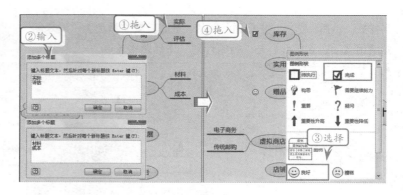

STEP|12 使用相同的方法，将【注意】、【需要继续努力】、【注释】、【构思】和【会议】形状拖入到绘图页中主标题的旁边。然后，将【图例】形状拖入到绘图页的左上方，此时将根据绘图页中的内容自动生成图例。

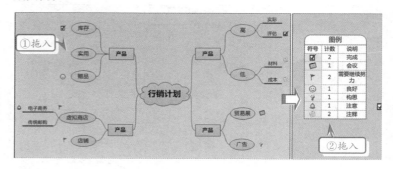

15.2 练习：货品延误因果分析图

在货品交易过程中，延迟交货有时是难以避免的情况。Visio 软件可以以图形、图表的形式表现出货品延误的因果关系。本练习使用【因果图】模板以及【因果关系形状】制作货品延误因果分析图。

练习要点

- 使用因果关系形状模具
- 使用鱼骨框架
- 使用效果形状
- 使用背景
- 设置背景颜色
- 输入文字
- 设置阴影

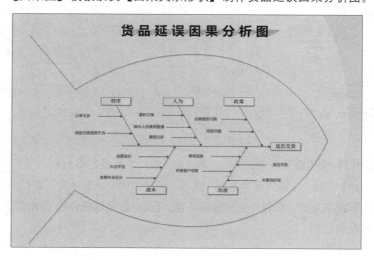

操作步骤 >>>>

STEP|01 在 Microsoft Visio 窗口中，选择【模板类别】任务空格中的【商务】选项卡，并选择其中的【因果图】图标，单击【创建】按钮，创建因果图模板。然后，打开【页面设置】对话框设置页面尺寸和方向。

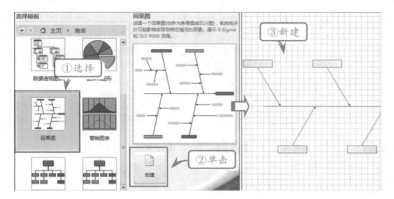

STEP|02 单击【设计】选项卡中的【背景】按钮，在弹出的菜单中选择【技术】选项，并设置【背景色】为"淡蓝色"。然后，在绘图页的顶部输入"货品延误因果分析图"文字，并设置文字样式。

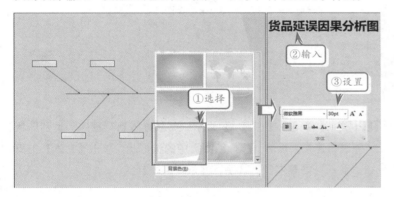

STEP|03 选择标题文字，打开【文本】对话框，选择【段落】选项卡，在【间距】下拉列表中选择【加宽】选项，并在右侧的【磅值】文本框中输入"10pt"。然后，为标题文字添加阴影效果。

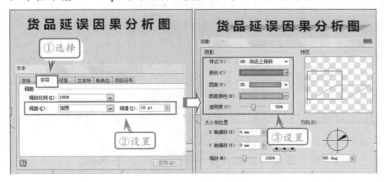

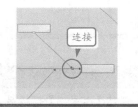

STEP|04 打开【因果图形状】模具，选择【鱼骨框架】形状并将其拖入到绘图页中，使其包含已经存在的形状。然后，在"效果"形状上半部分的右侧拖入一个【类别1】形状。

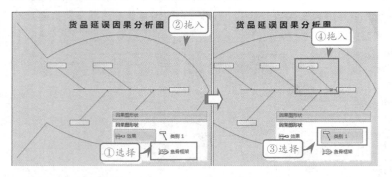

STEP|05 在【类别1】、【类别2】和【效果】形状中输入"程序"、"人为"、"政策"等文字，并设置文字样式。然后，更改"类别"形状的填充颜色为"淡绿色"；"效果"形状的填充颜色为"淡红色"。

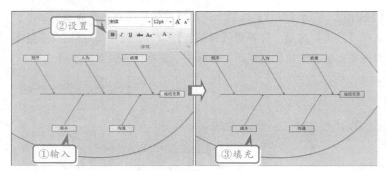

STEP|06 选择【主要原因1】形状，将其拖入到"程序"类别形状处，并进行连接。然后，选择绘图页中的该形状，单击【文本】工具按钮，输入"订单太多"文字，并设置文字样式。

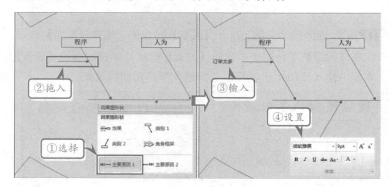

STEP|07 在"订单太多"主要原因下面再拖入1个【主要原因1】形状，并在其中输入"货品交换流程不当"文字。使用相同的方法，在"人为"和"政策"类别处拖入【主要原因1】形状。

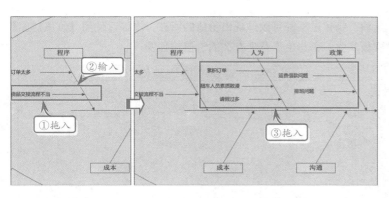

STEP|08 在"成本"类别上面拖入 3 个【主要原因 1】形状，并输入"油费涨价"、"车况不佳"和"急慢件未区分"文字。然后，在"沟通"类别上面拖入两个【主要原因 1】形状，并输入"常绕远道"和"听错客户信息"文字。

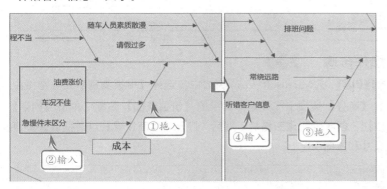

STEP|09 在【因果图形状】模具中，选择【主要原因 2】形状并将其拖入到"沟通"类别的右侧，并输入"路况不熟"和"未掌握时效"文字。然后，选择绘图页中的所有形状并添加阴影效果。

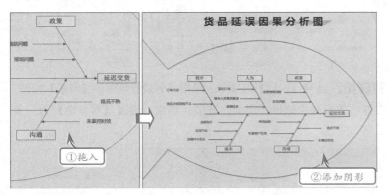

Visio **15.3** 练习：生产管理价值流程图

在生产管理过程中，价值会随着流程不断地变化，生产、组装、运输、销售过程都可以体现出价值的所在。本练习使用【价值流图】模板制作一个与生产管理有关的价值流程图。

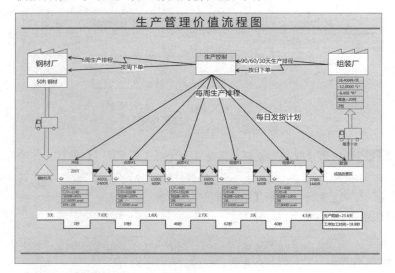

练习要点

- 创建价值流图模板
- 设置背景图像
- 设置边框和标题
- 使用生产控制形状
- 使用电子信息形状
- 使用日程表片断
- 使用运输箭头形状
- 使用运输卡车形状

提示

创建价值流程图可以阐明精益化制作流程中的物流和信息。

提示

在【页面设置】对话框的【页面尺寸】选项卡中启用【自定义大小】单选按钮，输入"420mm×297mm"，并选择【页面方向】选项区域中的【横向】单选按钮。

提示

在【页面设置】对话框的【打印设置】选项卡中，设置【打印机纸张】为"A3：297mm×420mm"。

操作步骤 ▶▶▶▶

STEP|01 在 Microsoft Visio 窗口中，选择【模板类别】任务空格中的【商务】选项卡，并选择其中的【价值流图】图标，单击【创建】按钮，创建价值流图模板。然后，打开【页面设置】对话框设置页面尺寸和方向。

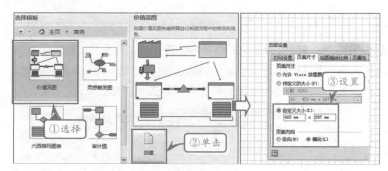

STEP|02 选择【设计】选项卡，单击【背景】组中的【背景】按钮，在弹出的界面中选择"溪流"选项。然后，设置【背景色】为"淡蓝色"。

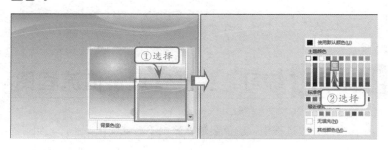

STEP|03 单击【设计】选项卡中的【边框和标题】按钮，在弹出的菜单中执行【字母】命令。然后，打开【背景-1】绘图页，在标题栏输入"生产管理价值流程图"文字，并设置文字之间的间距。

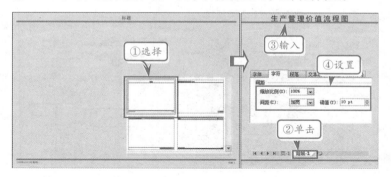

STEP|04 返回到【页-1】绘图页。打开【价值流图形状】模具，将【生产控制】形状拖入到绘图页中。在其两侧拖入【客户/供应商】形状，并输入"钢材厂"和"组装厂"文字。然后，使用【电子信息】形状进行连接。

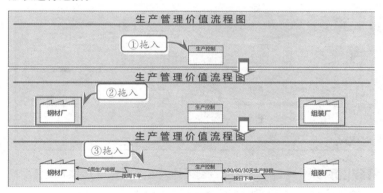

STEP|05 打开【基本形状】模具，拖入一个【矩形】形状到"钢材厂"形状的下面，并在其中输入"50ft"。打开【价值流图形状】模具，拖入【模拟运算表】形状到"组装厂"形状下面，并在其中输入文字内容。

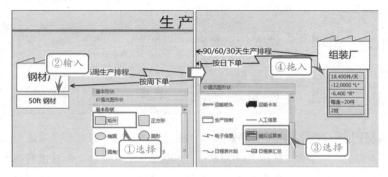

STEP|06 在"钢材厂"形状的下面拖入一个【运输箭头】形状，使

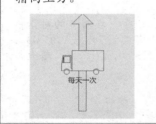

其指向下方。在该形状的上面拖入一个【运输卡车】形状，并更改其
填充颜色为"灰色"。使用相同的方法，在"组装厂"形状的下面拖
入【运输箭头】和【运输卡车】形状。

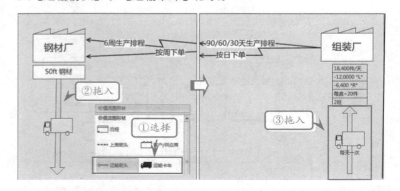

STEP|07 选择【库存】形状，将其拖入到左侧"运输箭头"形状的
下面，并输入"钢材5天"文字。然后，在其右侧拖入【流程】形状，
并输入"冲压"和"200T"文字。

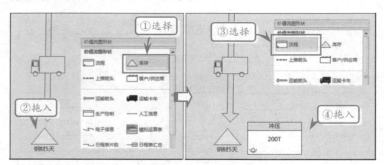

STEP|08 在"冲压"流程的右侧再拖入4个【流程】和1个【生产
控制】形状。然后，在形状之间使用【上推箭头】形状连接，并拖入
【库存】形状。

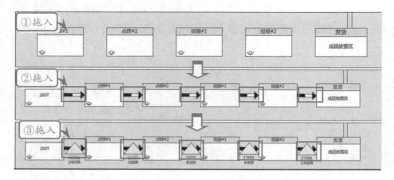

STEP|09 使用【人工信息】形状，将"生产控制"形状与"冲压"、
"点焊#1"、"点焊#2"、"组装#1"、"组装#2"和"发货"形状进行连
接，并在指定的位置输入文字。然后，在【流程】形状下面拖入【模

拟运算表】形状，并输入文字内容。

右击绘图页中的【人工信息】形状，执行【更改箭头】命令，在打开的【线条】对话框中选择"终点"为"03"；"始端大小"为"超大"。

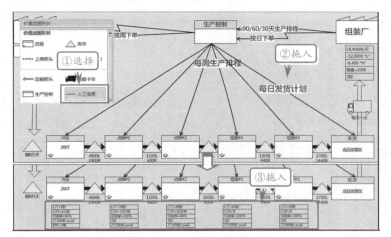

STEP|10 选择【日程表片断】形状，将其拖入绘图页的左下方，调整尺寸并输入"5 天"和"1 秒"文字。使用相同的方法，再拖入 4 个【日程表片断】形状，并输入相应的内容。然后，在最右端拖入【日程表汇总】形状，并输入生产周期和工序加工时间。

选择【日程表片断】形状，使用鼠标拖动其控制点，可以调整形状的尺寸。

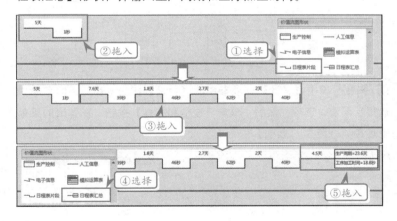

使用【文本】工具，单击【日程表汇总】形状的右侧单元格，即可在其中输入文字。

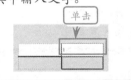

Visio 15.4　练习：特殊号段号码申请安装流程

在电信公司中，特殊号段号码的申请和安装也可以通过 Visio 软件制作成流程图。下面就利用 Visio 中的【ITIL 图】模板，以及 ITIL 形状、部门形状等制作该流程图。

操作步骤 ▶▶▶▶

STEP|01 在 Microsoft Visio 窗口中，选择【模板类别】任务空格中的【商务】选项卡，并选择其中的【ITIL 图】图标，单击【创建】按钮，创建 ITIL 图模板。然后，打开【页面设置】对话框设置页面尺寸和方向。

- 创建 ITIL 图模板
- 设置背景图像
- 设置边框和标题
- 绘制矩形
- 使用 ITIL 形状
- 使用部门形状

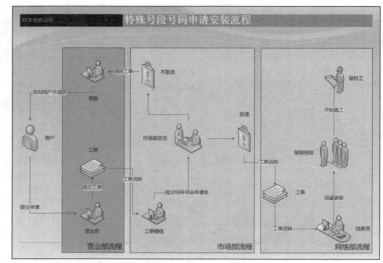

提示

创建 ITIL 图表以便基于 IT 基础设施库(ITIL)标准记录 IT 服务流程管理中使用的最佳做法。

提示

在【页面设置】对话框中的【页面尺寸】选项卡选择【自定义大小】单选按钮,输入"297mm×210mm",并选择【页面方向】选项区域中的【横向】单选按钮。

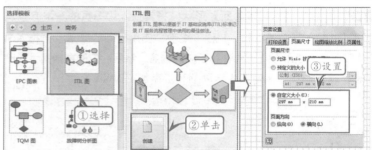

提示

在绘图页中添加背景图像和标题后,其默认颜色为黑白色。

STEP|02 单击【设计】选项卡中的【背景】按钮,在弹出的菜单中选择"溪流"选项。然后,单击【边框和标题】按钮,在弹出的菜单中选择"飞越型"选项。

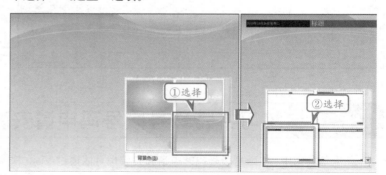

提示

输入标题文字后,在【字体】组中设置字体为"宋体";字号为"24pt",并单击【加粗】按钮。

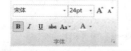

STEP|03 打开【背景-1】绘图页,在标题栏输入"特殊号段号码申请安装流程"文字,并设置文字样式。然后返回绘图页,选择【设计】选项卡,单击【颜色】按钮,在弹出的菜单中选择【广场-浅】选项。

STEP|04 新建"底纹"层,打开【基本形状】模具,选择【矩形】形状并拖入到绘图页中,为其填充蓝色,并输入"营业部流程"文字。然后使用相同的方法,创建绿色和红色两个矩形,并输入"市场部流

程"和"网络部流程"文字。

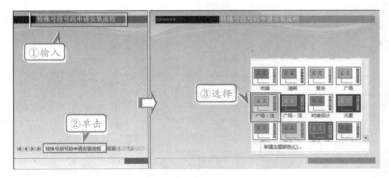

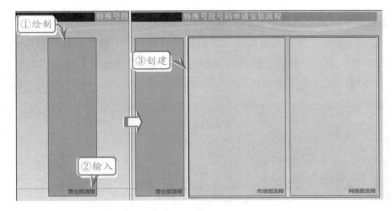

STEP|05 新建 ITIL 层，打开【ITIL 形状】模具，选择【个人】形状并拖入到绘图页的左侧，输入"客户"文字。然后，在蓝色矩形上面拖入两个【服务台】和 1 个【协议】形状。

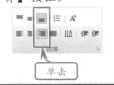
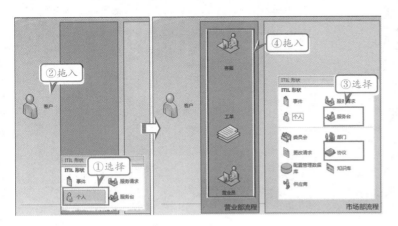

STEP|06 在"市场部流程"矩形上面拖入两个【事件】形状、1 个【服务请求】形状和 1 个【服务台】形状。然后，在"网络部流程"矩形上面拖入【协议】形状和【部门】形状。打开【部门】模具，将【设施】形状和【前台】形状拖入到该矩形的右侧。

提示

执行【更多形状】|【流程图】|【部门】命令,可以打开【部门】模具。

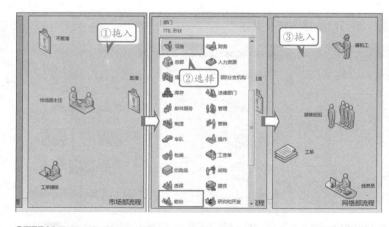

STEP|07 使用【连接线】工具连接"客服"、"客户"、"营业员"和"工单"形状,并在其中输入"告知用户并退款"、"提交申请"和"提交工单"文字。然后,使用相同的方法,通过【连接线】连接"市场部流程"和"网络部流程"。

提示

除了使用【连接线】工具连接形状外,还可以单击形状四周的方向箭头来连接。

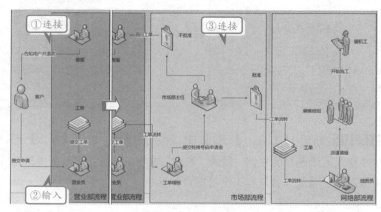

财务报表图

Visio 是一款专业的商业图形、图表绘制软件，其拥有丰富的商业模板及模具。使用 Visio 2010 用户可以快速、简便地完成各种商业图形、图表的绘制，清晰明了地表达复杂的商业信息，使商业信息图表化，管理沟通可视化。本章通过数据透视图表、图表图形、营销图表等模板，以及添加形状等方法，学习财务报表图的绘制方法。

Visio 16.1 练习：针织泳装产品监督抽查图表

通过使用"数据透视图表"模板，连接 Excel 数据表，制作"2010年我省针织泳装产品监督抽查"图表，通过添加类别，将其中一部分产品进行抽样调查，并查看产品质量是否合格。

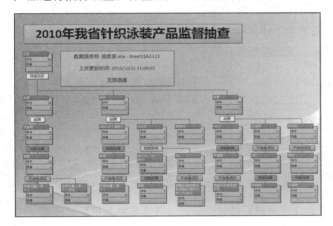

练习要点

- 运用模板
- 连接数据源
- 设置背景
- 添加主题
- 修改主题
- 设置形状样式

技巧

用户可以将弹出的【数据选取器】对话框关闭，等设置背景完成后，将【数据透视图表形状】模具中的【数据透视节点】拖至绘图页中，将弹出【数据选取器】对话框，再进行下步操作。

操作步骤 >>>>

STEP|01 启用 Visio 2010 组件。在【模板类别】任务窗格中，选择【商务】模板内的【数据透视图表】图标，并单击【创建】按钮。然后，在弹出的【数据选取器】对话框中，选择【Microsoft Excel 工作簿】单选按钮，并单击【下一步】按钮。

提示

默认情况下，在【数据选取器】对话框中，要使用的数据为"Microsoft Excel 工作簿"。

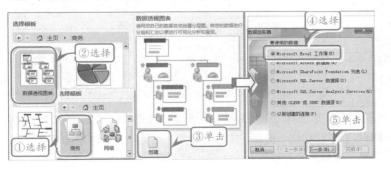

STEP|02 在弹出的【连接到 Microsoft Excel 工作簿】对话框中，单击【浏览】按钮，将弹出【数据选取器】对话框，在该对话框中选择【抽查表】数据源选项，单击【打开】按钮，返回【连接到 Microsoft Excel 工作簿】对话框。

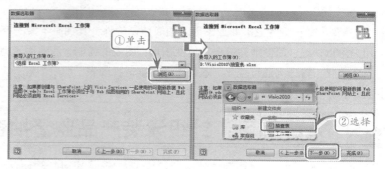

STEP|03 单击【下一步】按钮，在【连接到 Microsoft Excel 工作簿】对话框中单击【选择自定义范围】按钮，在 Excel 表中选择数据，选择的范围将显示在【导入到 Visio】对话框中，并单击【确定】按钮，返回【连接到 Microsoft Excel 工作簿】对话框。

STEP|04 单击【下一步】按钮，将弹出【连接到数据】对话框，在该对话框中，单击【选择列】按钮，然后在弹出的【选择列】对话框中，选择需要的列对应的复选框，不需要的列取消选择复选框即可，并单击【确定】按钮。

STEP|05 单击【下一步】按钮，再单击【完成】按钮。然后，单击【背景】下拉按钮，选择"实心"背景，在页标签栏中单击【背景-1】标签，添加图片，使图片铺满整个绘图区。

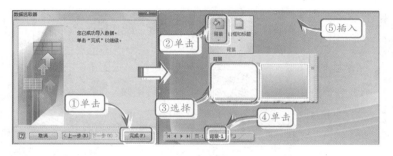

STEP|06 返回【页-1】绘图页中，在【主题】组中应用【办公室颜色，简单阴影效果】主题，并在【效果】下拉菜单中选择【简单阴影】选项，右击执行【复制】命令，然后，在【自定义】选项区域中选择【简单阴影.1】选项，右击执行【编辑】命令，在弹出的【编辑主题效果】对话框中选择【文本】选项卡，设置【中文字体】为"微软雅黑"，并在标题中输入文本。

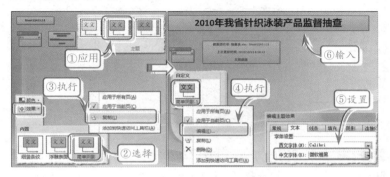

STEP|07 选择【汇总】形状，在【数据透视关系图】窗口的【添加类别】列表中，单击【详细名称】下拉按钮，执行【添加详细名称】命令；并在【添加汇总】列表中选择【数量】复选框。然后，分别选择数据图例和细分形状，设置填充颜色为"浅绿"和"黄色"。

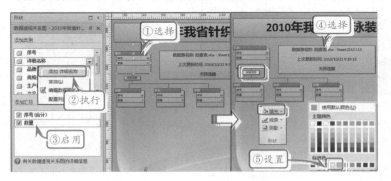

STEP|08 选择【泳裤】形状，在【添加类别】列表中，单击【品牌】下拉按钮，执行【添加品牌】命令，并设置【品牌】细分形状填充颜色为"黄色"。然后按照相同的方法，依次选择【泳衣】和【泳装】形状，添加【品牌】类别，并设置相同的填充颜色。

注意

如果不单击【选择列】和【选择行】按钮，默认情况下是包含所有列和行。

技巧

用户可以选择【数据透视表】选项卡，在【显示/隐藏】组中，输入标题为"2010 年我省针织泳装产品监督抽查"。

提示

设置文本"2010 年我省针织泳装产品监督抽查"的字体大小为"36pt"。

技巧

用户可以直接在【添加类别】列表中单击【详细名称】按钮即可。

选择细分形状，设置文本大小为"10pt"。

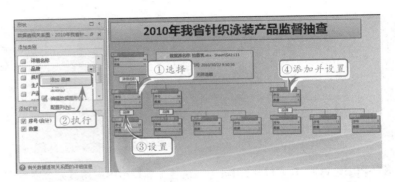

STEP|09 选择【贝迪斯】形状，添加【检测结果】类别，并设置【结果】细分形状填充颜色为"桃红色"。然后，再选择【合格】形状，添加【不合格项目】类别，并设置【不合格项目】细分形状填充颜色为"绿色"。

设置【检测结果】类别的填充颜色为"桃红色"；RGB值为255,51,153。

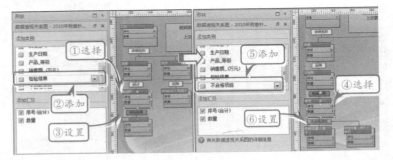

STEP|10 按照相同的方法，选择【JINSHUN（金顺）】形状，添加【检测结果】类别，再选择【合格】形状，添加【不合格项目】类别，设置的填充颜色与前面相同。然后，选择【水之恋】形状，添加【规格型号】类别，并设置填充颜色。

设置【规格型号】类别的填充颜色为"强调文字颜色5，淡色40%"；RGB值为250,195,151。

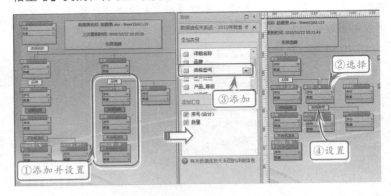

在添加类别时，如果选择的不是一个完整的形状，将弹出【数据透视关系图】警告对话框，提示信息为"若要执行该操作，请在数据透视图中选择一个形状"。

STEP|11 分别选择【规格型号】形状，添加【检测结果】和【不合格项目】类别，并设置填充颜色与前面相同。

STEP|12 选择 Adore 品牌形状，依次添加【检测结果】和【不合格项目】类别，并设置填充颜色与前面相同。然后，再分别选择【贝迪斯】和【斯特利】品牌形状，依次添加【不合格项目】和【检测结果】

类别，并设置填充颜色。

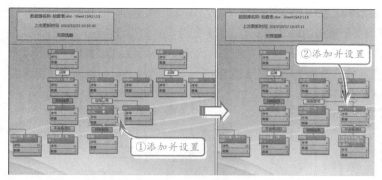

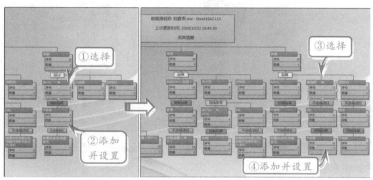

16.2　练习：金融机构统计公报

通过使用 Visio 中的图表和图形模板绘制 "2010 年金融机构统计公报" 图表，这与插入的图表样式相比，表面上看起来是一样的，均可以明显看出金融的变化趋势。

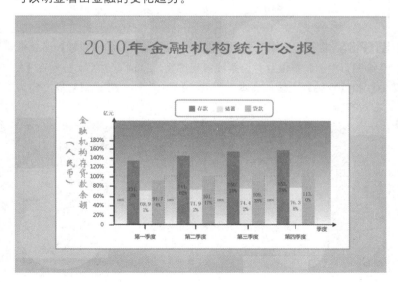

操作步骤 ≫≫≫

STEP|01 启用 Visio 2010 组件。在【模板类别】任务窗格中，选择【商务】模板内的【图表和图形】图标，并单击【创建】按钮。然后，单击【页面设置】按钮，在弹出的【页面设置】对话框中，选择【页面尺寸】选项卡，设置【预定义的大小】为"A4"；并设置【页面方向】为"横向"。

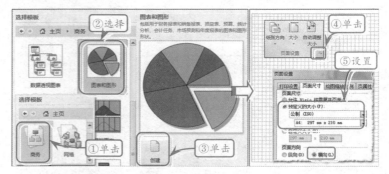

STEP|02 单击【背景】下拉按钮，在下拉菜单中选择【货币】背景并应用。插入横排文本框输入文本"2010 年金融机构统计公报"并设置文本格式。然后，使用【矩形】工具，绘制一个矩形，并设置填充颜色和线条颜色。

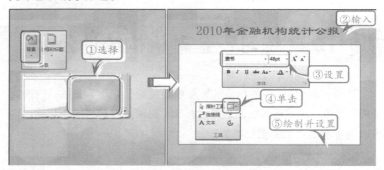

STEP|03 将【绘制图表形状】模具中的【X 轴】和【Y 轴】形状拖至绘图页中，调整位置并设置线条粗细为"2.8pt"。然后，分别在【X 轴】和【Y 轴】上输入文本"季度"和"亿元"，并设置对齐方向为"右对齐"。

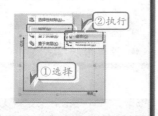

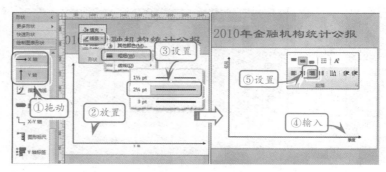

STEP|04 将【绘制图表形状】模具中的【条形图 2】形状拖至绘图页中，将弹出【形状数据】对话框，在该对话框中选择【条形的数目】为 "3"。然后依次选择条形形状，设置相应的填充颜色和线条颜色。

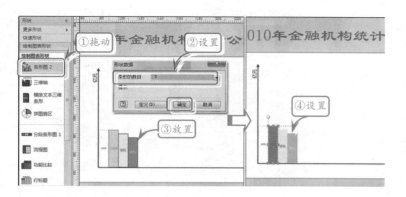

提示

插入【X 轴标签】和【Y 轴标签】形状，双击标签，进入编辑状态，然后输入文本。

STEP|05 将【绘制图表形状】模具中的【X 轴标签】和【Y 轴标签】形状拖至绘图页中，并分别输入文本 "第一季度" 和 "0"。然后，按照相同的方法，依次添加【Y 轴标签】形状，并输入文本 "20%"、"40%"、"60%" 等，直到 "180%"。

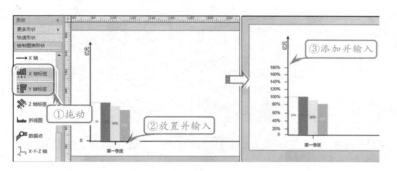

提示

选择【X 轴标签】和【Y 轴标签】形状，执行【组合】|【组合】命令。

注意

修改【条形图 2】形状中的条形形状的填充颜色和值时，需要一个一个进行选择。

STEP|06 依次选择条形形状，修改文本数值为 "131.3%"、"69.67%"、"91.74%"。然后，再添加一个【条形图 2】形状，设置【条形的数目】为 "3"；再添加【X 轴标签】形状，输入文本 "第二季度"。

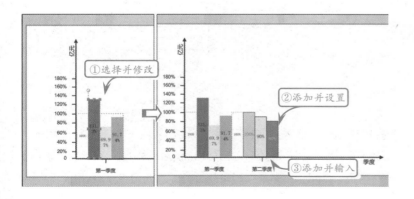

提示

设置 "第三季度" 的值分别为 "150.21%"、"74.42%"、"109.38%"。"第四季度" 的值分别为 "153.78%"、"76.38%"、"113.0%"。

提示

设置"矩形"形状的颜色为"强调文字颜色5，深色25%"，RGB 值为234,112,13；"图案"为"30"；"图案颜色"为"白色"；线条为"无线条"。

提示

设置"矩形"形状的填充颜色为"白色"；线条的"虚线类型"为"01"；"粗细"为"2.5pt"；"颜色"为"强调文字颜色5，深色25%"，RGB 值为234,112,13；"圆角大小"为"2mm"。

提示

设置文本"金融机构存贷款余额（人民币）"的字体为"华文新魏"；大小为"24pt"；颜色为"强调文字颜色5；深色25%"。

提示

设置"矩形"形状的填充颜色与条形形状的填充颜色相同：依次为"蓝色"、RGB 值为84,139,212；"黄色"；"浅绿"；并设置线条为"无线条"。

STEP|07 修改"第二季度"文本的填充颜色与前面相同；修改值分别为"141.62%"、"71.92%"、"101.17%"。然后，按照相同的方法，分别创建"第三季度"和"第四季度"。

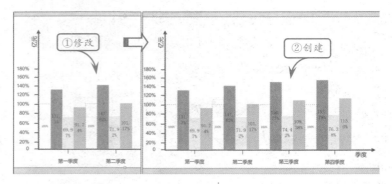

STEP|08 选择4个条形形状，在【排列】组中执行【组合】|【组合】命令。然后，绘制一个【矩形】形状，在【排列】组中，单击【下移一层】按钮，并设置填充选项和线条选项。

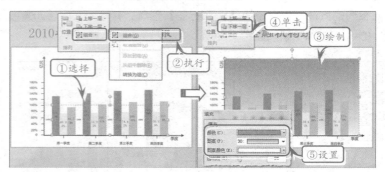

STEP|09 插入【垂直文本框】输入文本"金融机构存贷款余额（人民币）"，并设置文本格式。然后，使用【矩形】工具，绘制一个矩形形状，并设置填充颜色和线条选项。

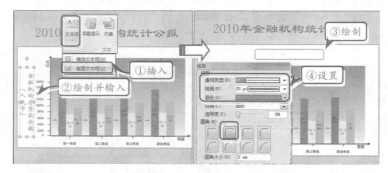

STEP|10 使用【矩形】工具，依次绘制3个"矩形"形状，并分别设置填充颜色和线条属性与前面相同。然后，依次插入【横排文本框】输入文本"存款"、"储蓄"、"贷款"。

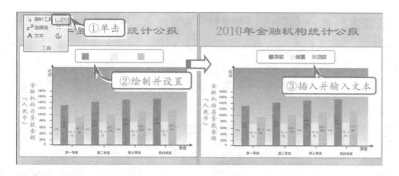

Visio

16.3　练习：搜索引擎营销图表

制作一个完整的搜索引擎营销图表，才能够使搜索引擎营销获得最大效益。下面将使用 Visio 中的营销图表模板，制作"搜索引擎营销图表"，使读者对 Visio 更加了解。

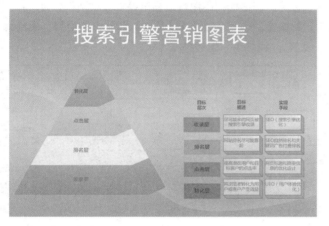

操作步骤 ▶▶▶▶

STEP|01 启用 Visio 2010 组件。在【模板类别】任务窗格中，选择【商务】模板内的【营销图表】图标，并单击【创建】按钮。然后，单击【页面设置】按钮，在弹出的【页面设置】对话框中，选择【页面尺寸】选项卡，设置【预定义的大小】为"A4"；并设置【页面方向】为"横向"。

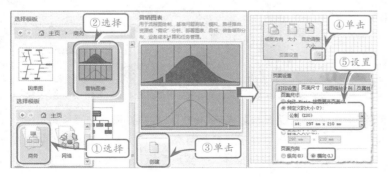

练习要点

- 设置背景
- 添加模板
- 设置模具样式
- 插入文本

技巧

用户可以在【形状】窗格中，执行【更多形状】|【商务】|【图表和图形】|【营销图表】命令，即可打开【营销图表】模具。

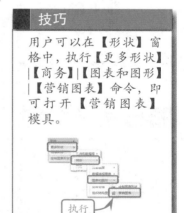

提示

在【背景】下拉菜单中选择"实心"背景。

提示

在弹出的【形状数据】对话框中，默认的【级别数】最多只有5个；如果需要设置更多，单击【定义】按钮，在弹出的【定义形状数据】对话框中进行相应的设置。

提示

设置【三角形】形状中的顶部填充颜色为"浅蓝"。

提示

设置"点击层"形状的填充颜色为"浅绿"；"排名层"形状的填充颜色为"黄色"；"收录层"形状的填充颜色为"强调文字颜色5，深色25%"。

提示

设置"三维框"形状的填充颜色为"橙色"。并选择3个"三维框"形状，右击执行【组合】|【组合】命令。

STEP|02 单击【背景】下拉按钮，在下拉菜单中选择【实心】背景并应用。在页标签栏中单击【背景-1】标签，再单击【图片】按钮，插入图片并将图片铺满整个绘图页中。然后，返回【页-1】绘图页中，插入【横排文本框】输入文本"搜索引擎营销图表"，并设置文本格式。

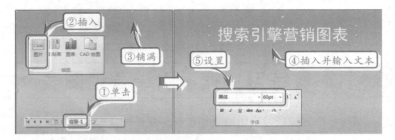

STEP|03 将【营销图表】模具中的【三角形】拖至绘图页中，将弹出【形状数据】对话框，在该对话框中设置【级别数】为"4"，并单击【确定】按钮。然后，选择【三角形】形状中的顶部，设置填充颜色为"浅蓝"；线条为"无线条"。

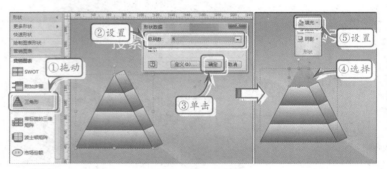

STEP|04 按照相同的方法依次选择形状，设置相应的填充颜色和线条属性，并在每个形状中输入文本，由下向上顺序，依次为"收录层"、"排名层"、"点击层"、"转化层"。

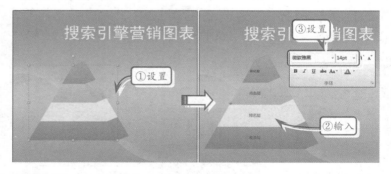

STEP|05 将【营销图表】模具中的【三维框】形状拖至绘图页中，设置填充颜色，并选择该形状复制两次。然后，依次在该形状中输入文本"目标层次"、"目标描述"、"实现手段"。

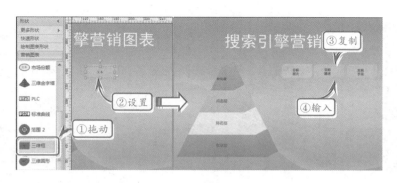

STEP|06 将【营销图表】模具中的【彩色块】形状拖至绘图页中，将弹出【形状数据】对话框，设置【框颜色】为"绿色"，单击【确定】按钮。然后，复制该形状，并分别设置填充颜色，从上到下顺序依次输入文本为"收录层"、"排名层"、"点击层"、"转化层"。

提示

设置"收录层"的填充颜色为"强调文字颜色5, 深色 25%"；"排名层"填充颜色为"强调文字颜色 1, 淡色 40%"；"点击层"填充颜色为"强调文字颜色 2, 深色 25%"；"转化层"填充颜色为"强调文字颜色4, 深色 25%"。并选择4 个彩色块形状，进行组合。

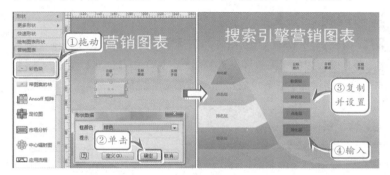

STEP|07 依次将【营销图表】模具中的【三维矩阵】形状拖至绘图页中，然后，在每一个【三维矩阵】形状中输入相应的文本。

提示

选择添加的"三维矩阵"形状，进行组合。并在状态栏设置该形状的宽度和高度，与"三维框"和"彩色块"形状在同一条水平线上。

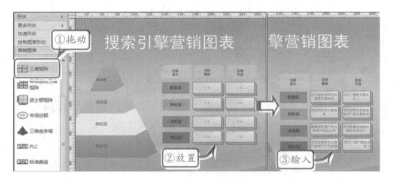

Visio 16.4 练习：汽车库存周期表

　　各企业都期望低库存而能满足客户需求的流畅生产环境，以适应当今激烈竞争的微利时代。下面将使用 Visio 中的图表和图形模板绘制 "2010 年汽车库存周期表"图表，通过图表的形式统计出汽车库存周期量。

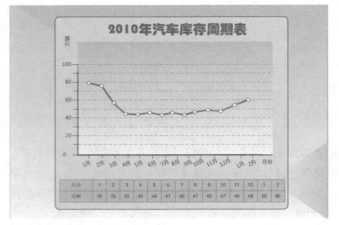

- 插入文本
- 添加模板
- 添加形状
- 设置形状格式

操作步骤 》》》

STEP|01 启用 Visio 2010 组件。在【模板类别】任务窗格中，选择【商务】模板内的【图表和图形】图标，并单击【创建】按钮。然后，单击【页面设置】按钮，在弹出的【页面设置】对话框中，选择【页面尺寸】选项卡，设置【预定义的大小】为"A4"；并设置【页面方向】为"横向"。

用户可以在【最近使用的模板】选项区域中选择【图表和图形】模板，然后单击【创建】按钮。

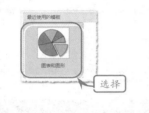

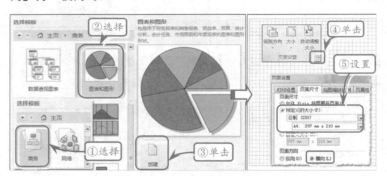

STEP|02 单击【背景】下拉按钮，在下拉菜单中选择【活力】背景并应用。然后，使用【矩形】工具，绘制一个矩形，并设置填充颜色为"强调文字颜色1，淡色60%"及线条选项。

用户可以新建【页-2】绘图页，在该页中插入图片，然后在【页属性】选项卡中设置【类型】为"背景"。

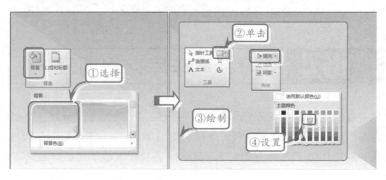

STEP|03 将【绘制图表形状】模具中的【行标题】形状拖至绘图页中，设置填充颜色为"浅绿"，并输入文本"月份"。然后，按照相同的方法，依次添加【行标题】形状，并设置填充颜色及输入相应的文本。

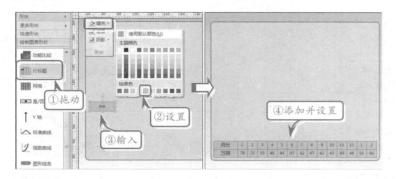

STEP|04 将【绘制图表形状】模具中的【X-Y 轴】形状拖至绘图页中，并设置该形状的"宽度"为"182mm"；"高度"为"115mm"。然后，设置该形状的线条"粗细"为"2.8pt"，并在 X 轴输入文本"月份"；在 Y 轴输入文本"万辆"。

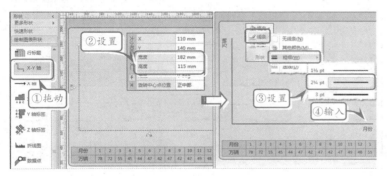

STEP|05 将【绘制图表形状】模具中的【X 轴标签】形状拖至绘图页中，放置在 X 轴上。然后，按照相同的方法依次添加 13 个【X 轴标签】形状，并将该形状上的文本去掉。

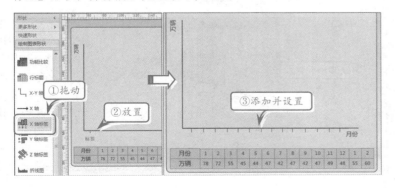

STEP|06 将【绘制图表形状】模具中的【列标题】形状拖至绘图页

提示

将"列标题"形状拖至绘图页中，单击蓝色控制点进行旋转，然后设置填充和线条选项。

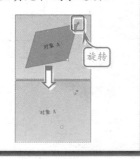

技巧

选择刻度数目为 2 的"图形标尺"形状，进行复制，然后将数字 10 依次更改为 20、40、60、80、100。

提示

选择 Y 轴上的刻度形状进行组合。
设置"矩形"形状的填充颜色为"强调文字颜色 3，淡色 40%"；"图案"为"30"；"图案颜色"为"白色"。

提示

设置线条的"虚线类型"为"02"；"粗细"为"0.5pt"；"颜色"为"绿色"；并设置这些线条与 Y 轴上的刻度水平同时进行组合。

中，设置文本颜色为"黑色"；填充为"无填充"；线条为"无线条"，并输入文本"1 月"。然后按照相同的方法，依次添加【列标题】形状，形状设置与前面相同并输入相应的文本。

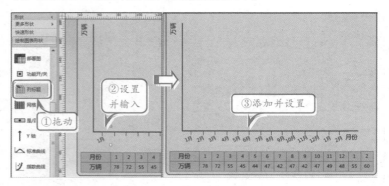

STEP|07 将【绘制图表形状】模具中的【Y 轴标签】形状拖至绘图页中，放置在 Y 轴上并输入数字 0。然后将【图形标尺】形状拖至绘图页中，将弹出【形状数据】对话框，设置【刻度数目】为"2"，并单击【确定】按钮。

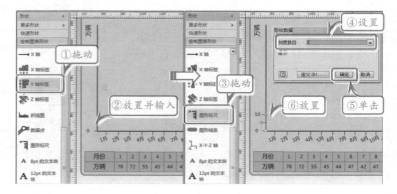

STEP|08 按照相同的方法添加【图形标尺】形状，设置【刻度数目】为"2"，并输入相应的刻度数值。然后，使用【矩形】工具绘制一个【矩形】形状，设置填充选项及线条属性。

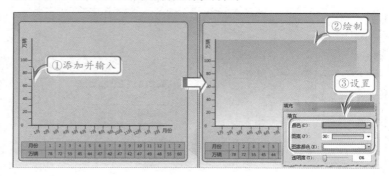

STEP|09 使用【折线图】工具绘制线条并设置线条选项。然后，将

垂直参考线拖至绘图页中,按照表格中输入的数据放置,再依次将【数据点】形状拖至绘图页中, 放置在相应的位置。

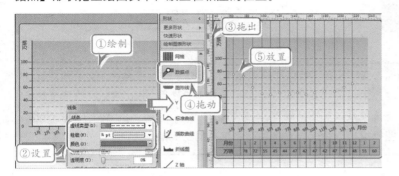

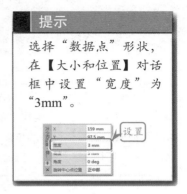

STEP|10 分别将【绘制图表形状】模具中的【图形线条】形状拖至绘图页中, 连接【数据点】形状,并单击【下移一层】按钮。然后,插入【横排文本框】,输入文本"2010 年汽车库存周期表",并设置文本字体为"华文琥珀";大小为"36pt";颜色为"红色",RGB 值为 146,57,49。

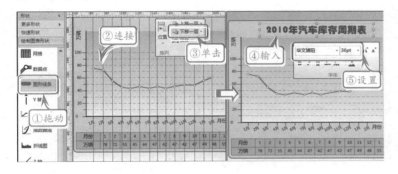

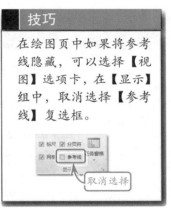

17 网络工程图

计算机网络是由各种路由设备、交换设备、节点和线缆组成的整体系统，在设计、安装和调试计算机网络系统时，需要遵循相应的技术规范和安全规范，因此，有必要使用 Visio 绘制网络系统的拓扑图，预先标明各种设备的位置、连接关系以及拓扑原理。本章将结合 Visio 2010 中的 Active Directory、机架图、基本网络图和详细网络图等模板，快速建立各种网络工程的结构图。

17.1 练习：Active Directory 同步时间原理图

练习要点

- 设置背景
- 添加主题
- 添加边框和标题
- 运用模板

Active Directory 存储了有关网络对象的信息，并且让管理员和用户能够轻松地查找和使用这些信息；Active Directory 还使用了一种结构化的数据存储方式，并以此作为基础对目录信息进行合乎逻辑的分层组织。本练习将使用 Visio 中的 Active Directory 模板，制作"Active Directory 同步时间原理图"。

提示

用户可以在页标签栏中，选择【页-1】选项卡中，右击执行【页面设置】命令，即可弹出【页面设置】对话框。

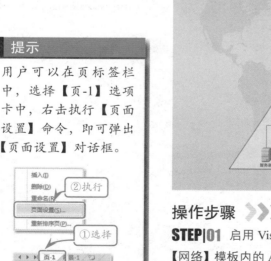

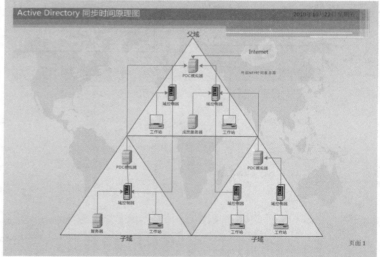

操作步骤 >>>>

STEP|01 启用 Visio 2010 组件。在【模板类别】任务窗格中，选择【网络】模板内的 Active Directory 图标，并单击【创建】按钮。然后，单击【页面设置】按钮，在【页面设置】对话框中，设置【打印机纸张】的大小为"B50"；并选择【横向】单选按钮。

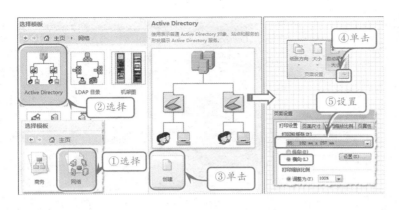

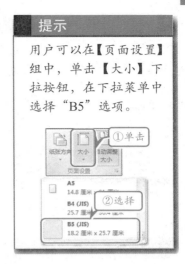

STEP|02 单击【背景】下拉按钮，在下拉菜单中选择【世界】背景并应用。然后，在【主题】组中应用【平衡颜色，按钮效果】主题，并在【颜色】下拉菜单中选择【平衡-浅】效果。

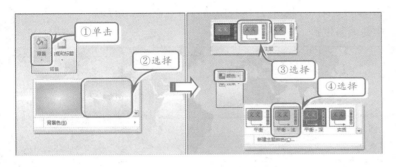

STEP|03 单击【边框和标题】下拉按钮，在下拉菜单中选择【都市】边框和标题；并单击【背景-1】标签，输入标题"Active Directory 同步时间原理图"。然后返回【页-1】绘图页中，将【Active Directory 站点和服务】模具中的【域二维图】形状拖至绘图页中并设置填充颜色。

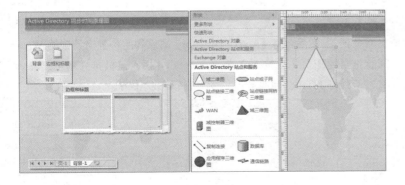

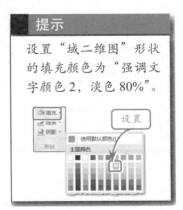

STEP|04 选择【域二维图】形状，设置其"宽度"为"90mm"；"高度"为"70mm"并复制两次，放置在相应的位置。然后，依次在【域二维图】形状上输入文本"父域"、"子域"，并设置文本格式。

提示

设置文本"父域"和"子域"的字体为"微软雅黑"；大小为"14pt"，颜色为"黑色"。

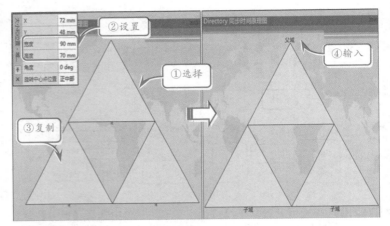

提示

设置添加的两个"域控制器三维图"形状处于平行位置。按照"父域"形状依次向下排列。

STEP|05 将【Active Directory 对象】模具中的【服务器】形状拖至"父域"形状中，并输入文本"PDC 模拟器"。然后，分别将【Active Directory 站点和服务】模具中的【域控制器三维图】形状拖至该域中并调整位置。

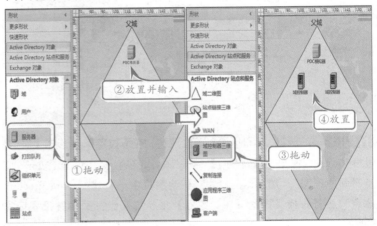

提示

用户可以在【形状】窗格中，执行【更多形状】|【网络】|【Active Directory 站点和服务】命令，即可打开【Active Directory 站点和服务】模具。

STEP|06 分别将【Active Directory 对象】模具中的【计算机】和【服务器】形状拖至"父域"形状中，并分别输入文本"工作站"和"成员服务器"。然后，将【Active Directory 站点和服务】模具中的 WAN 形状拖至绘图页中，输入文本 Internet，并插入【横排文本框】输入文本"外部 NTP 时间服务器"放置在该形状下方。

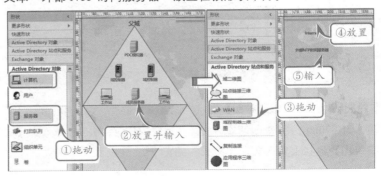

STEP|07 分别将【服务器】、【域控制器三维图】、【计算机】形状拖至"子域"形状中，并在相应的形状下方输入文本"PDC 模拟器"、"工作站"。然后，按照相同的方法，将这三种形状拖至第二个"子域"形状中，并输入相应的文本。

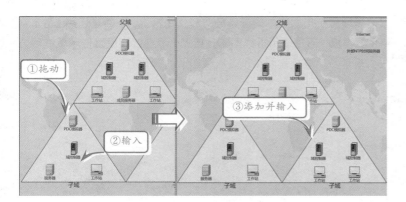

提示

在第二个"子域"形状中，分别添加一个"PDC模拟器"形状；两个"域控制器"形状和两个"工作站"形状，并将这些形状按照顺序依次放置在相应的位置。

STEP|08 单击【连接线】按钮，连接 Internet 和"PDC 模拟器"形状，将箭头指向"PDC 模拟器"形状。然后，按照相同的方法，分别将"父域"形状中其他形状进行连接。

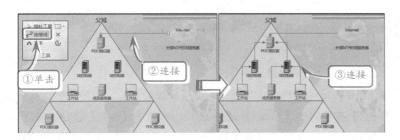

注意

使用【连接点】工具连接每个对象时，箭头指向终止的方向。

STEP|09 按照相同的方法，使用【连接线】工具，使两个"子域"形状中的形状进行相应的连接。

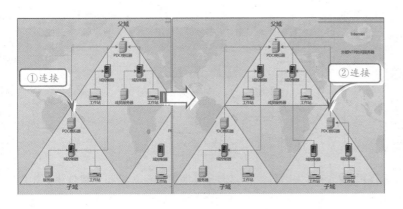

技巧

如果绘制的连接线是弯曲的，可以选择该连接线，右击执行【直线连接线】命令。

Visio

17.2 练习：办公室网络设备布置图

练习要点

- 绘制形状
- 设置形状样式
- 运用模板
- 设置背景
- 应用主题

网络设备布置图是一种设计和记录网络结构的可视化图案，可以清楚地展示出网络内的设备分布和使用情况。下面将运用【基本网络图】模板，通过使用折线图工具绘制形状，以及设置形状填充等方法，来学习"办公室网络设备布置图"的制作方法。

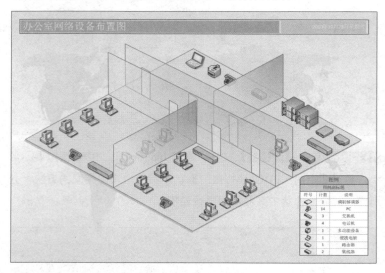

提示

在【页面属性】对话框的【页面尺寸】选项卡中设置"预定义的大小"为"A4"；"页面方向"为"横向"。

操作步骤 >>>>

STEP|01 启用 Visio 2010 组件。在【模板类别】任务窗格中，选择【网络】模板内的【基本网络图】图标，并单击【创建】按钮。然后，设置页面属性，并单击【背景】下拉按钮，在下拉菜单中选择【世界】背景。

提示

在【效果】下拉菜单中选择【基本阴影】效果并应用。

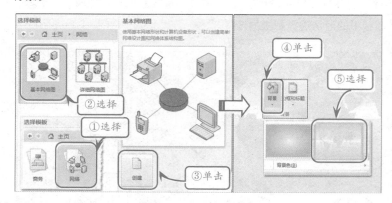

STEP|02 在【主题】组中，选择【地铁颜色，柔和光线效果】主题并应用。然后，单击【边框和标题】下拉按钮，在下拉菜单中选择【平铺】边框和标题，并单击【背景-1】标签，输入标题为"办公室网络

设备布置图"。

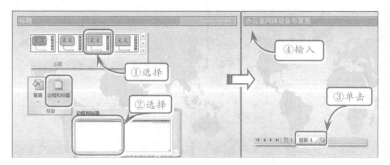

STEP|03 单击【折线图】按钮，绘制一个菱形形状，然后，设置该形状的"宽度"为"273mm"；"高度"为"152mm"；并设置该形状的填充选项及阴影选项。

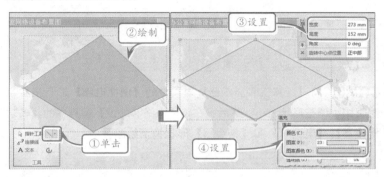

STEP|04 使用【折线图】工具绘制一个平行四边形形状，设置该形状的"宽度"为"136mm"；"高度"为"112mm"，并设置该形状的填充选项。然后，选择该形状复制一次。

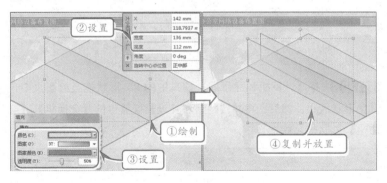

STEP|05 在第一个【平行四边形】形状上依次绘制3个矩形，设置填充选项，并放置在相应的位置。然后，在第二个【平行四边形】形状上依次绘制3个矩形，设置填充选项与前面相同。

STEP|06 绘制一个【平行四边形】形状，设置填充选项与前面相同。然后复制该形状，调整其大小，并单击【下移一层】按钮，将其放置在相应的位置。

提示

在第一个"平行四边形"形状上绘制的 3 个矩形，依次选择并单击【下移一层】按钮。

设置矩形形状的填充颜色为"白色"；透明度为"50%"。

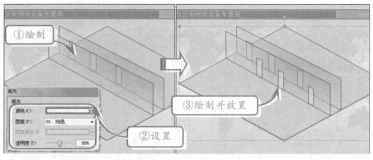

提示

选择复制的"平行四边形"形状，拖动该形状周围的控制点，调整该形状的大小。

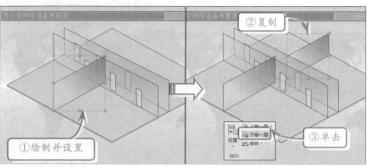

STEP|07 将【计算机和显示器】模具中的【便捷电脑】形状拖至绘图页中，调整形状大小。然后，在将【网络和外设】模具中的【多功能设置】、【电话机】和【集线器】形状拖至绘图页中。

提示

选择"电话机"和"集线器"形状，在【排列】组中单击【下移一层】按钮。

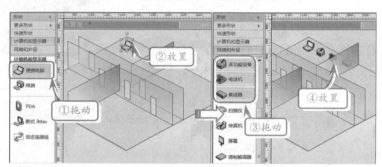

STEP|08 将【计算机和显示器】模具中的 PC 形状拖至绘图页中，调整形状大小。然后，再将【网络和外设】模具中的【交换机】、【电话机】形状拖至绘图页中。

提示

选择右侧添加的 3 个 PC 形状，在【排列】组中单击【下移一层】按钮。

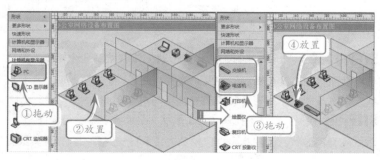

STEP|09 将【架装服务器】模具中的【应用程序服务器】拖至绘图页中，放置在相应的位置。然后，分别将【网络和外设】模具中的【调制解调器】、【集线器】、【路由器】、【电话机】、【交换机】形状和【计算机和显示器】模具中的 PC 形状拖至绘图页中，并放置在相应的位置。

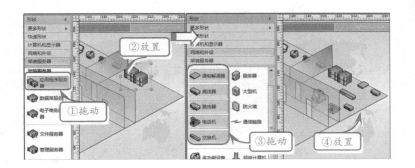

提示

在【形状】窗格中，执行【更多形状】|【网络】|【架装服务器】命令，即可打开【架装服务器】模具。

STEP|10 分别将 PC、【交换机】、【电话机】形状拖至绘图页中，并放置在相应的位置。然后，再将【网络和外设】模具中的【图例】形状拖至绘图页中，放置在绘图页的右下角。

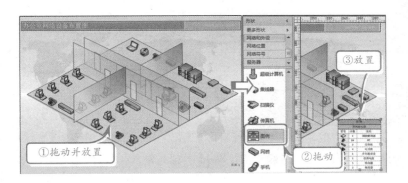

提示

分别在【计算机和显示器】模具中选择 PC 形状和在【网络和外设】模具中选择【电话机】、【交换机】形状。

Visio 17.3 练习：多媒体网站自建机房机架图

机房机架图是一种由网络节点设备和机架式安装设备组合的网络结构图，这可以清楚的标明该机房内各设备间的逻辑关系。下面将通过使用机架模板，来绘制"多媒体网站自建机房机架图"。

操作步骤 》》》》

STEP|01 启用 Visio 2010 组件。在【模板类别】任务窗格中，选择【网络】模板内的【机架图】图标，并单击【创建】按钮。然后，设置页面属性，并单击【背景】下拉按钮，在下拉菜单中选择【世界】

练习要点

● 运用模板
● 添加背景
● 添加边框和标题

背景。

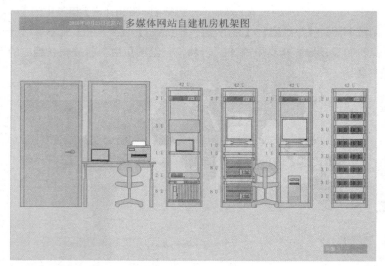

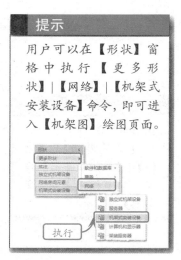

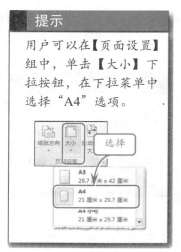

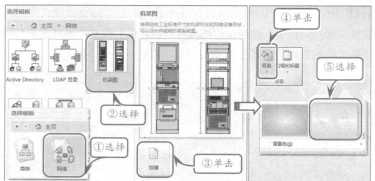

STEP|02 单击【边框和标题】下拉按钮，在下拉菜单中选择【平铺】边框和标题样式，并单击【背景-1】标签，输入标题为"多媒体网站自建机房机架图"。然后，单击【颜色】下拉按钮，在下拉菜单中选择【中灰色-浅】颜色效果。

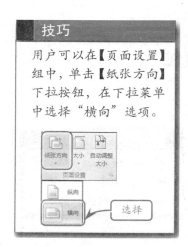

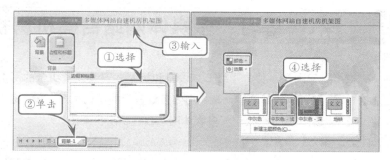

STEP|03 将【网络房间元素】模具中的【门】形状拖至绘图页中，放置在相应的位置。然后，再将【窗户】、【桌子】和【椅子】形状拖至绘图页中，并放置在相应的位置。

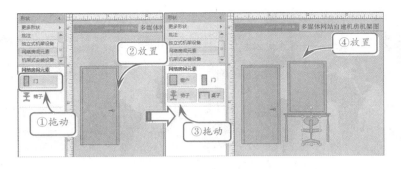

STEP|04 将【独立式机架设备】模具中的【便捷】和【打印机】形状拖至绘图页中，并放置在【桌子】形状上。然后，分别将 4 个【机架式安装设备】模具中的【机柜】形状拖至绘图页中，放置在相应位置。

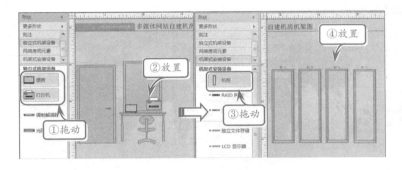

STEP|05 分别将【机架式安装设备】模具中的【电源/UPS】、【电缆托架/定位架】、【架】、【交换机】和【路由器 2】形状拖至【机柜】形状中，并按顺序放置。然后，将【独立式机架设备】模具中【便捷】形状拖至【机柜】形状中，放置在【架】形状上。

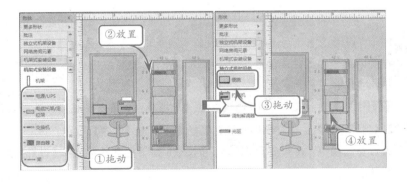

STEP|06 将【机架式安装设备】模具中的【电源/UPS】、【架】、【键盘托架】和【服务器】形状拖至第二个【机柜】形状中，并按顺序放置。然后，将【独立式机架设备】模具中的【显示器】形状拖至【机柜】形状中放置在【架】形状上。

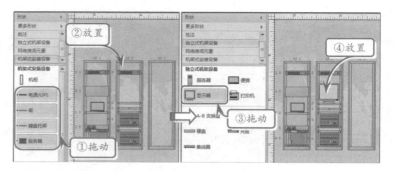

STEP|07 按照相同的方法，依次将【电源/UPS】、【显示器】、【架】、【键盘托架】和【服务器】拖至第三个【机柜】形状中，并添加【椅子】形状放置在第二个【机柜】与第三个【机柜】之间。然后，将【电源/UPS】和【RAID 阵列】形状拖至第四个【机柜】形状中，并放置在相应的位置。

> **提示**
>
> 在这 4 个"机柜"形状中添加的"电源/UPS"形状，放置的位置是在同一条水平线上的。

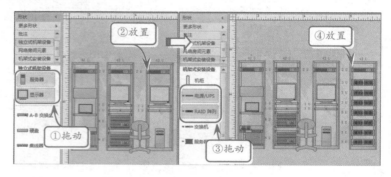

Visio **17.4** 练习：网络计费系统拓扑图

网络拓扑图是一种由网络节点设备和通信介质构成的网络结构图，可以清楚地表明该网络内各设备间的逻辑关系。下面将通过使用详细网络图模板并添加形状，来绘制"网络计费系统拓扑图"。

操作步骤 ≫≫≫

STEP|01 启用 Visio 2010 组件。在【模板类别】任务窗格中，选择【网络】模板内的【详细网络图】图标，并单击【创建】按钮。然后，设置页面属性，并单击【背景】下拉按钮，在下拉菜单中选择【世界】背景。

STEP|02 在【主题】组中，选择【办公室颜色，简单阴影效果】主题并应用。然后，单击【边框和标题】下拉按钮，在下拉菜单中选择【平铺】边框和标题，并单击【背景-1】标签，输入标题为"网络计费系统拓扑图"。

> **练习要点**
>
> ● 添加形状
> ● 运用模板
> ● 添加背景
> ● 添加边框和标题

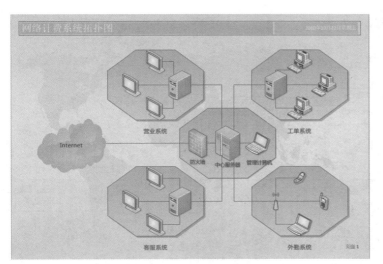

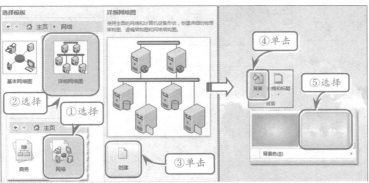

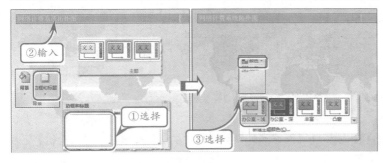

STEP|03 将【基本形状】模具中的【八边形】形状拖至绘图页中，并设置该形状的"宽度"为"80mm"；"高度"为"60mm"。然后，选择该形状复制 4 次，并将这些形状放置在相应的位置，在其中 4 个形状下方，输入文本"营业系统"、"工单系统"、"客服系统"和"外勤系统"。

STEP|04 将【Active Directory 站点和服务】模具中的 WAN 形状拖至绘图页中，并输入文本 Internet。然后，分别将【计算机和显示器】模具中的【LCD 显示器】形状拖至绘图页中，放置在【营业系统】形状中。

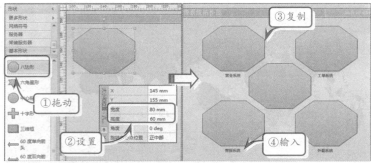

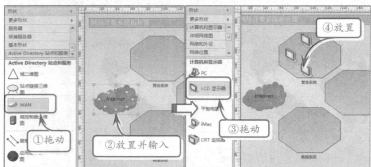

STEP|05 分别将【服务器】模具中的【服务器】形状拖至【营业系统】和【工单系统】形状中，并放置在相应的位置。然后，分别将【计算机和显示器】模具中的 PC 形状拖至【工单系统】形状中。

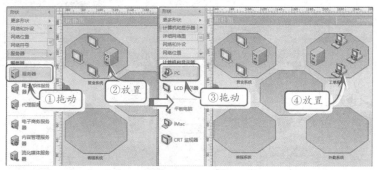

STEP|06 将【网络和外设】模具中的【防火墙】和【大型机】形状拖至绘图页中，放置在中间的【八边形】形状中，输入文本"防火墙"和"中心服务器"。然后，再将【计算机和显示器】模具中的【便捷电脑】形状拖至该形状中，并输入文本"管理计算机"。

STEP|07 将【营业系统】形状中的【LCD 显示器】和【服务器】形状复制到【客服系统】形状中。然后，将【网络和外设】模具中的【手机】、【智能手机】和【无线访问点】形状和【计算机和显示器】模具中的【便捷电脑】形状拖至【外勤系统】形状中。

STEP|08 单击【连接线】按钮，依次将 Internet、【防火墙】、【中心服务器】及【管理计算机】形状连接。然后，按照相同的方法，依次将【营业系统】、【工单系统】、【客服系统】及【外勤系统】形状中的对象进行相应的连接。

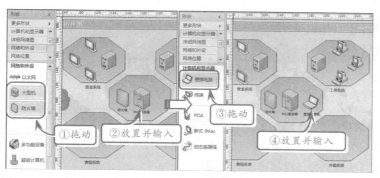

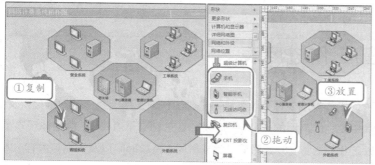

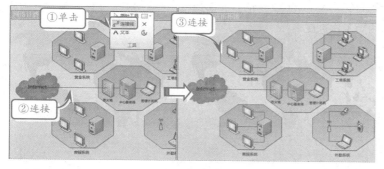

STEP|09 按照相同的方法，使用【连接线】工具，把【营业系统】形状中的【服务器】形状与【中心服务器】形状相连。然后，再使其他【服务器】形状、【无线访问点】形状与【中心服务器】形状相连。

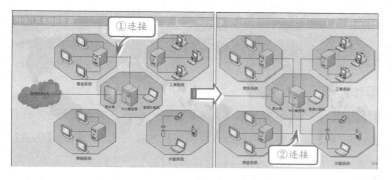

日程日志图

Visio 提供了多种日常办公应用的模板。使用 Visio，用户不仅可以绘制各种矢量图形，还可以结合实际的事务工作来实现办公日程管理，以及工作日志的记录等。本章就将使用 Visio 中的 PERT 图表、甘特图、日程表和日历等模板，实现办公日程和日志的管理。

Visio 18.1 练习：内勤工作进度表

练习要点

- 应用模板
- 甘特图向导
- 添加任务
- 编辑任务
- 插入标注

提示

甘特图又被称为"横道图"、"条状图"，是一种按照时间进度标注工作活动的数据图表，常用于项目管理和日程管理，是现代企业科学管理制度不可缺少的工具。

提示

在 Visio 的"甘特图"模板中，提供了多种应用于甘特图的形状，包括"甘特图框架"、"行"、"列"、"任务栏"、"里程碑"和"标注"等。

工作进度表是表现各种事务性工作的工作计划、工作进程以及其中发生的问题的一种电子表格。在这种电子表格中，需要体现事务性工作的名称、开始时间、完成时间、持续时间以及周期等内容。本例将使用 Visio 2010 中的甘特图模板，快速创建一个图文结合的企业内勤工作进度表。

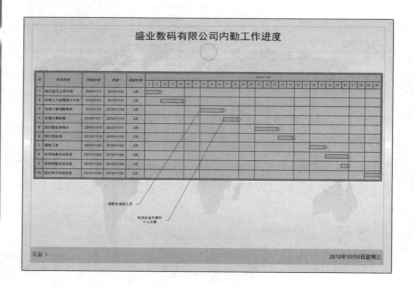

操作步骤 ≫≫≫≫

STEP|01 在 Visio 中单击【文件】按钮，执行【新建】命令，选择【日程安排】类模板，再选择【甘特图】图标，单击右侧的【创建】按钮，创建基于日程安排模板的绘图文档。

STEP|02 在弹出的【甘特图选项】对话框中输入【任务数目】为"10"，

选择【持续时间选项】的【格式】为"天 小时"。然后，单击【开始日期】右侧的按钮，在弹出的日期框中单击月份右侧的"右箭头"图标，切换到 2010 年 11 月，并选择日期为 1 日。

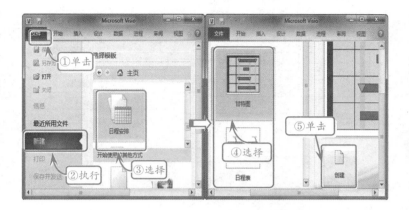

STEP|03 选择【格式】选项卡，设置【里程碑】的【形状】为"★"星形；【完成形状】为"◆"菱形，然后即可单击【确定】按钮。此时，Visio 将自动根据用户设置的内容创建甘特图表，并初步设置所有任务时间为用户定义的 11 月 1 日。

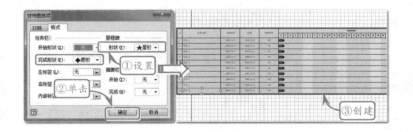

STEP|04 选择甘特图表中的"任务 1"单元格，输入"制订全月工作计划"文本，然后选择右侧的"横道形状"，拖动其黄色的调节柄至 11 月 2 日的时间节点。此时，该任务的"完成"和"持续时间"均将发生变化。

STEP|05 用同样的方式，分别选择其他 9 条任务的任务名称单元格，

输入任务名称。然后，依次修改这些任务的开始时间和完成时间，完成甘特图表的数据输入工作。

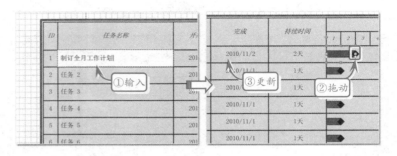

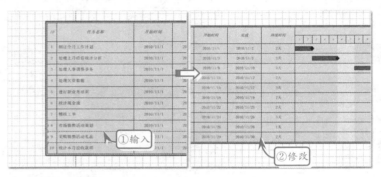

STEP|06 在【形状】窗格中选择【甘特图形状】模具选项卡后，将【水平标注】形状拖至绘图页中。选择该形状，然后拖动其的红色调节柄，将其拖至第三个任务的"横道形状"左侧，然后双击标注文本，输入标注的内容。

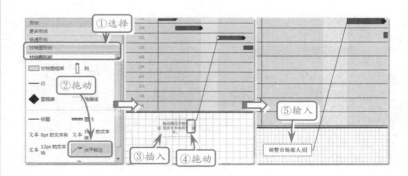

STEP|07 用同样的方式插入其他【水平标注】形状，完成标注，然后即可调整图表中各单元格的宽度，修饰图表。在【设计】选项卡中单击【主题】组中的【其他】按钮，在弹出的菜单中选择【地铁 颜色，柔和光线效果】主题，并为绘图页应用背景和标题，然后即可完成内勤工作进度表的制作。

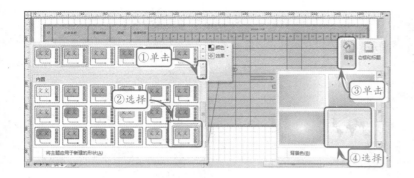

18.2 练习：网站项目开发计划

在实际的项目开发工作中，用户往往需要先制定整个项目开发的计划，此时，就可以使用 Visio 2010 自带的日程表模板，快速列出项目运作的流程，并制定这些流程所花费的时间。本例将使用 Visio 2010 制定某商业网站的项目开发计划。

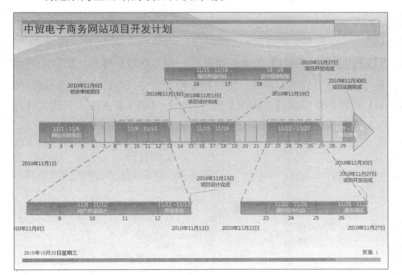

操作步骤 ▶▶▶▶

STEP|01 在 Visio 中单击【文件】按钮，执行【新建】命令，选择【日程安排】类模板，然后即可在更新的窗口中双击【日程表】图标，创建基于该模板的绘图文档。

STEP|02 在新建的绘图文档中选择【设计】选项卡，在【页面设置】组中单击【页面设置】按钮，在弹出的【页面设置】对话框中设置【打印机纸张】为"A4：210mm×297mm"，并选择【横向】单选按钮。选择【页面尺寸】选项卡，设置【预定义的大小】为"公制

（ISO）"和"A4：297mm×210mm"；【页面方向】为"横向"，单击【确定】按钮完成页面设置。

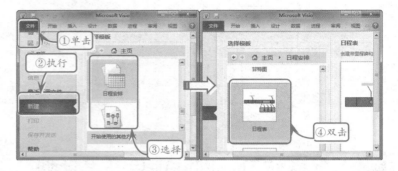

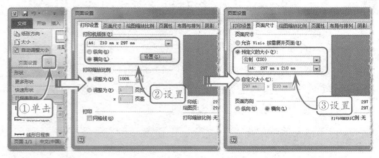

STEP|03 在【形状】窗格中选择【日程表形状】模具，然后即可选择【分段式日程表】形状，将其拖至绘图页中。在弹出的【配置日程表】对话框中设置【时间段】的【开始】、【结束】选项，并定义【时间刻度】为"日"。

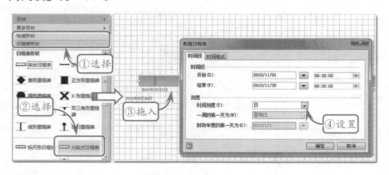

STEP|04 在【日程表形状】模具中选择【标尺间隔】形状，将其拖到日程表上。在弹出的【配置间隔】对话框中设置间隔的【开始日期】、【完成日期】、【说明】以及【日期格式】等属性，单击【确定】按钮完成间隔的插入。

STEP|05 用同样的方式，添加其他的标尺间隔内容，并设置这些间隔内容的属性。然后选择整个日程表，右击执行【显示完成箭头】命令，添加完成箭头标志。

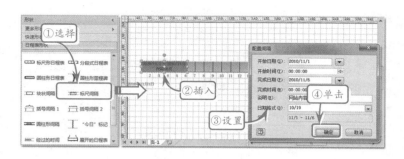

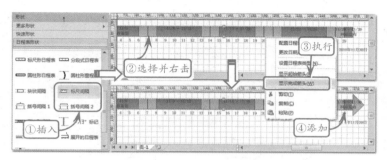

STEP|06 在【日程表形状】模具中选择【展开的日程表】形状，将其拖至绘图页中。然后，即可在弹出的【配置日程表】对话框中设置展开的局部日程表时间【开始】为"2010/11/8"；【结束】为"2010/11/13"，并设置【时间刻度】为"日"。

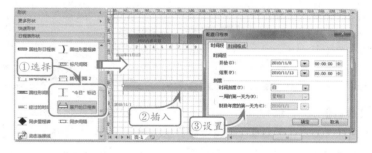

STEP|07 用同样的方式，为主日程表的第三段、第四段间隔添加【展开的日程表】形状，并分别通过【大小和位置】对话框，设置这些形状的位置和尺寸等信息。然后，选择其上方覆盖的同步间隔，将其删除。

STEP|08 从【日程表形状】模具中选择【标尺间隔】形状，将其拖至局部日程表的形状上，为其添加展开的时间间隔内容，并设置其属性。用同样的方式添加其他各局部日程表形状上的时间间隔。

STEP|09 在【日程表形状】模具中选择【双三角形里程碑】形状，将其拖至主日程表的 11 月 6 日位置上，此时，将自动弹出【配置里程碑】对话框。在该对话框中选择【里程碑日期】、输入【说明】并设置【日期格式】，然后即可单击【确定】按钮，插入里程碑。

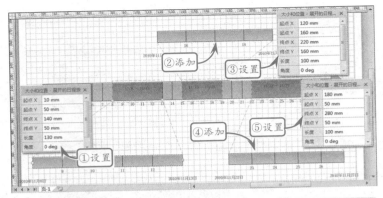

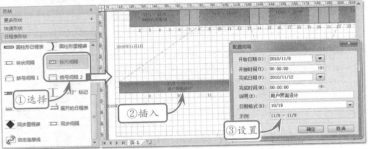

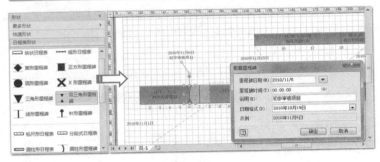

STEP|10 用同样的方式，为主日程表添加其他的里程碑，然后，即可选择【设计】选项卡，在【主题】组中单击【颜色】按钮，在弹出的菜单中选择【奥斯汀】选项，应用"奥斯汀"色彩方案。

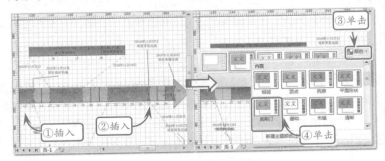

STEP|11 按 Ctrl+A 键 Ctrl+A 选择全部形状，然后选择【开始】选项卡，在【字体】组中设置字体为"微软雅黑"；字号为"11pt"。然后，选择主日程表和展开日程表中的所有时间间隔，在【开始】选项卡的

提示

本例中 3 条展开的日程表形状高度均为 10mm，而主日程表的形状高度则为 16mm。

提示

在为展开的日程表插入标尺间隔时，应先选择相应的展开日程表，然后再从【日程表形状】模具中选择【标尺间隔】形状，将其拖至展开的日程表中相应的位置上。

提示

"里程碑"形状中包含了多个黄色的调节柄，用户可拖动这些调节柄，调节里程碑说明文本的位置。

技巧

双击"里程碑"形状，也可快速编辑里程碑的说明文本。

提示

在【设计】选项卡的【主题】组中单击【效果】按钮，然后即可在弹出的菜单中选择【幻觉斜角】效果，将其应用到绘图文档中。

提示

选择主日程表中的时间间隔，然后选择【开始】选项卡，在【字体】组中设置其字号为"14pt"，完成字体的设置。

【字体】组中设置字体颜色为"白色"（#ffffff）。

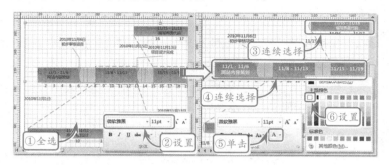

> **提示**
>
> 在设置时间间隔的文字样式的同时，还可调节里程碑文本的位置，防止其与其他形状内容发生重叠。

STEP|12 选择【设计】选项卡，在【背景】组中单击【背景】按钮，在弹出的菜单中选择"溪流"背景。然后单击【边框和标题】按钮，在弹出的菜单中选择"方块"的边框样式。

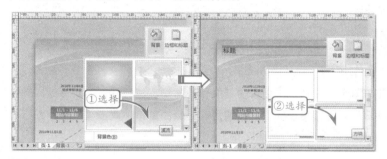

> **提示**
>
> 在设置背景后，用户还可再单击【背景】按钮，执行【背景色】命令，为背景应用更丰富的色彩。

STEP|13 在绘图页状态栏单击"背景-1"标签，切换到新建的绘图页背景中，然后即可双击"标题"文本，为其输入新的绘图页标题名称，完成项目开发计划图的绘制。

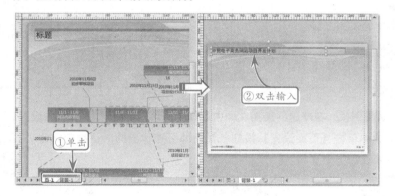

> **提示**
>
> Visio 的边框和标题内容会随用户更改的主题随时发生变化。边框和标题内容包括标题、边框形状、日期以及绘图页的页数等信息。其中，标题文本可由用户自行输入更改，页数和日期均由 Visio 系统生成。

> **提示**
>
> 用户可选择边框和标题部分内容的文本，然后在【开始】选项卡的【字体】组中设置其文本的样式。

Visio 18.3 练习：工作日历图

Visio 除了可创建甘特图和日程表外，还可以根据日期和日历，生成类似台历的数据表格，允许用户为每日添加各种任务标记，从而排列工作任务，备忘重要事务。本例将使用 Visio 的日历模板，制作这样一个工作日历。

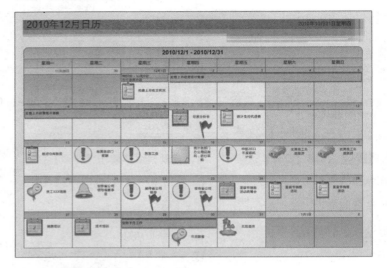

提示

日历模板可创建基于年份、月份、数周、单周以及每日的详细日程，通过日期的矩阵表来展示这些时间需要进行的各种工作。同时还提供了一些常用的时间标签，以标识在特定时间需要处理的事务。

操作步骤 >>>>>

STEP|01 在 Visio 中单击【文件】按钮，执行【新建】命令，选择【日程安排】类模板，然后即可在更新的窗口中双击【日历】图标，创建基于该模板的绘图文档。

提示

日历模板包含了【日历形状】模具，该模具中包含两类内容，一类为月、周、多周、月缩略图、日、年以及约会和多日事件等基本日历形状，而另一类则包括各种应用于日期的日程内容和天气等信息。

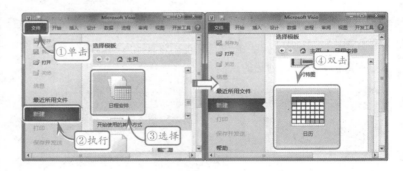

STEP|02 在新建的绘图文档中选择【设计】选项卡，在【页面设置】组中单击【页面设置】按钮，然后即可在弹出的对话框中设置页面属性。

提示

在【打印设置】和【页面尺寸】选项卡中，需要设置纸张为"A4：297mm×210mm"，同时设置"页面方向"为"横向"。

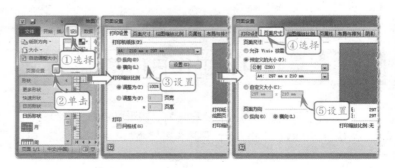

STEP|03 在【形状】窗格中选择【日历形状】模具选项卡,将【多周】形状拖到绘图页中,然后即可在弹出的【配置】对话框中设置日历的【开始日期】、【结束日期】、【一周的第一天为】等属性,并单击【确定】按钮完成添加。最后,选择日历,在【大小和位置】对话框中设置其尺寸和位置坐标。

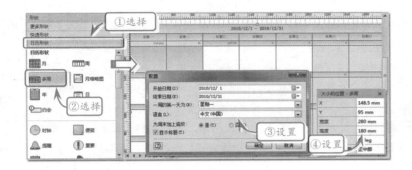

STEP|04 在【日历形状】模具中选择【约会】形状,将其拖至绘图页的任意单元格内,然后即可在弹出的【配置】对话框中设置形状的属性。在选择正确的【日期】后,"约会"形状将自动移动到该日期所在的单元格中。

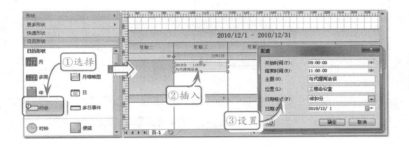

STEP|05 在【日历形状】模具中选择【任务】形状,将其拖至 12 月 1 日的单元格内,然后双击该形状,输入"检查上月收支状况"文本,即可完成工作任务的插入。

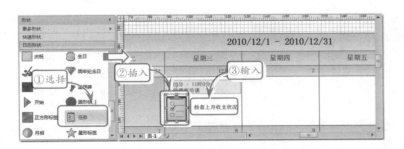

STEP|06 在【日历形状】模具中选择【多日事件】形状,将其拖至

提示

在插入【多日事件】形状后，用户也可直接拖动形状的调节柄，快速更改【多日事件】的【开始日期】和【结束日期】等属性。

提示

【背景】和【边框和标题】的样式会随用户设置的【主题】、【颜色】和【效果】而更新。在为绘图文档添加【背景】和【边框和标题】后，用户即可通过【主题】、【颜色】和【效果】的设置，快速为这两个元素应用样式。

提示

在默认状态下，【颜色】菜单中只包含【纸张】的色彩方案，只有用户为绘图页添加背景后，才可在【颜色】菜单中选择【纸张-浅】色彩方案。

提示

相比传统的字体，"微软雅黑"字体在各种显示设备中可以更加清晰地显示文本的内容。因此，将"宋体"字体替换为"微软雅黑"字体是十分必要的。

12 月 2 日单元格内，在弹出的【配置】对话框中设置该事件的【主题】、【位置】以及【开始日期】和【结束日期】等属性。此时，"多日事件"的形状将自动覆盖这一时间段的单元格。

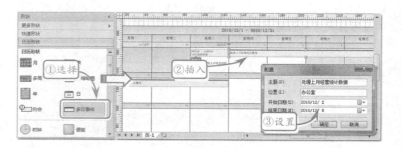

STEP|07 用同样的方式，为日历添加其他各种标记的形状。然后，即可选择【设计】选项卡，在【背景】组中单击【背景】按钮，选择【货币】背景，再单击【边框和标题】按钮，选择【都市】标题样式，将其应用到绘图页中。

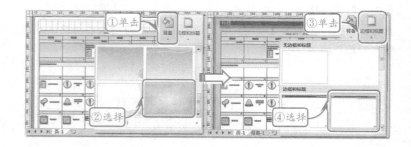

STEP|08 在【主题】组中单击【颜色】按钮，选择【纸张 - 浅】色彩方案，同时单击【效果】按钮，选择【方形】效果，组成日历的主题。

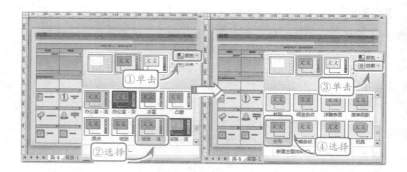

STEP|09 最后，选择所有日历中日程的形状，设置其字体为"微软雅黑"，并切换到【背景-1】绘图页中，更改绘图页的背景标题，即可完成工作日历的制作。

Visio **18.4** 练习：施工计划图

使用 Visio 2010，用户可方便地制作 PERT 图表，快速规划各种工程项目计划，用简洁的图形展示施工过程中各工序的开始时间和结束时间，从而提高施工规划的效率。

练习要点

- 创建 PERT 图表
- 插入 PERT 形状
- 连接形状
- 插入容器
- 插入文本框
- 编辑文本框

提示

PERT 图表是一种由若干个 PERT 块组成的图表，每个 PERT 块表示工程中的一个任务。这些 PERT 块通常以箭头连接，通过箭头的方向标识任务的先后顺序。

操作步骤 >>>>

STEP|01 在 Visio 中单击【文件】按钮，执行【新建】命令，在【模板类别】中选择【日程安排】模板，然后在更新的窗口中选择【PERT图表】图标，单击【创建】按钮，创建基于该模板的绘图文档。

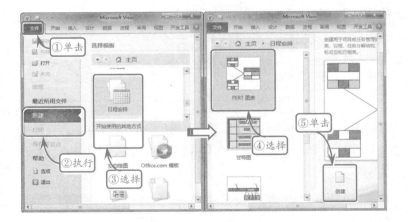

STEP|02 选择【设计】选项卡，在【页面设置】组中单击【页面设置】按钮，在弹出的【页面设置】对话框中设置【打印机纸张】为"A4：210mm×297mm"，并选择【横向】单选按钮。

提示

PERT 块形状主要包括两种，一种是包含任务的最早和最迟开始时间、持续时间、可宽延时间、最早和最迟完成时间的复杂 PERT 形状。

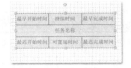

另一种则是包含任务的计划和实际开始时间、完成时间的简化 PERT 形状。

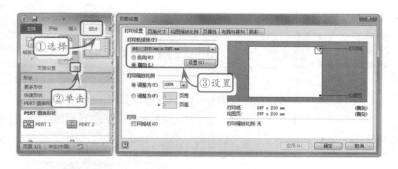

STEP|03 选择【页面尺寸】选项卡，选择【预定义的大小】单选按钮，并选择【公制（ISO）】和【A4：297mm×210mm】选项，设置【页面方向】为"横向"；然后选择【页属性】选项卡，输入绘图页的名称文本，最后单击【确定】按钮，完成页面设置。

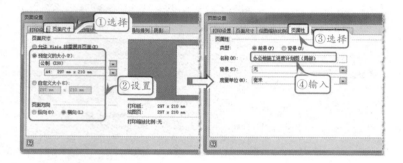

STEP|04 在【形状】窗格中选择【PERT 图表形状】模具选项卡，选择 PERT 2 形状，然后将其拖至绘图页中。选择该形状，输入任务的名称，并在【大小和位置】对话框中设置其坐标和尺寸等属性。

STEP|05 双击形状中的【实际开始时间】文本，在其中输入该任务的开始时间。然后双击形状中的【实际完成时间】文本，输入任务的完成时间。

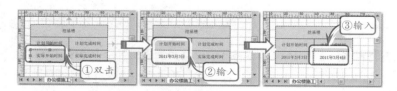

STEP|06 选择 PERT 形状,待其四周出现蓝色的三角箭头时,将鼠标移至形状右侧的蓝色三角箭头上,在弹出的浮动菜单中选择 PERT 2 形状,创建一个与当前形状连接的 PERT 形状。

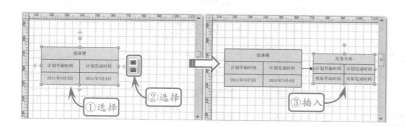

提示

默认插入的 PERT 形状尺寸为 40mm×20mm,需要用户手动在【大小和位置】对话框中修改其尺寸为 50mm × 25mm,并依次修改其位置。

STEP|07 用同样的方式设置新插入的 PERT 2 形状的坐标和尺寸,然后即可输入"任务名称"文本、"实际开始时间"文本以及"实际完成时间"等文本。用同样的方式,为绘图页插入其他 PERT 形状,完成主要内容的编辑。

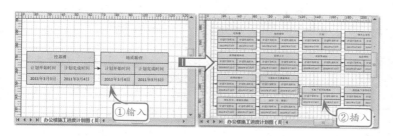

提示

插入的所有 PERT 形状以矩阵的方式排列,其中,各列的水平坐标分别为 40mm、95mm、150mm、205mm 和 260mm,各行的垂直坐标分别为 160mm、130mm、100mm 和 70mm。最后一行的 3 个 PERT 形状的垂直坐标均为 85mm。

STEP|08 选择【设计】选项卡,在【背景】组中单击【背景】下拉按钮,在弹出的菜单中选择【货币】背景;然后,再单击【边框和标题】下拉按钮,在弹出的菜单中选择【模块】选项,分别将背景和标题应用到绘图页中。

提示

在默认状态下,插入形状的背景、边框和标题为灰色,需要用户另外为其应用主题以添加颜色。

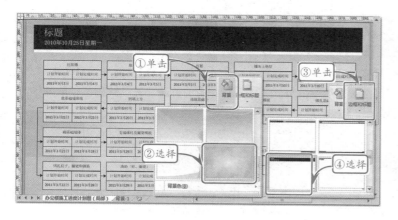

STEP|09 再次选择【设计】选项卡,在【主题】组中单击【颜色】下拉按钮,在弹出的菜单中选择【办公室 - 浅】色彩方案;然后,再单击【效果】下拉按钮,在弹出的菜单中选择【简单阴影】选项,

提示

在默认状态下,颜色方案可应用到所有绘图页的形状中,但"简单阴影"特效则无法应用到 PERT 形状中。

分别将色彩方案和特效应用到绘图页中。

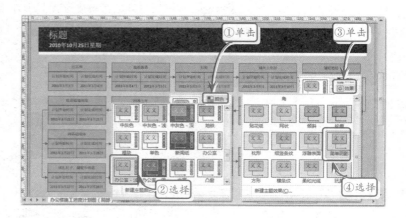

STEP|10 按住 Shift 键 Shift，依次选择所有 PERT 形状中除任务名称以外的单元格，选择【开始】选项卡，在【形状】组中单击【填充】下拉按钮，选择【白色】选项。然后，按 Ctrl+A 键 Ctrl+A 选择所有形状，在【字体】组中设置其字体为"微软雅黑"。

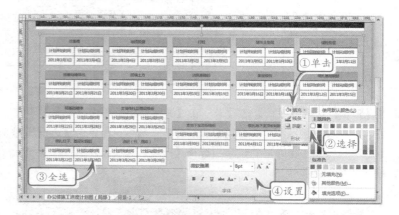

STEP|11 选择【插入】选项卡，单击【容器】按钮，插入"容器 5"样式的容器。为容器插入一个【横排文本框】，输入注释文本，然后即可设置容器的样式，编辑绘图页的标题，完成绘图文档的制作。

第 3 篇

Visio 2010 进阶篇

在使用 Visio 绘制形状后，用户还可以为形状定义数据信息，或通过外部数据库来定义形状的信息。除此之外，Visio 2010 还提供了多种与数据相结合的功能，包括资产管理、进程改进、项目管理、项目日程以及销售概要等。

19.1 定义形状数据

形状数据是与形状直接关联的一种数据表，其主要用于展示与形状相关的各种属性及属性值。

定义形状数据，可在 Visio 中选择形状，然后右击执行【数据】|【定义形状数据】命令。

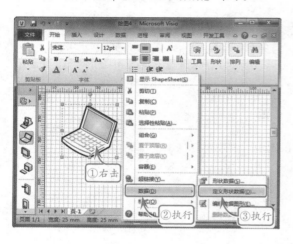

在弹出的【定义形状数据】对话框中，用户可直接输入形状数据的各种属性，并设置标签的类型和格式等。

单击【新建】按钮，可以创建新的形状数据标签。形状数据定义的项目主要包括以下几种。

名　称	说　明
标签	指定数据的名称
名称	指定表格中数据的名称
类型	指定数据值的数据类型
语言	指定数据值所使用的语言
格式	指定数据值的字母大小写格式
日历	如果设置"类型"为"日期"，则可在此选择日历
值	包含数据的初始值
提示	指定"定义形状数据"对话框的工具提示信息
属性	列出所选形状或数据集的所有属性

19.2 为形状导入数据

在 Visio 2010 中，用户除了直接为形状输入数据外，还可以从外部的文档中导入数据。

1. 导入数据

选择【数据】选项卡，在【外部数据】组中单击【将数据链接到形状】按钮，打开【数据选取器】对话框，选择【Microsoft Excel 工作簿】单选按钮，并单击【下一步】按钮。

据表的首行作为标题行。

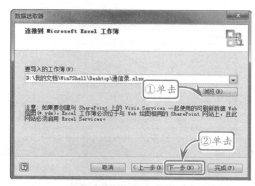

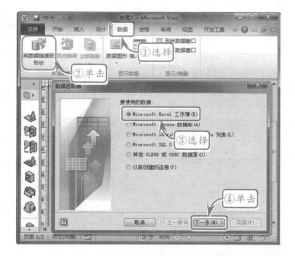

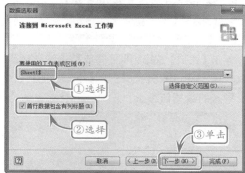

然后，即可输入或单击【浏览】按钮选择数据文档的位置，单击【下一步】按钮。

在更新的对话框中选择导入数据所在的数据表。选择【首行数据包含有列标题】复选框，将数

在更新的对话框中，用户可单击【选择列】按钮，打开【选择列】对话框，在其中选择导入数据的列。同时，也可单击【选择行】按钮，打开【筛选行】对话框，在其中选择导入的行。

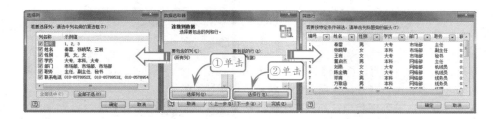

在选择了导入数据的行和列之后，即可单击【下一步】按钮，在更新的【数据选取器】对话框中选择【使用以下列中的值唯一标识我的数据中的

行】单选按钮，然后选择用于编号的列，将其作为数据的编号。

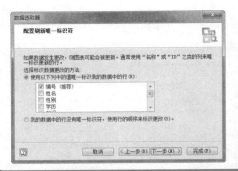

提示

用户也可选择【我的数据中的行没有唯一标识符，使用行的顺序来标识更改】单选按钮，不使用自动编号系统。

单击【完成】按钮，即可完成数据的链接操作。此时，在 Visio 中将自动打开【外部数据】窗格，展示导入的数据信息。

2. 链接数据到形状

用户可使用两种方法将数据链接到形状上，即拖动数据和执行链接命令。

● **拖动数据**

在【外部数据】窗格中选择数据行，将其拖到形状上方。当鼠标光标转变为带链接的箭头时，即可松开鼠标，将数据连接到形状上。

● **执行链接命令**

在选择形状后，用户也可选择【外部数据】窗格中的数据行，右击并执行【链接到所选的形状】命令，同样可将数据链接到形状中。

提示

在将数据链接到形状上之后，形状的右侧就会显示链接数据的信息。

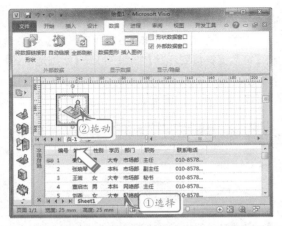

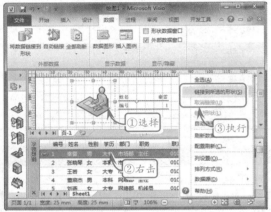

3. 自动链接数据

除了手动链接数据到形状外，用户还可以根据形状的文本，自动将数据链接到形状上。首先插入多个形状，然后为形状输入编号的文本内容。

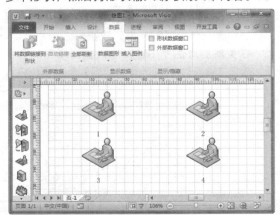

选择【数据】选项卡，在【显示/隐藏】组中选择【外部数据窗口】复选框打开【外部数据】窗格，然后右击任意数据行，执行【自动链接】命令。

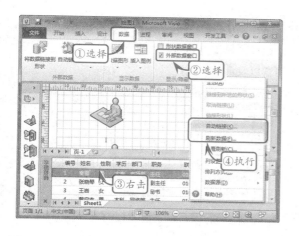

在弹出的【自动链接】对话框中，选择【此页
上的所有形状】单选按钮，并单击【下一步】按钮。

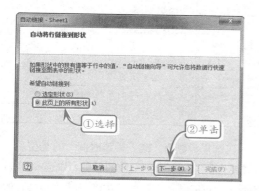

提示

如在执行【自动链接】命令之前先选择一个
形状，则【自动链接】对话框中的【选定形
状】选项将可用。否则该选项将不可用。

在更新的对话框中设置【数据列】为"编号"，
同时设置【形状字段】为"形状文本"，然后单击
【完成】按钮，完成数据的自动链接。

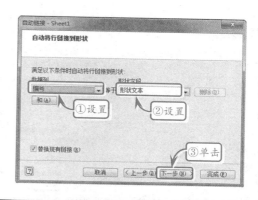

技巧

如需要为自动链接数据和形状添加更多的
条件，则可单击【和】按钮，然后在新增的
关联字段中加入内容。

此时，数据将自动链接到形状中，完成自动链
接数据操作。

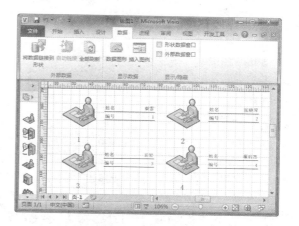

提示

在默认状态下，每个形状中将显示链接数据
的前两列数据内容。如需要显示更多列的数
据内容，可参考之前相关的小节。

19.3 更改数据图形

在默认状态下，为形状链接数据后，将显示编
号以及数据的任意一列内容。如导入的数据包含多
列内容，则用户可更改数据图形，设置形状显示其
他格式的数据。

在导入的外部数据中，通常提供多列的数据内
容，用户可在【外部数据】列表中右击执行【列设

置】命令。

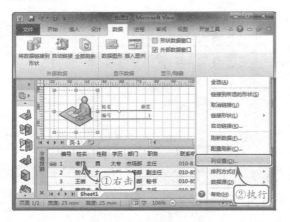

在弹出的【列设置】对话框中，提供了数据表的各个列，用户可方便地修改列的属性。

在选择列的选项后，用户可单击【上移】或【下移】按钮，更改列在数据表中的顺序。单击【重命名】按钮，可更改当前选择列的名称。【重置名称】按钮的作用是恢复被修改的列名称。

单击【数据类型】按钮，可打开【类型和单位】对话框，设置该列内容的数据类型、单位、货币、语言以及日历等属性。

Visio 的数据类型主要包括以下几种。

数据类型	说　明
数值	普通数值
布尔型	由 True（真）和 False（假）组成的逻辑数据
货币	由带两位小数的数字和货币符号构成的数值
日期	可通过日历更改的日期时间
持续时间	由整数和时间单位构成的数值
字符串	普通字符

在选择"数值"或"持续时间"的类型后，可在【单位】列表中选择相应的单位；如选择"货币"类型，则可在【货币】列表中选择货币种类；如选择"日期"的类型，则可设置日期数据的语言，并通过【日历】列表选择历法；如选择"字符串"的类型，则可在【语言】列表中选择字符所属的语言。

> **提示**
>
> 在【列设置】对话框中，用户还可通过【所选列的宽度】属性，设置列的宽度像素值。

Visio 19.4 编辑数据图形

在默认状态下，定义的形状数据并不会直接显示在形状的外部，而导入的形状数据也只会显示前两列内容。因此，需要用户通过编辑数据图形的功能，展示形状的数据。

1. 新建数据项目

如需要编辑数据的图形，则可选择形状，右击执行【数据】|【编辑数据图形】命令。

在弹出的【新建数据图形】对话框中，用户可单击【新建项目】按钮。

用同样的方式，添加其他形状的数据信息，然后，在【新建数据图形】对话框的列表内查看这些信息。

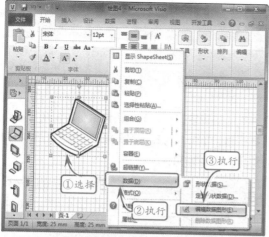

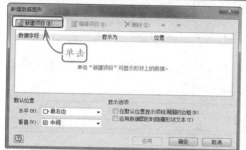

在弹出的【新项目】对话框中，用户可选择【数据字段】，设置该字段的显示方式、样式以及位置等属性，并单击【确定】按钮。

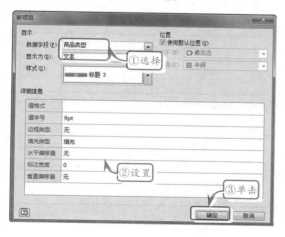

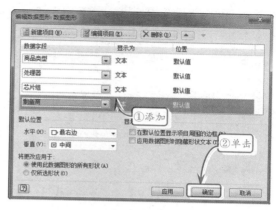

单击【确定】按钮返回 Visio 窗口，然后将数据信息添加到形状中。此时，在形状的右侧就会显示这些信息。

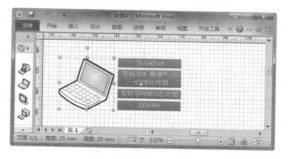

2．编辑数据项目

在创建数据项目后，用户还可对数据项目进行编辑。选择形状，右击执行【数据】|【编辑数据图形】命令。

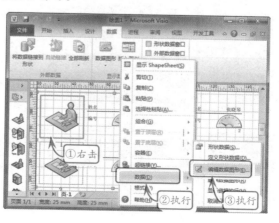

在弹出的【编辑数据图形】对话框中，显示了已添加的数据项目内容。选择需要的项目字段后在【数据字段】列表中编辑数据项目所属的字段。

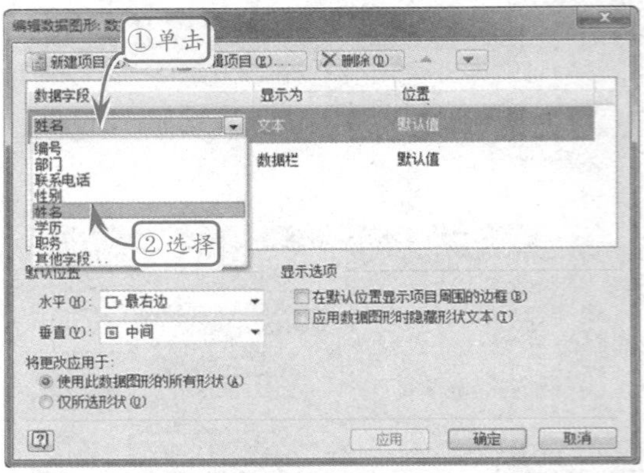

如列表中未显示需要的字段，则用户可选择【其他字段】选项，打开【字段】对话框。

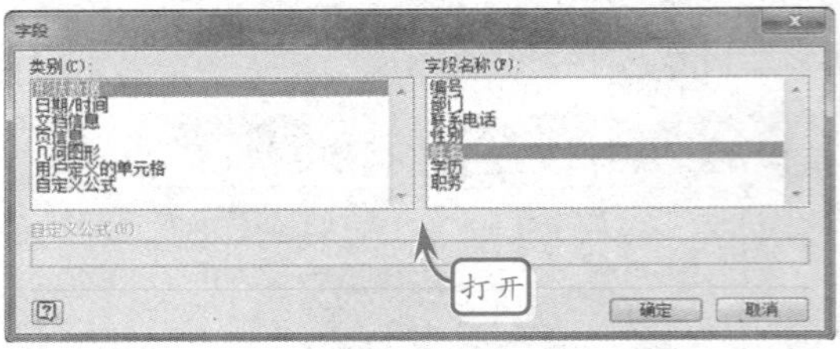

在该对话框中，用户可选择【类别】列表中的选项，然后在右侧选择【字段名称】列表中的选项，将其添加到【编辑数据图形】对话框的列表中。Visio 提供的字段类别包括以下 7 种。

类　别	作　用
形状数据	自定义形状数据或导入的形状数据字段
日期/时间	绘图文档的创建时间、当前时间、上次编辑时间以及打印时间等
文档信息	绘图文档的元数据信息
页信息	绘图页的名称和页码等信息
几何图形	形状的几何信息，包括宽度、高度和旋转角度等

续表

类　别	作　用
用户定义的单元格	导入 Excel 表格的样式信息
自定义公式	用户自行编写的公式信息

在【编辑数据图形】对话框中，用户还可选择数据项目，单击【编辑项目】按钮，对数据项目的具体属性进行编辑。

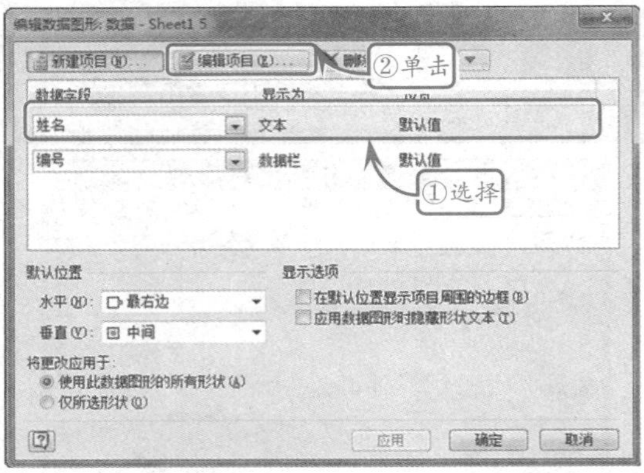

在弹出的【编辑项目】对话框中，用户同样可在弹出的菜单中选择【数据字段】，设置该字段的显示方式、样式以及位置等属性，设置完成后单击【确定】按钮。

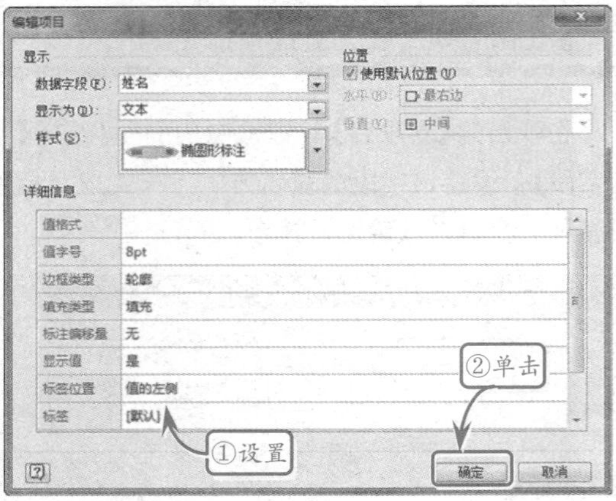

19.5 更改数据显示类型

Visio 提供了 4 种数据的显示类型，包括文本、数据栏、图标集以及按值显示颜色等。

在【编辑项目】对话框中,用户单击【显示为】下拉按钮,在弹出的列表中可以选择数据的显示类型。

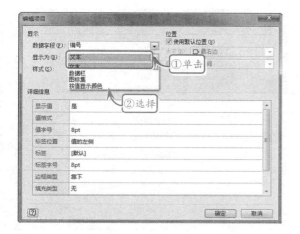

1．文本

文本是最简单的数据显示方式,其可将数据以文本的方式显示到形状的四周。

在选择该选项后,用户可通过【样式】列表选择 8 种文本的预置样式,并在【详细信息】栏中设置文本的各种属性,例如值字号、边框类型、标签位置等。

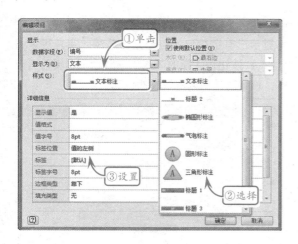

2．数据栏

数据栏的作用是根据项目数据值的大小显示不同类型的图形,包括进度栏、星形、速度计等。

在【编辑项目】对话框中设置【显示为】为"数据栏",然后即可在【样式】列表中选择各种数据栏的样式,并在【详细信息】选项区域中设置样式的具体属性。

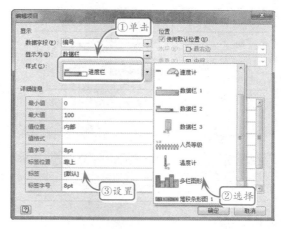

3．图标集

图标集可以提供多组同一风格的图标,以展示数据值的区别,其包括各种颜色的箭头、旗帜和标志等。在【编辑项目】对话框中设置【显示为】为"图标集",然后即可在【样式】列表中选择所使用的图标。

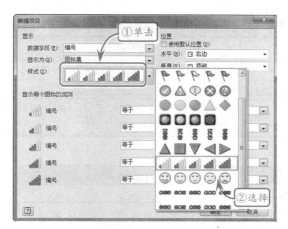

在选择图标后,用户即可在【显示每个图标的规则】选项区域中设置显示该图标的条件,以及条件的值。

在条件的值中,用户可选择 4 种值的类型,并输入或选择值。

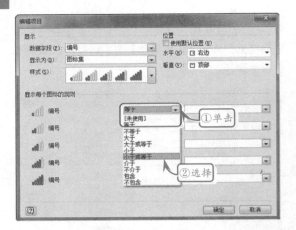

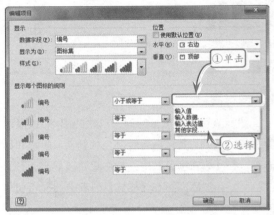

选　　项	作　　用
输入值	直接输入条件的数值
输入数据	在弹出的日历菜单中选择日期信息
输入表达值	输入公式表达式的结果
其他字段	打开【字段】对话框，选择字段的值

提示

如在设置条件时选择"介于"或"不介于"选项，则将显示两个条件值，以描述其值的范围。

4．按值显示颜色

按值显示颜色也是一种重要的数据显示类型，其可以根据数值的大小来更换形状的颜色。

在【编辑项目】对话框中设置【显示为】为"按值显示颜色"，然后即可在【着色方法】列表中选择着色的方式，其包括两种选项。

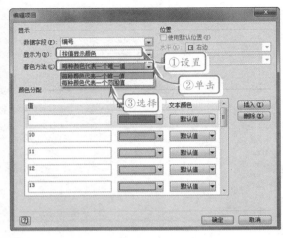

● **每种颜色代表一个唯一值**

选择"每种颜色代表一个唯一值"选项后，将显示该字段的所有值，并允许用户设置每个值的填充颜色和文本颜色。

用户也可以单击【插入】按钮插入一个新的值，从而设置该值的各种颜色属性。

● **每种颜色代表一个范围值**

选择"每种颜色代表一个范围值"选项后，则将显示已有字段值的自动划分范围。用户可单击【插入】按钮插入新的范围，同时也可编辑已有范围，设置该范围内的填充颜色和文本颜色。

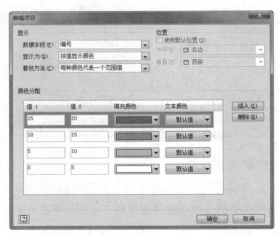

Visio

19.6　快速选择数据样式

选择【数据】选项卡，在【数据图形】组中单击【数据图形】按钮，即可在弹出的菜单中选择数据图形的样式，将其应用到数据图形上。

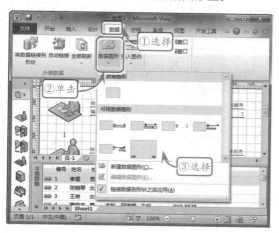

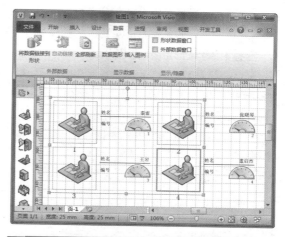

例如，为形状应用【数据 Sheet1 5】的数据图形，然后即可查看形状右侧的仪表盘指示器。

Visio

19.7　使用图例

图例是结合数据显示信息而创建的一种特殊标记，当设置列数据的显示类型为数据栏、图标集或按值显示颜色后，即可为数据插入图例。

选择【数据】选项卡，在【显示数据】组中单击【插入图例】按钮，即可在弹出的菜单中选择图例的类型。

然后，Visio 就会根据用户设置的数据显示方式，自动生成关于数据的图例。

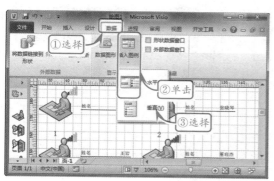

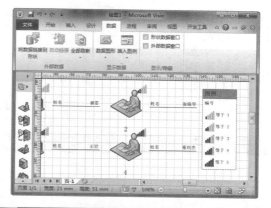

Visio 19.8 形状表数据

Visio 是一种面向对象的形状绘制软件,每一个 Visio 中的显示对象都具有可更改的数值属性。

1. 查看和编辑形状表数据

形状表又被称为 ShapeSheet,其中显示了形状的各种关联数据。选择形状,右击执行【显示 ShapeSheet】命令。

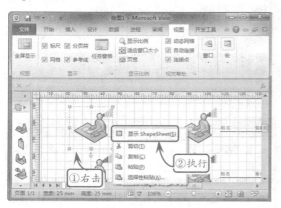

此时,将会显示形状的表数据窗口。将该窗口最大化后,用户可以查看其中的各种数据。

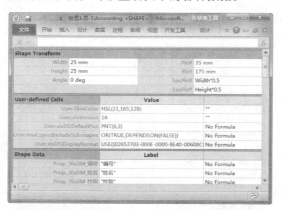

提示

用户也可以选择形状,选择【开发工具】选项卡,在【形状设计】组中单击【显示形状表】按钮,同样可打开形状表。

在选择表数据的值后,可以在数据栏中的等号

"="后输入新的表数据值与单位,单击【接受】按钮 ✓ 完成编辑操作。

技巧

如需要取消已做出的修改,则用户可直接单击数据栏左侧的【取消更改】按钮 ✕,恢复该值的默认状态。

2. 使用公式

如用户需要通过运算来实现数值的输入,则可以单击数据栏右侧的【编辑公式】按钮,打开【编辑公式】对话框。

在该对话框中,用户可根据提示信息输入公式的内容。单击【确定】按钮即可将公式应用到数据栏中。

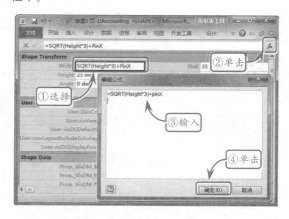

续表

表数据类型	作　用
Image properties	图片属性
Glue info	粘附操作信息
Shape layout	形状层属性设置

在输入公式内容时，Visio 将提供一些简单的公式代码提示，允许用户使用诸如三角函数、乘方开方等复杂的数学运算。

除此之外，用户也可以选择【设计】选项卡，在【编辑】组中单击【编辑公式】按钮，同样可打开【编辑公式】对话框，输入公式内容。

用户可选择【设计】选项卡，在【视图】组中单击【节】按钮，然后在弹出的【查看内容】对话框中选择显示的形状表数据。

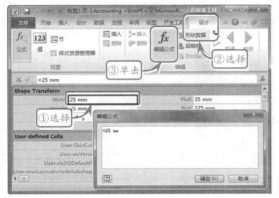

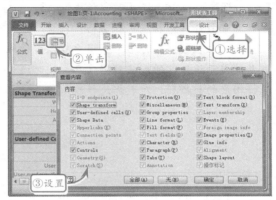

3．管理表数据节

在默认状态下，形状的表数据可分为 18 种，其以节的方式显示于形状表的窗口中，各节的作用如下所示。

表数据类型	作　用
Shape transform	形状变换属性，包括宽度、高度等
User-defined cells	用户定义表，包括各种主题设置
Shape Data	形状数据信息
Controls	用户控制信息
Protection	锁定形状属性信息
Miscellaneous	调节手柄设置
Group properties	形状组合设置
Line format	形状线条格式
Fill format	形状填充格式
Character	字符格式
Paragraph	段落格式
Tabs	表格格式
Text block format	文本框格式
Text transform	文本变换属性
Events	事件属性

在形状表的窗口中，用户可选择任意一个节中的表数据，然后在【设计】选项卡中的【节】组中单击【删除】按钮，将其删除。

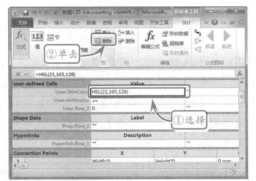

用户也可选择【设计】选项卡，在【节】组中单击【插入】按钮，在弹出的【插入内容】对话框中选择节，增加新的形状表数据。

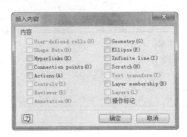

Visio | 19.9 高手答疑

Q&A

问题 1：如何快速查看形状的形状数据信息？

解答： 选择形状，再选择【数据】选项卡，在【显示/隐藏】组中选择【形状数据窗口】复选框，即可打开【形状数据】窗格。

在【形状数据】窗格中，用户可以方便地查看链接于该形状的形状数据信息，同时还可选择相应的数据列，对数据进行修改。

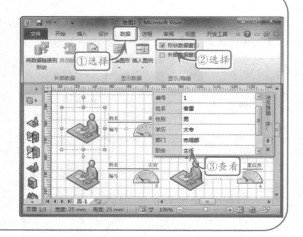

Q&A

问题 2：当导入数据的数据源发生更改后，如何快速更新导入的数据？

解答： 在导入数据后，用户可通过【刷新数据】功能，更新数据的内容。选择【数据】选项卡，在【外部数据】组中单击【全部刷新】按钮，然后即可打开【刷新数据】对话框，完成数据的刷新。

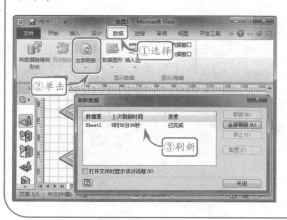

如绘图文档中已导入了多个数据表，且需要刷新其中某个特定的数据表，则用户可单击【全部刷新】下拉按钮，执行【刷新数据】命令。

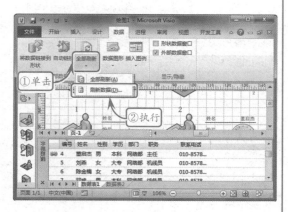

在弹出的【刷新数据】对话框中，就会显示绘图文档中的所有数据源。选择其中任意一个数据源，单击【刷新】按钮，进行刷新。

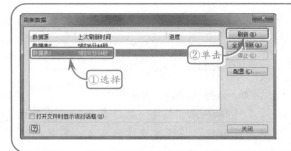

Q&A

问题 3：如何设置数据源属性？

解答：在【刷新数据】对话框中，用户可选择数据源，单击【配置】按钮。

在弹出的【配置刷新】对话框中，即可设置数据源的各种属性，包括更改数据源、设置自动刷新、设置唯一标识符以及更改数据源选项等。

单击【更改数据源】按钮，即可打开【数据选取器】对话框，通过向导选择新的数据源。

> **提示**
> 更改数据源的向导与【导入数据】的向导完全相同，在此不再赘述。

在【自动刷新】选项区域中，选择【刷新间隔】复选框，然后在右侧的文本框中输入或设置自动刷新的间隔时间。例如，设置每 120 分钟自动刷新。

在【唯一标识符】选项区域中，用户可选择【使用以下列中的值唯一标识我的数据中的行】单选按钮，然后在下方的列表中选择唯一标识符的列。除此之外，用户也可选择【使用行的顺序来标识更改】复选框，以行号为唯一标识符。

> **提示**
> 用户也可在【外部数据】窗格中右击鼠标，执行【配置刷新】命令，同样可打开【配置刷新】对话框，对数据源的属性进行设置。

Q&A

问题4：如何更改形状数据的排序方式？

解答： 在默认状态下，如形状数据包含唯一标识符，则其将按照唯一标识符的顺序进行排列，否则将按照数据源的行顺序进行排列。更改形状数据的排序方式，用户可使用以下两种方法。

● **选择排列方式**

在【外部数据】窗格中右击执行【排列方式】命令，在弹出的菜单中选择排列的基准列。

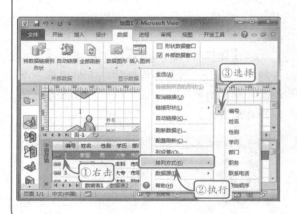

● **直接选择排序参考列**

在选择排列方式时，数据表只能以升序的方式排列数据。如需要定义数据表按照某一列的方式以降序方法排列，则用户可直接在【外部数据】窗格中选择列的表头。

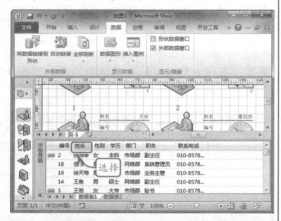

> **提示**
>
> 以【姓名】列的表头为例，当表头上方显示倒三角形标记 姓名 时，将降序排列。而当显示正三角形标记 姓名 时，则将升序排列。

20

Visio 协同办公

Visio 2010 除了拥有强大的形状绘制与数据结合功能外，还可以与多种类型的软件协同办公，包括 Office 系列软件、Autodesk AutoCAD，以及 Adobe Illustrator 等。用户既可以将 Visio 绘图文档插入到这些软件的编辑文档中，也可在这些软件中编辑相应的文档，并将其方便地导入到 Visio 绘图文档中，丰富 Visio 绘图文档的应用。

20.1 协同 Word 办公

Word 2010 是 Office 2010 系列软件中最重要的组件之一，是目前应用最广泛的文字处理器，其以所见即所得的方式编辑文本内容，并嵌入各种多媒体元素。

1．为 Word 粘贴形状

用 Visio 打开绘图文档，选择所有形状并右击，执行【复制】命令，复制这些形状。

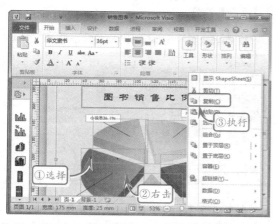

技巧

用户也可在【开始】选项卡中单击【剪贴板】组中的【复制】按钮，或按 Ctrl+C 键 `Ctrl+C`，将其复制到剪贴板中。

切换到 Word 软件中，创建一个新的空白文档，右击鼠标，在弹出的菜单中执行【粘贴】命令，

将其粘贴到该文档中。

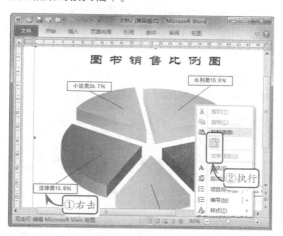

提示

在粘贴 Visio 图形时，右键菜单中的【粘贴选项】会根据复制的 Visio 形状内容而显示不同类型的按钮，包括文本 A、图片、保留源格式内容 等。

技巧

用户可在【开始】选项卡中单击【剪贴板】组中的【粘贴】按钮，或按 Ctrl+V 键 `Ctrl+V`，将其粘贴到文档中。

2．Word 选择性粘贴

选择性粘贴是一种特殊的粘贴方式，在该方式

下，Word 将对剪贴板中的内容进行分析，允许用户粘贴局部的剪贴内容。

在 Visio 中复制形状内容，然后切换到 Word 软件中，选择【开始】选项卡，在【剪贴板】组中单击【粘贴】下拉按钮，在弹出的菜单中执行【选择性粘贴】命令。

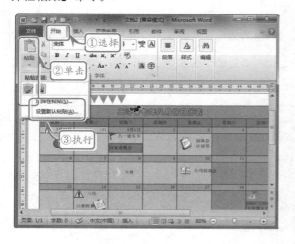

然后，在打开的对话框中，将显示复制的 Visio 绘图位置，以及粘贴时可选择的内容类型。

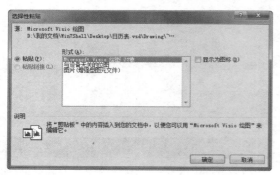

以 Visio 绘图为例，Word 可粘贴以下 3 种内容类型。

内 容 类 型	存 储 格 式
Microsoft Visio 绘图对象	VXD 格式的 Visio 绘图文档
与设备无关的位图	BMP/PNG 格式位图
图片（增强型图元文件）	EMF 格式矢量图形

选择相应的内容类型，然后单击【确定】按钮，

将其粘贴到 Word 文档中。

3．为 Word 插入 Visio 对象

用户还可通过插入对象的方式插入 Visio 文档对象，并绘制形状。

在 Word 文档中选择【插入】选项卡，在【文本】组中单击【插入对象】按钮，然后打开【对象】对话框。

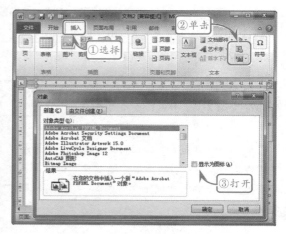

在【对象】对话框中，用户可在【对象类型】列表中选择【Microsoft Visio 绘图】选项，然后单击【确定】按钮。

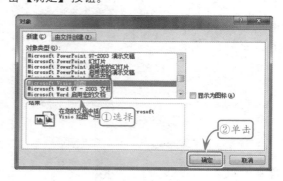

在弹出的【选择绘图类型】对话框中，用户可选择相应的模板类别，然后在右侧的【模板】列表框中选择模板，单击【确定】按钮，应用模板。

> **提示**
>
> 用户也可单击【浏览模板】按钮，在弹出的对话框中选择本地磁盘或网络中的模板文件，将其应用到 Visio 对象中。

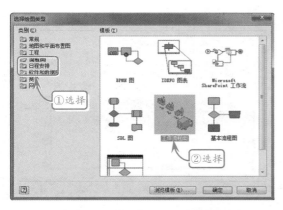

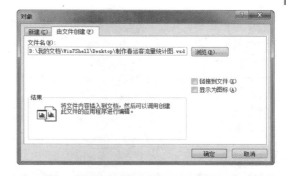

此时，用户可在 Word 程序中使用 Visio 的模具，制作 Visio 对象。

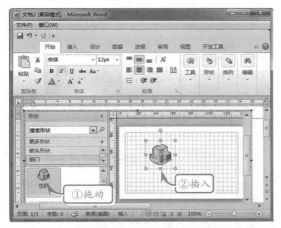

4．由文件插入 Visio 对象

用户还可以从本地磁盘中选择文件，将其作为 Visio 对象插入到 Word 文档中。

在【对象】对话框中选择【由文件创建】选项卡，然后单击【浏览】按钮，在弹出的【浏览】对话框中选择 Visio 绘图文档。

5．为绘图文档嵌入 Word 文本

在使用 Visio 绘制形状时，用户还可以为其插入由 Word 编辑的富媒体文本内容。

在 Word 程序中选择文本，选择【开始】选项卡，在【剪贴板】组中单击【复制】按钮，将其复制到剪贴板中。

然后，切换到 Visio 软件中，选择【开始】选项卡，在【剪贴板】组中单击【粘贴】按钮，将其粘贴到绘图文档中。

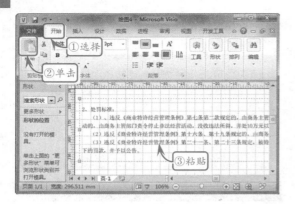

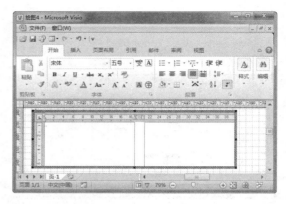

6．为 Visio 插入 Word 对象

在之前已介绍了为 Word 插入 Visio 对象的方法，同理，Visio 也可插入 Word 富文本对象，其方法与 Word 大致类似。

在 Visio 中选择【插入】选项卡，单击【文本】组中的【对象】按钮。

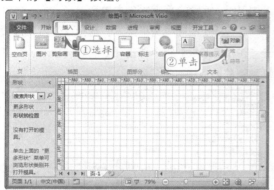

在弹出的【插入对象】对话框中，用户可在【对象类型】列表中选择【Microsoft Word 文档】。然后，单击【确定】按钮，插入空白 Word 文档对象。

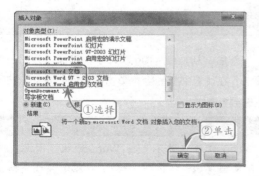

用户可从 Visio 中调用 Word 文档的工具栏中的各种工具，编辑 Word 对象。

> **提示**
> 在编辑嵌入的 Word 对象时，用户可单击对象外部绘图页的空白处，以退出编辑状态。

7．嵌入 Word 文档

用户也可为 Visio 绘图文档导入已有的 Word 文档，作为嵌入的内容对象。

在 Visio 的【插入对象】对话框中，选择【根据文件创建】单选按钮，然后单击【浏览】按钮，选择 Word 文档，并选择【链接到文件】复选框。

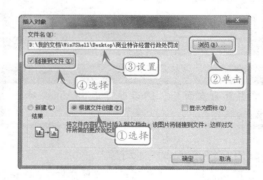

在单击【确定】按钮之后，即可将 Word 文档插入到 Visio 绘图文档中。双击插入的 Word 文档对象，可以使用 Word 软件打开该文档，并进行编辑操作。

> **提示**
> 如在【插入对象】对话框中取消选择【链接到文件】复选框，则嵌入的 Word 文档与插入的普通 Word 对象完全相同，都可在 Visio 中直接编辑。

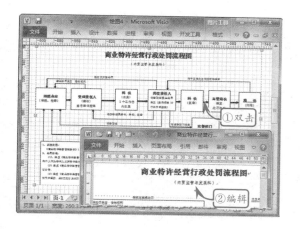

20.2　协同 Excel 办公

Excel 2010 也是 Office 2010 系列软件套装的重要组件之一，其可以进行各种数据的处理、统计分析和辅助决策操作，因此被广泛地应用于管理、统计财经、金融等众多领域。

1. 在 Visio 中嵌入或链接表格

用户可以为 Visio 嵌入数据表格，或将表格转换为图片，链接到外部的数据表格。首先使用 Excel 设计数据表，并输入表的数据内容。

然后，在 Visio 中选择【插入】选项卡，在【文本】组中单击【对象】按钮，打开【插入对象】对话框。在该对话框中选择"Microsoft Excel 工作表"选项。

切换到 Excel 窗口中，复制所有数据并返回 Visio。在插入的 Excel 对象中选择第一行第一列单元格，按 Ctrl+V 键粘贴数据。

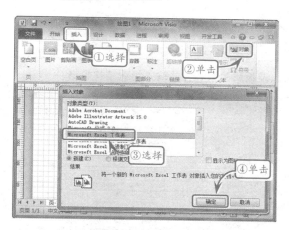

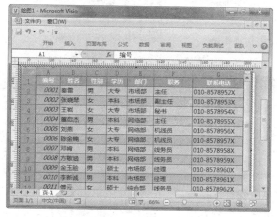

用户也可在 Excel 中保存数据文档。在 Visio 的【插入对象】对话框中选择【根据文件创建】单

选按钮，然后选择保存的数据文档，并选择【链接到文件】复选框。

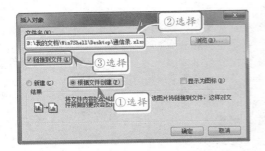

单击【确定】按钮，即可将 Excel 数据表格插入到 Visio 绘图文档中。

2．应用组织结构图

Visio 允许用户将制作的组织结构数据表通过向导导入到 Visio 绘图文档中，快速生成组织结构图。

首先在 Excel 程序中创建组织结构的数据表，表的内容包括编号、姓名、性别、职务、联系电话以及隶属关系等，并输入组织结构数据。

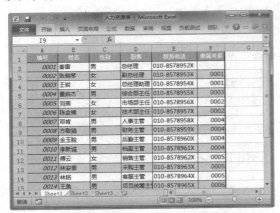

提示

在输入组织结构的"隶属关系"字段时，可在单元格中输入一个等号"＝"，然后再单击其隶属对象的编号单元格，即可创建隶属关联。

保存数据表后，在 Visio 中单击【文件】按钮，执行【新建】命令，在模板中选择【商务】|【组织结构图向导】模板，单击【创建】按钮。

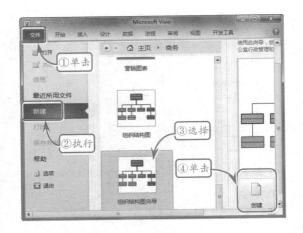

提示

用户也可直接双击该模板，同样可以应用模板到绘图文档中。

在弹出的【组织结构图向导】对话框中单击【下一步】按钮，在更新的对话框中选择"文本、Org Plus（*.txt）或 Excel 文件"选项。然后单击【下一步】按钮。

在更新的对话框中单击【浏览】按钮，选择已保存的 Excel 组织结构表，然后设置【指定语言】为"中文（中国）"，再单击【下一步】按钮。

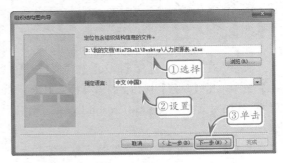

在更新的对话框中设置包含组织结构信息的

列名称，同时设置隶属关系的字段。然后单击【下一步】按钮。

在更新的对话框中选择【数据文件列】列表内容，单击【添加】按钮，将其添加到【显示字段】列表中。然后单击【下一步】按钮。

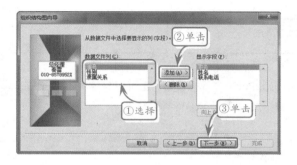

用同样的方式，将组织结构表中的数据字段添加到形状数据中。然后单击【下一步】按钮。

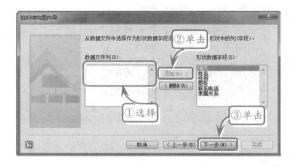

在更新的对话框中单击【完成】按钮，即可创建一个组织结构图表。

3．生成组织结构表

Visio 除了可以将 Excel 制作的组织结构表转换为组织结构图外，还可以通过已创建的组织结构图，快速导出组织结构表。

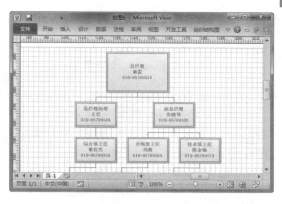

在 Visio 中单击【文件】按钮，执行【新建】命令，然后选择【商务】|【组织结构图】模板，单击【创建】按钮创建一个组织结构图，并为每个元素输入数据。

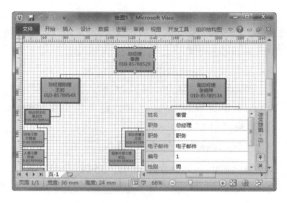

选择【组织结构图】选项卡，在【组织数据】组中单击【导出】按钮。

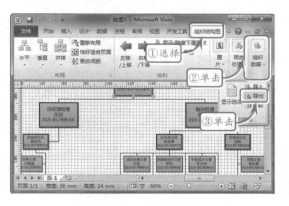

在弹出的【导出组织结构数据】对话框中选择保存的路径，然后设置保存的文件名，将其保存在本地磁盘中。

使用 Excel 打开保存的组织结构表，可以查看最终保存的数据内容。

20.3 协同 PowerPoint 办公

PowerPoint 2010 是 Office 系列软件套装中用于制作演示文稿的软件，其被广泛应用于演示教学以及各种放映活动中。

1. 为 PowerPoint 导入 Visio 形状

用户可以为 PowerPoint 导入各种 Visio 绘图文档，使 PowerPoint 的内容更加直观。例如，在 Visio 中制作一个图表，然后再将其复制到剪贴板中。

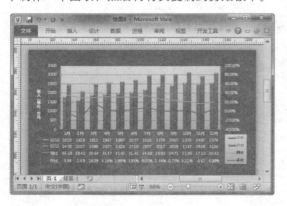

切换到 PowerPoint 中，右击执行【粘贴】命令，然后将图表粘贴到 PowerPoint 演示文稿中。

2. 嵌入 Visio 绘图文档

用户不仅可以将在 Visio 中绘制的形状粘贴到

PowerPoint 演示文稿中，还可以直接为 PowerPoint 演示文稿导入 Visio 绘图文档。

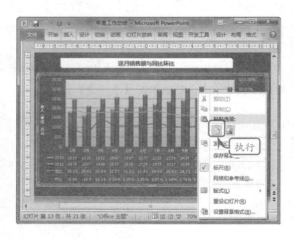

首先在 Visio 中绘制要导入的形状，并将其保存在本地磁盘中。

在 PowerPoint 中选择【插入】选项卡，在【文本】组中单击【插入对象】按钮。

在弹出的【插入对象】对话框中选择【由文件创建】单选按钮，然后单击【浏览】按钮，选择 Visio 绘图文档，并选择【链接】复选框进行导入。

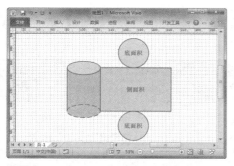

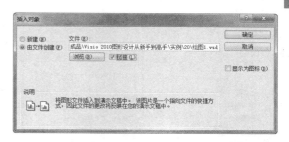

20.4 协同 AutoCAD 绘图

Visio 2010 除了与 Office 系列软件结合办公外，还可以与 Autodesk AutoCAD 系列软件结合，帮助用户在这两者之间快速进行数据交换。

1. 在 Visio 中插入 AutoCAD 图形

在 Visio 中选择【插入】选项卡，在【插图】组中单击【CAD 绘图】按钮，然后，在打开的【插入 AutoCAD 绘图】对话框中选择 AutoCAD 图形的路径，并选择图像，单击【打开】按钮。

在弹出的【CAD 绘图属性】对话框中，用户可在【常规】选项卡中设置绘图的页面比例，以及绘图保护的相关属性。

> **提示**
>
> 用户可根据导入的 AutoCAD 绘图类型来选择预定义比例，也可使用自定义比例，同时定义 CAD 绘图的单位。

在选择【图层】选项卡后，用户还可以在 AutoCAD 绘图的图层列表中选择图层，然后在右侧设置其属性。

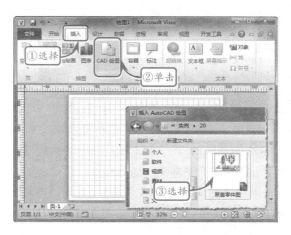

Visio 可设置 AutoCAD 绘图的 3 种属性，包括可见性、颜色以及线条粗细等，用户只需单击相应的按钮，即可完成该属性的设置。

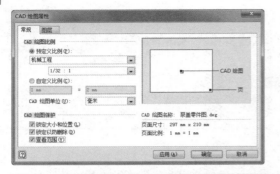

并设置文件的名称。单击【保存】命令即可进行保存。

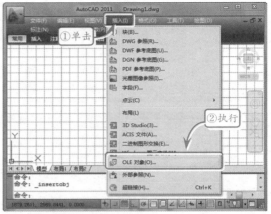

单击【确定】按钮后，AutoCAD 绘图将会插入到 Visio 文档中。

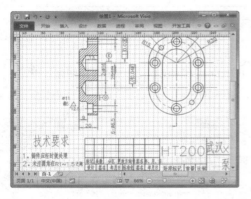

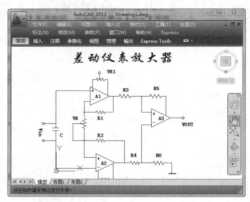

2．在 AutoCAD 中使用 Visio 图形

使用 AutoCAD 时，用户同样可以导入 Visio 绘制的各种形状。在 AutoCAD 2011 中执行【插入】|【OLE】对象命令。

在弹出的【插入对象】对话框中选择【由文件创建】单选按钮，然后选择导入的 Visio 绘图文档，并选择【链接】复选框。

此时，Visio 绘图文档将会导入到 AutoCAD 中。

执行【文件】|【另存为】命令，打开【图形另存为】对话框，选择保存 AutoCAD 绘图的路径，

20.5 Visio 其他办公应用

使用 Visio，用户还可以实现其他的办公应用，例如，快速下载网站的页面，并根据页面的结构以及标题内容生成网站快照。

在 Visio 中单击【文件】按钮，执行【新建】命令，选择【软件和数据库】|【网站图】模板，单击【创建】按钮，创建一个网站快照视图。

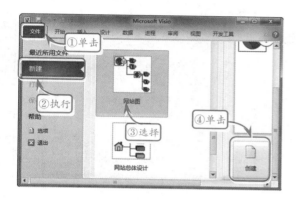

在弹出的【生成站点图】对话框中输入网站地址，然后单击【设置】按钮。

在弹出的【网站图设置】对话框中，用户可设置搜索的【最大级别数】和每一级别的【最大链接数】，然后设置【形状文本】为"HTML 标题"，单击【修改布局】按钮。

在弹出的【配置布局】对话框中用户可设置网站视图树的样式、方向、对齐方式、间距，以及连接线的样式和外观等属性，并通过右侧的预览视图查看效果。单击【确定】按钮，返回【网站图设置】对话框。

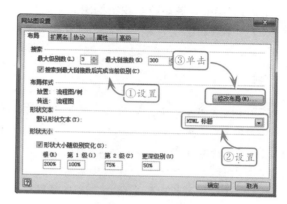

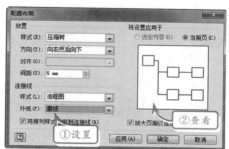

在所有对话框中单击【确定】按钮之后，即可等待 Visio 获取站点的快照，并生成 Visio 绘图文档。

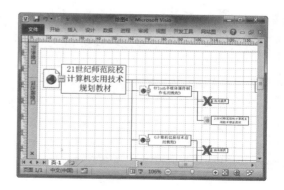

Visio 20.6 高手答疑

Q&A

问题 1：如何快速更改组织结构图的布局？

解答： Visio 提供了 3 组命令，允许用户分别更改组织结构图的子单元水平、垂直和并排的位置。

其中，水平布局可定义子单元的水平对齐方向和水平间距；垂直布局可定义子单元的垂直对齐方式和垂直间距；并排布局可定义子单元每一列的单元数量以及排列的密度。

选择组织结构图中的任意父单元，然后即可选择【组织结构图】选项卡，在【布局】组中单击【排列下属形状】按钮。

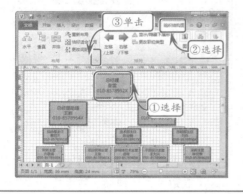

在弹出的【排列下属形状】对话框中，用户即可快速选择【水平】、【垂直】以及【并排】的各种布局方式，单击【确定】按钮应用。

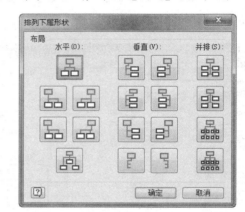

Q&A

问题 2：如何快速更改组织结构图中各元素的间距？

解答： 在 Visio 中选择【组织结构图】选项卡，然后即可在【布局】组中单击【更改间距】按钮，打开【间距】对话框。

在该对话框中，用户可设置更改间距的属性，同时定义更改间距应用的范围。

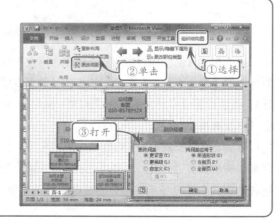

属　性		作　用
更 改 间 距	更紧密	在当前间距基础上减小间距
	更稀疏	在当前间距基础上增大间距
	自定义	自定义间距数值
将 间 距 应 用 于	所选形状	将更改间距应用于选择的 形状
	当前页	将更改间距应用于当前绘 图页
	全部页	将更改间距应用于当前绘图 文档

　　用户也可以选择【自定义】单选按钮，再单击【值】的按钮，在弹出的【自定义间距值】

对话框中设置水平和垂直间距，并单击【确定】按钮进行应用。

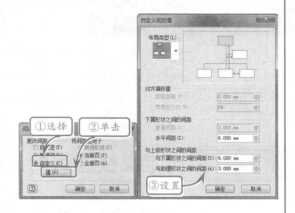

Q&A

问题 3： 如何快速显示/隐藏组织结构图中某单元的下级单元内容？

解答： 在组织结构图中选择某个单元形状，然后即可选择【组织结构图】选项卡，在【排列】组中单击【显示/隐藏下属形状】按钮。

然后，Visio 即可自动将该单元的下属单元形状隐藏起来。

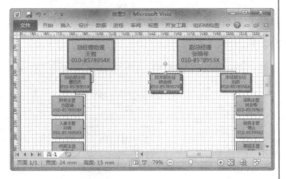

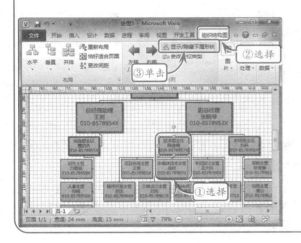

21 自定义 Visio 应用

在了解了 Visio 的各种设计应用后，用户还可以掌握 Visio 更进阶的技巧，对 Visio 2010 应用程序进行个性化定制，包括自定义 Visio 软件界面、使用自定义 Visio 菜单和模具等内容，以提高工作的效率。

Visio 21.1 自定义快速访问工具栏

快速访问工具栏可以提供各种直观的按钮，帮助用户快速实现相应的功能。在 Visio 2010 中，用户可以自定义快速访问工具栏中的内容。

1. 更改快速访问工具栏位置

用户可以修改快速访问工具栏的位置，将其定位于工具栏的下方。

在快速访问工具栏中单击【自定义快速访问工具栏】按钮▾，然后执行【在功能区下方显示】命令，即可更改其位置。

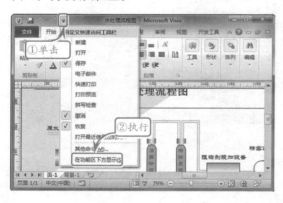

此时，快速访问工具栏就会显示于工具栏的下方。

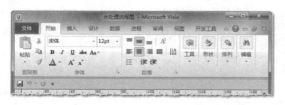

用户也可再次单击【自定义快速访问工具栏】

按钮▾，执行【在功能区上方显示】命令，重新将其定位于工具栏的上方。

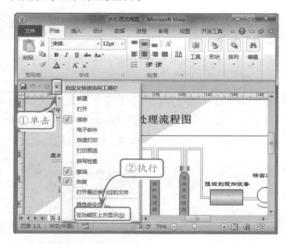

2. 增加预设快速访问工具

Visio 2010 为快速访问工具栏预设了 10 种快速访问工具。在默认状态下，仅显示其中的【保存】、【撤销】和【恢复】3 种。

在快速访问工具栏中单击【自定义快速访问工具栏】按钮▾，在弹出的菜单中选择【新建】、【打开】等复选框，将其激活，然后即可将这些命令添加到快速访问工具栏中。

> **提示**
>
> Visio 2010 预设的快速访问工具包括【新建】、【打开】、【保存】、【电子邮件】、【快速打印】、【打印预览】、【拼写检查】、【撤销】、【恢复】以及【打开最近使用过的文件】等。

例如，激活所有预设的快速访问工具，将其添加到快速访问工具栏中。

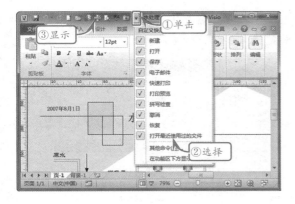

3. 增加自定义命令

除添加预设的工具外，用户还可将 Visio 中任意的工具添加到快速访问工具栏中。单击【自定义快速访问工具栏】按钮▼，执行【其他命令】命令。

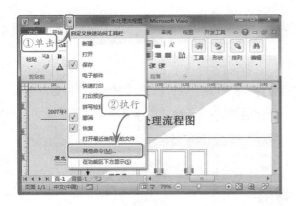

在弹出的【Visio 选项】对话框中，用户可单击【从下列位置选择命令】下拉按钮，在弹出的列表中选择要添加的自定义命令所属的选项卡。

然后，在下方的列表中选择相应的命令，单击

【添加】按钮，将其添加到【自定义快速访问工具栏】列表中。

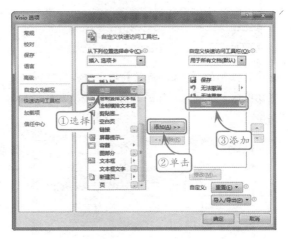

4. 删除自定义命令

如需要将已添加的自定义命令删除，可在右侧的【自定义快速访问工具栏】列表中选择自定义命令，然后再单击【删除】按钮将其删除。

21.2 自定义功能区

自定义功能区的作用是对 Visio 的工具栏进行个性化设置，添加自定义的选项卡、组和工具。

1. 创建自定义选项卡

在 Visio 中单击【文件】按钮，执行【选项】命令。

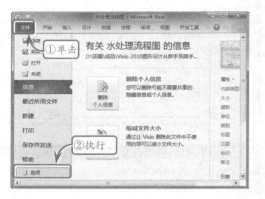

在弹出的【Visio 选项】对话框中选择【自定义功能区】选项卡，然后选择【自定义功能区】的类型。

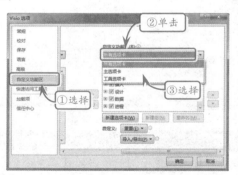

> **提示**
>
> Visio 自定义功能区的类型主要包括 3 类，如果用户选择【所有选项卡】选项，则将显示所有选项卡；而选择【主选项卡】选项，可显示在默认未选择内容时显示的选项卡；选择【工具选项卡】选项，将显示在选择特殊显示对象后显示的选项卡，包括选择图片后显示的【格式】选项卡、选择墨迹后显示的【笔】选项卡等。

然后，单击下方的【新建选项卡】按钮，创建一个新的选项卡。

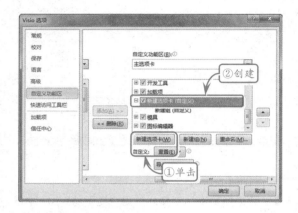

> **提示**
>
> Visio 中的各种工具必须以组的形式存在。因此，在新建选项卡后，Visio 将自动为该选项卡创建一个组。

选择【新建选项卡（自定义）】选项后，单击【重命名】按钮，在弹出的【重命名】对话框中输入修改的选项卡名称，单击【确定】应用修改。

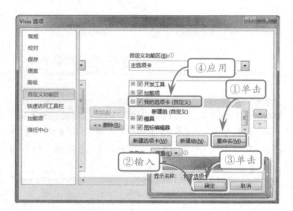

> **提示**
>
> 用户创建的自定义选项卡或组右侧将以带括号的"自定义"文本来标识。

选择选项卡下的【新建组（自定义）】选项，然后单击【重命名】按钮，在弹出的【重命名】对话框中选择组的图标，并设置组的名称。

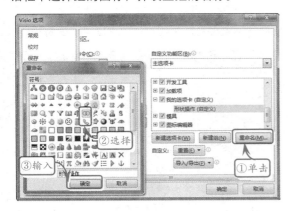

在【从下列位置选择命令】列表中选择工具，然后单击【添加】按钮，将其添加到【自定义功能区】列表中。

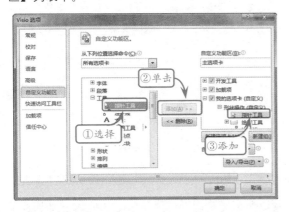

用同样的方式，插入其他工具和组，然后单击【确定】按钮，完成自定义选项卡的创建。

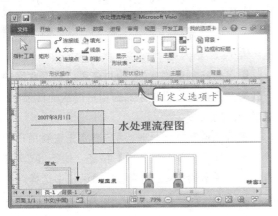

2．重置自定义设置

在 Visio 中，用户如需要将自定义的快速工具栏和功能区等恢复为默认状态，则可以在【Visio 选项】对话框中选择【自定义功能区】或【快速访问工具栏】选项卡。

单击【重置】按钮，执行【重置所有自定义项】命令，然后在弹出的 Microsoft Office 对话框中单击【是】按钮，即可重置所有自定义设置。

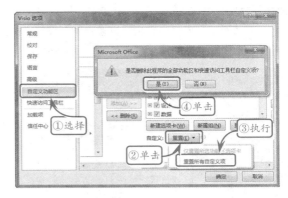

3．导出自定义设置

Visio 2010 提供了自定义设置的导入导出管理功能，允许用户将自定义工具栏和快速访问工具栏的设置存储为文件，从而有利于快速部署和备份。

在【Visio 选项】对话框中选择【自定义功能区】或【快速访问工具栏】选项卡，单击【导入/导出】按钮，执行【导出所有自定义设置】命令。

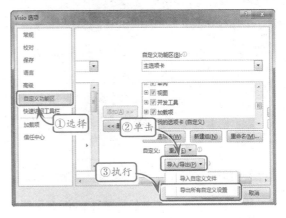

在弹出的【保存文件】对话框中选择保存设置文件的路径以及设置文件的名称，将其保存。

Visio 21.3 添加自定义模具

模具是一种特殊的库，其中包含了多个可重用的形状。自定义模具是由第三方或用户自行绘制的 Visio 模具，相比软件预置的模具，自定义模具内容更丰富。

1. 创建自定义模具

在【形状】窗格中单击【更多形状】按钮，执行【新建模具（公制）】命令，创建一个新的模具。

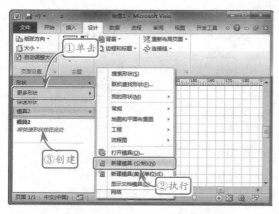

然后，在绘图页中绘制形状并将其拖到【形状】窗格中，作为模具中的主控形状。

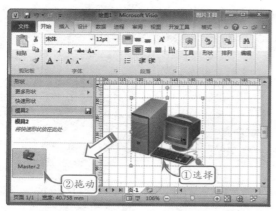

用同样的方式绘制其他的各种形状，分别将其拖到模具中，然后在模具上右击执行【保存】命令，设置模具名称将其保存。

最后，右击模具的名称，在弹出的菜单中取消

选择【编辑模具】复选框，退出模具的编辑模式。

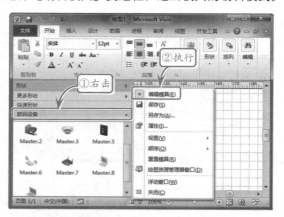

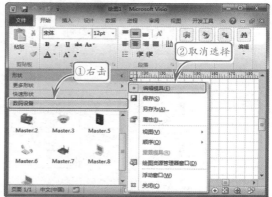

> **提示**
>
> 在退出编辑状态后，模具名称右侧的红色星号 "*" 就会消失。此时，用户将无法再对模具进行编辑操作。

2. 导入第三方模具

除了自行创建模具外，用户还可以从互联网中下载第三方模具，将其添加到用户形状的目录中，以供绘图使用。

在导入第三方模具时，用户需要先查看用户形状目录的位置。单击【文件】按钮，执行【选项】命令，在弹出的【Visio 选项】对话框中选择【高级】选项卡，然后单击【文件位置】按钮。

在弹出的【文件位置】对话框中，用户可以查看或设置 Visio 用户形状的存放位置。

提示

单击路径右侧的【更改文件夹】按钮 ，然后即可在弹出的【选择文件夹】对话框中定义新的用户形状目录。

在确定用户形状的位置后，用户可以从互联网或以其他方式获取第三方 Visio 形状，将其复制到用户形状目录下。

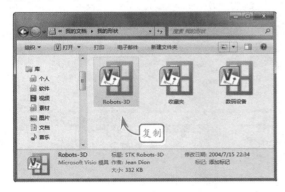

然后，在 Visio 中的【形状】窗格中单击【更多形状】按钮，执行【我的形状】命令，在弹出的

菜单中选择第三方模具，将其打开。

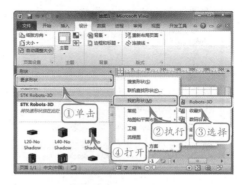

3．编辑主控形状

在模具的编辑状态下，用户可对模具中的主控形状进行修改，或将其添加到其他模具中。

在【形状】窗格中单击【更多形状】按钮，执行【我的形状】命令，选择自定义模具，然后选择模具，右击执行【编辑模具】命令，进入模具编辑状态，即可开始编辑主控形状。

注意

如未在模具的编辑状态下，则 Visio 会弹出提示信息，提示用户当前为只读状态以确认修改。

● 设置主控形状属性

选择主控形状，然后即可右击执行【编辑主控形状】|【主控形状属性】命令。

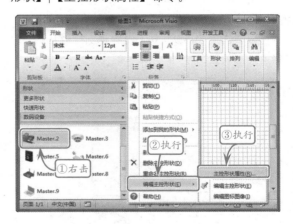

此时，将打开【主控形状属性】对话框，允许用户设置形状的信息。

在该对话框中，用户可设置以下几种属性。

属 性		作 用
属性	名称	设置主控形状的名称
	提示	设置鼠标滑过主控形状时显示的工具提示信息
	图标大小	设置主控形状的预览图标大小，默认为32×32
	主控形状名称对齐方式	设置主控形状的名称对齐方式，默认为左对齐
搜索	关键字	设置在【形状】窗格中搜索形状时可使用的索引词汇

除此之外，用户还可选择【放下时按名称匹配主控形状】和【在"形状"窗口中显示实时预览】等复选框，将其应用到主控形状中。

● **重绘主控形状**

如用户需要更改或重新绘制主控形状的内容，则可以右击主控形状，执行【编辑主控形状】|【编辑主控形状】命令。

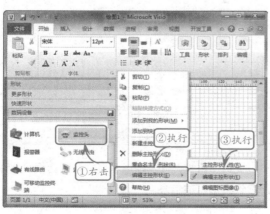

此时，Visio 将打开该主控形状，允许用户对主控形状进行编辑。

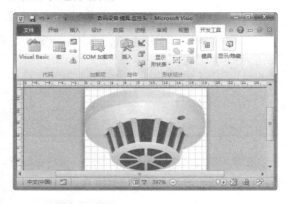

● **更改图标图像**

在默认状态下，Visio 将自动根据主控形状的内容，生成图标预览。用户也可使用 Visio 对这种预览图标进行修改。选择主控形状，右击执行【编辑主控形状】|【编辑图标图像】命令。

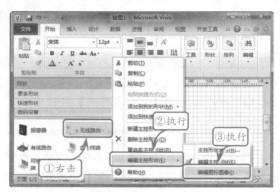

然后，用户即可打开 Visio【图标编辑器】选项卡，使用各种工具绘制 Visio 图标。

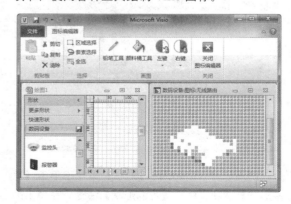

21.4 使用自定义模板

模板是包含模具、主题等一系列预设内容的文档。使用 Visio 模板，用户可创建具有统一风格的绘图文档，并使绘图文档中的所有形状获得相同的格式设置。

1. 创建模板

在 Visio 中新建空白绘图文档，然后在【形状】窗格中打开模板所需要引用的模具。

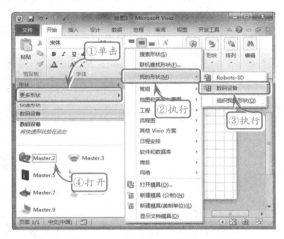

然后，单击【文件】按钮，执行【另存为】命令。

> **提示**
>
> 在创建模板时，应避免为模板的绘图页内添加任何内容。否则在根据该模板创建绘图文档时，这些新文档中也会显示这些内容。

在弹出的【另存为】对话框中选择存储模板的路径，并设置模板的名称。然后，设置【保存类型】为"模板"，单击【保存】按钮以保存模板。

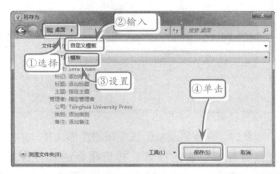

> **提示**
>
> 用户还可为模板添加多种模具，并设置模板的绘图页尺寸、背景以及缩放比例等属性，将其保存在模板文件中。

> **提示**
>
> 在创建模板时，用户还可以为模板编辑【作者】、【标记】、【标题】和【主题】等一系列的元数据信息。

2. 使用自定义模板

在 Visio 中单击【文件】按钮，执行【新建】命令，在【开始使用的其他方式】选项区域中单击【根据现有内容新建】按钮。

然后，在弹出的【根据现有内容新建】对话框中选择已创建的模板，单击【新建】按钮创建新的绘图文档。

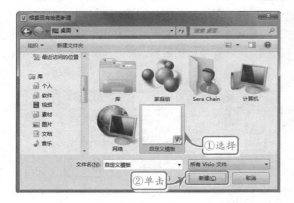

此时，将会创建基于该模板的绘图文档，并打开该模板所包含的模具，应用模板的各种样式设置。

3. 修改自定义模板

在 Visio 中单击【文件】按钮，执行【打开】命令，打开自定义模板。然后，可对其进行修改、添加模具或更改模板的各种样式设置。

> **提示**
>
> 在对模板修改完成后，即可将其仍保存为模板文件。

Visio 21.5 高手答疑

Q&A

问题 1：如何查看当前绘图文档的内容资源？

解答： Visio 提供了绘图资源管理器，可展示绘图文档中的所有资源，供用户查看并进行各种操作。

打开绘图文档，选择【开发工具】选项卡，在【显示/隐藏】组中选择【绘图资源管理器】复选框，即可打开【绘图资源管理器】对话框。

在该对话框中，通过树形目录显示当前绘图文档存放的各种对象和属性，单击树形目录的节点，即可进行查看。

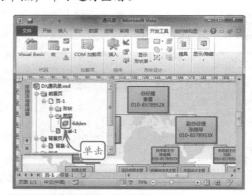

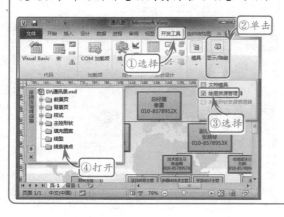

Q&A

问题 2：什么是文档模具？如何查看某个绘图文档的文档模具？

解答： 文档模具是保存于绘图文档中、随时供用户引用的模具。在使用官方模板创建绘图文档时，Visio 会自动将模板中的模具设置为文档模具。

在 Visio 中打开绘图文档，选择【开发工具】选项卡，在【显示/隐藏】组中选择【文档模具】复选框，即可在【形状】窗格中打开【文档模具】选项卡。

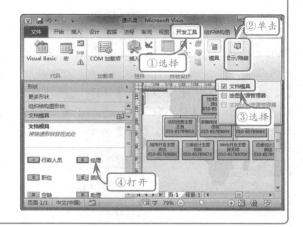

Q&A

问题 3：如何更改查看模具的视图？

解答： 在 Visio 中，为模具提供了 5 种视图查看方式，包括"图标和名称"、"名称在图标下面"、"仅图标"、"仅名称"和"图标和详细信息"。

例如，需要查看模具的"图标和详细信息"视图，则可在模具名称上右击执行【视图】|【图标和详细信息】命令，即可查看图标与详细信息内容。

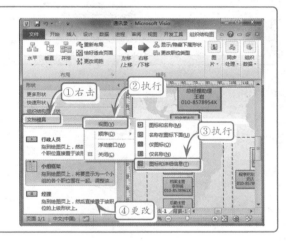

Q&A

问题 4：如何更改【快速访问】工具栏的顺序？

解答： 在 Visio 中，用户可单击【文件】按钮，执行【选项】命令，打开【Visio 选项】对话框。在该对话框中，用户即可选择已添加的快速访问工具，单击右侧的【上移】或【下移】按钮，更改其顺序。

Q&A

问题 5：如何获得更多 Visio 模板？

解答： 微软公司通过 Office.com 提供了诸多 Visio 模板，允许用户在创建 Visio 绘图文档时调用。

　　在 Visio 中单击【文件】按钮，执行【新建】命令，在【开始使用的其他方式】选项区域中单击【Office.com 模板】按钮。

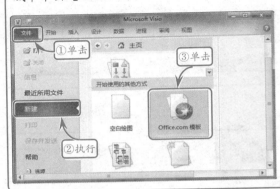

　　然后，在更新的窗口中选择模板类别，查找模板并将其下载到本地磁盘中以供引用。